钢结构快速入门与预算无师自通

郭荣玲　编著

机 械 工 业 出 版 社

本书立足于钢结构工程一线，针对钢结构施工技术人员及预算人员，特别是刚进入钢结构行业，踏上工作岗位的大中专院校毕业生，根据他们的需求，就钢结构工程制作、施工、预算方面的基础知识结合工程实践、工作实际需要和最新规范规程，通过工程实例进行了深入浅出的讲解。具体内容包括：钢结构工程概述、钢结构施工图识读、钢结构工程造价概述、钢结构工程定额计价、钢结构工程工程量清单计价、钢结构工程工程量计算、钢结构工程设计概算的编制与审查、钢结构工程施工图预算的编制与审查、工程结算与竣工决算、钢结构工程投标报价、建设工程施工合同与施工索赔。

图书在版编目（CIP）数据

钢结构快速入门与预算无师自通/郭荣玲编著. —2版.
—北京：机械工业出版社，2016.3（2023.1重印）
ISBN 978-7-111-52661-2

Ⅰ.①钢… Ⅱ.①郭… Ⅲ.①钢结构-工程施工②钢结构-建筑工程-建筑预算定额 Ⅳ.①TU758.11
②TU723.3

中国版本图书馆CIP数据核字（2016）第006599号

机械工业出版社（北京市百万庄大街22号 邮政编码100037）
策划编辑：薛俊高 责任编辑：薛俊高 臧程程
版式设计：霍永明 责任校对：程俊巧
封面设计：张 静 责任印制：郜 敏
河北鑫兆源印刷有限公司印刷
2023年1月第2版·第11次印刷
169mm×239mm·16印张·6插页·327千字
标准书号：ISBN 978-7-111-52661-2
定价：36.00元

凡购本书，如有缺页、倒页、脱页，由本社发行部调换
电话服务 网络服务
服务咨询热线：010-88361066 机 工 官 网：www.cmpbook.com
读者购书热线：010-68326294 机 工 官 博：weibo.com/cmp1952
010-88379203 金 书 网：www.golden-book.com
封面无防伪标均为盗版 教育服务网：www.cmpedu.com

前　言

近年来，随着我国建筑业的飞速发展，钢结构市场在建筑业所占领域不断拓展，势必需要更多的工程技术人员投入到钢结构领域中去。工程造价管理作为钢结构建设项目重要的组成部分，贯穿了建设项目的全过程，而工程预算编制则是做好工程造价管理工作的关键，这就需要从事钢结构预算编制的技术人员不但要深入掌握钢结构工程专业知识，而且在编制过程中也要将理论知识与实践相结合，综合细致地运用工程造价的基本原理，才能顺利准确地完成预算编制工作。

建设工程预算的编制有一套较科学的、完整的计价理论和计算方法，不仅要求编审人员具有一定的专业技术知识，包括建筑设计、施工技术等一系列系统的建筑工程知识，而且还要有较高的预算业务素质，充分掌握工程定额的内涵、工作程序、子目内容、工程量的计算规则等。同时也需要工程预算技术人员具有良好的职业道德和实事求是的工作作风。工程预算的编制工作较为烦琐，而且是必须很认真细致地去对待的技术与经济相结合的核算工作。在实际工作中，如果能做好工程造价管理工作，对提高施工企业的经营效果会有很大的作用。

针对目前钢结构市场对预算技术人员的强烈需求，为帮助刚接触钢结构行业和今后希望从事钢结构预算工作的初学者，以及提升已从事钢结构工程预算技术人员的综合素质，编写了这本《钢结构快速入门与预算无师自通》，本书共分11章43节，以钢结构预算为主要内容，从钢结构基础知识及施工图识读讲起，对钢结构工程造价的编制及其影响因素进行了全面讲解，根据《建设工程工程量清单计价规范》（GB 50500—2013），着重讲述钢结构工程量清单的编制和计价规则及工程量的计算方法。本书可作为钢结构预算工作者的自学教材，也可作为从事钢结构预算人员的参考资料。

限于编者的水平，书中不妥、疏漏之处在所难免，敬请广大读者和专家批评指正，在此谨表谢意。

编　者

2016年元月

目　　录

第一章　钢结构工程概述

20世纪90年代以来，随着建筑技术的飞速发展，钢结构作为国民经济发展的产物，成为世界各国建筑业逐步推广和应用的一种结构形式。钢与其他的结构材料相比，其结构的性能、使用功能及经济效益、社会效益，都具有较大的优越性，已成为现代空间结构发展的主流建材。

第一节　钢结构的概念及特点

一、钢结构的概念

钢结构是采用钢板及型钢经过加工成各种形状的钢构件后，通过焊接、螺栓、铆钉将钢构件相互连接固定而成的承重结构物。它具有质量轻、强度高、制作安装周期短、可靠性强、抗震性能好等优点，因此在建筑工程中被广泛应用。

钢结构在国民经济建设中的应用很广泛，房屋建筑中，有大量的钢结构厂房、高层钢结构、大跨度钢网架、悬索结构等；公路及铁路建筑中，有各种形式的钢桥，如板梁桥、桁架桥、拱桥、悬索桥、斜张桥等。

钢结构的组成应满足结构使用功能的要求，结构应形成几何不变的空间整体，才能有效并经济地承受荷载。

二、钢结构的特点

钢结构与其他结构相比，具有如下特点：

（一）钢结构质量轻

钢结构的密度虽然较大，但与其他建筑材料相比，它的强度却要高得多，因而当承受的荷载和条件相同时，钢结构要比其他类型结构轻。主要表现在：

（1）恒荷载轻　由于采用轻质围护结构，恒荷载及地震作用大幅度减小，基础形式简单，对地基要求低，抗震性能得到了加强。

（2）构件截面小　由于采用新的设计理论、高强度钢材和新结构体系，使得承重构件截面小，用钢量低。

钢结构工程与钢筋混凝土的深基、胖柱、肥梁、重盖结构相比，“轻”字体现得更为突出。对于无吊车梁的工业和民用建筑，轻钢结构的钢材用量一般为20～50kg/m^2，因此，它更适合用于一些地基较为松软的地区。

（二）钢材的塑性和韧性好

对于建筑构件来讲，要求构件在受力破坏时应为塑性破坏，最忌脆性破坏，或称为突然性破坏。而钢材由于其延伸性能好，说明了它的塑性良好，使钢结构工程一般不会因偶然超载或局部超载而突然破坏。由于钢材的韧性好，则使钢结构对动力荷载适应性较强。可以说，钢材的塑性和韧性为钢结构工程安全可靠度提供了充分的质量保证。

（三）钢结构制作简便，安装施工周期短

钢结构工程由各种 H 型钢、C 型钢、角钢或圆钢等型材所组成，制作简单。大量的钢结构构件均在专业化的制造厂中制作而成，质量可靠、精确度高。钢结构工程的工期与同等面积的钢筋混凝土工程相比，仅为钢筋混凝土工程的 1/3 ~ 1/4，因此，钢结构工程施工工期短是其最具有竞争力的特征之一。而且，钢结构构件的连接多采用焊接和螺栓连接，这样就具有施工方便之特点。

（四）跨度大，结构占用面积较小

因为钢材具有得天独厚的物理属性，所以可以用来建造大跨度、大空间的建筑，并且可以灵活地隔断空间。由于大跨度的结构减小了钢柱、梁、墙、隔断等占用面积，等于增加了单位使用面积。钢结构的占用面积可比同类钢筋混凝土结构的占用面积减小约 25%。这实际上是增加了建筑物的使用价值和投资者的经济效益。

（五）符合国家的“绿色、环保、节能”的环保理念

钢结构工程的应用，使墙体围护材料也得到了改变。由于黏土砖被淘汰，保护了我们有限的土地资源。采用钢结构也减少了开山挖石烧水泥，有利于生态环境的保护。在安装施工现场，由于采用整体装配式连接，大大降低了混凝土搅拌、砌筑砂浆的搅拌、混凝土的养护等作业的工作量，限制了粉尘的污染，减少了建筑垃圾，降低了施工噪声。在节能方面，98% 以上的钢结构构件可以回收利用，既节约了材料，又节约了能源，符合绿色、环保和可持续发展的原则。

钢结构虽然具有以上种种优势，但也有相应的缺点：

（一）钢结构防火性差

当钢材受热超过 200℃时，材质就发生变化，抗拉、抗压强度降低；受热达到 600℃时，钢材进入塑性状态从而失去承载能力。

（二）钢结构耐腐蚀性差

钢材在潮湿的环境中，特别是处于腐蚀介质的环境中容易锈蚀。所以涂装质量一定要严格控制，而且在使用期间还需定期进行维护。

第二节　钢结构工程设计的内容、原理及构造

一、钢结构工程设计的内容

根据现行《钢结构设计规范》（GB 50017—2016）的设计规定，钢结构设计应包括下列内容：

1）结构方案设计，包括结构选型、构件布置。

2）材料选用。

3）作用及作用效应分析。

4）结构的极限状态验算。

5）结构、构件及连接的构造。

6）抗火设计。

7）制作、安装、防腐和防火等要求。

8）满足特殊要求结构的专门性能设计。

二、钢结构工程设计的基本原理

钢结构设计应遵循的一般原则是“技术先进、经济合理、安全适用、确保质量”。钢结构的设计方法可分为容许应力法和极限状态设计法两种。

1. 容许应力法

“容许应力法”也称为“安全系数法”或“定值法”。即将影响结构设计的诸因素取为定值，采用一个凭经验选定的安全系数来考虑设计诸因素变异的影响，以衡量结构的安全度。其表达式为

$$\sigma \leqslant [\sigma]$$

式中　σ——由标准荷载与构件截面尺寸所计算的应力；

$[\sigma]$——容许应力 $[\sigma]=f_k/k$；

f_k——材料的标准强度，对于钢材为屈服点 f_y；

k——安全系数。

容许应力法，作为一种传统的设计方法计算简便，目前许多国家在不同的规范中仍在采用。但此设计方法采用定值的安全系数考虑不确定诸因素的影响并不科学，不能定量度量结构的可靠度，而且容易给人一种误导，以为只要有安全系数，结构就百分之百可靠。目前，我国《钢结构设计规范》（GB 50017—2016）中，只有结构构件或连接的疲劳强度计算采用此方法。

2. 极限状态设计法

极限状态设计法问世于20世纪50年代。它将变异性的设计参数采用概率分析引入结构设计中。根据应用概率分析的程度分为三种水准。即半概率极限状态设计法、近似概率极限状态设计法和全概率极限状态设计法。目前，钢结构设计方法采用的是近似概率极限状态设计法，有时也称为概率极限状态设计法。

（1）可靠性　按照概率极限状态设计法，结构可靠度定义为：结构在规定的时间内，在规定的条件下，完成预定功能的概率。结构可靠性是结构安全性、适用性和耐久性的总称。

（2）极限状态　当结构或其组成部分超过某一特定状态就不能满足设计规定的某一功能要求时，此特定状态就称为该功能的极限状态。结构的极限状态可分为两类：

1）承载能力极限状态。结构或构件达到最大承载能力或达到不适于继续承载的变形时的极限状态，它包括强度、稳定和疲劳等计算。

2）正常使用极限状态。结构或构件达到正常使用的某项规定极限值时的极限状态，包括静载下的过大变形、动载下的剧烈振动及耐久性问题。

（3）结构的功能函数　结构的工作性能可用结构的功能函数来描述，若结构设计时需考虑的影响结构可靠性的随机变量有 n 个，即 x_1，x_2，…，x_n，则在 n 个随机变量间通常可建立函数关系，若仅考虑 R，S 两个参数，则结构的功能函数为

$$Z=(R, S)=R-S$$

式中　R——结构的抗力；

S——荷载效应。

实际工程中，随着条件的不同，Z 有三种可能性：

当 $Z>0$ 时，结构处于可靠状态。

当 $Z=0$ 时，结构达到临界状态，即极限状态。

当 $Z<0$ 时，结构处于失效状态。

结构的可靠度及失效概率为：

结构的可靠度：$P_s=P(Z\geqslant0)$

结构的失效概率：$P_f=P(Z\leqslant0)$

两者关系：$P_s+P_f=1$

（4）设计方法表达式　现行《钢结构设计规范》（GB 50017—2016）中除疲劳计算外，都采用广大设计人员熟悉的分项系数设计表达式表示以概率理论为基础的极限状态设计方法。对于承载能力极限状态，应按荷载效应的基本组合或偶然组合进行荷载组合，基本组合按下列设计表达式中最不利值确定。

由可变荷载效应控制的组合：

$$\gamma_0\left(\gamma_G S_{G_k}+\gamma_{Q_1}S_{Q_1k}+\sum_{i=2}^{n}\gamma_{Q_i}\psi_{ci}S_{Q_ik}\right)\leqslant f$$

由永久荷载效应控制的组合：

$$\gamma_0\left(\gamma_G S_{G_k}+\sum_{i=1}^{n}\gamma_{Q_i}\psi_{ci}S_{Q_ik}\right)\leqslant f$$

式中　γ_0——结构重要性系数；

γ_G——永久荷载的分项系数；

γ_{Q_i}——第 i 个可变荷载的分项系数，其中 γ_{Q_1} 为可变荷载 Q_1 的分项系数；

S_{G_k}——按永久荷载标准值计算的荷载效应值；

S_{Q_ik}——按可变荷载标准值计算的荷载效应值，其中 S_{Q_1k} 为可变荷载效应中起控制作用者；

ψ_{ci}——可变荷载的组合值系数；

n——参与组合的可变荷载数；

f——钢材的强度设计值。$f=f_y/\gamma_R$ 为钢材的屈服点，γ_R 为抗力分项系数，对于 Q235 钢：$\gamma_R=1.087$；对于 Q345、Q390 和 Q420 钢：$\gamma_R=1.111$。但对于端面承压和连接，则 $f=f_u/\gamma_{R_u}$，其中 f_u 为极限强度，$\gamma_{R_u}=1.538$。

对于正常使用极限状态，应据不同的设计要求，采用荷载的标准组合、频遇组合或准永久组合。钢结构通常只考虑荷载的标准组合，其设计式为

$$V_{G_k} + V_{Q_1k} + \sum_{i=2}^{n} \psi_{ci} V_{Q_ik} \leqslant [V]$$

式中　V_{G_k}——永久荷载标准值在结构或结构构件中产生的变形值；

V_{Q_1k}——起控制作用的第一个可变荷载的标准值在结构或结构构件中产生的变形值；

V_{Q_ik}——其他第 i 个可变荷载标准值在结构或结构构件中产生的变形值；

$[V]$——结构或结构构件中的容许应力值。

三、钢结构工程的基本构造

钢结构工程的基本构造主要有门式刚架轻型钢结构、钢框架结构、钢网架结构及索膜结构。

（一）门式刚架轻型钢结构

门式刚架轻型钢结构主要指承重结构为单跨或多跨实腹式或格构式门式刚架，具有轻型屋盖和轻型外墙，可以设置起重量不大于 20t 的中、轻级工作制桥式起重机或 3t 悬挂式起重机的单层厂房钢结构。

1. 门式刚架的特点

刚架结构是梁、柱单元构件的组合体，其形式种类繁多，但在单层工业与民用房屋的钢结构中，应用较多的为单层的单跨、双跨或多跨的双坡门式刚架，如图 1-1 所示。它可根据通风、采光的需要设置天窗、通风屋脊和采光带等。

门式刚架与屋架结构相比，整个构件的横截面尺寸较小，可以有效地利用建筑空间，从而降低房屋的高度，减小建筑体积，在建筑造型上也较简洁、美观。刚架构件的刚度较好，其平面内、外的刚度差别较小，为制造、运输、安装提供较有利的条件。因此刚架用于中、小跨度的工业房屋或较大跨度的公共建筑，都能达到较好的经济效果。

刚架屋面材料一般多用石棉水泥中小波瓦、瓦楞铁以及其他轻型瓦材。屋面坡度主要取决于屋面材料及排水要求，通常采用的屋面坡度为 1/3。当采用压型钢板屋面时，屋面坡度较平。

门式刚架的用钢量与荷载、跨度、柱高以及结构形式有关。屋面采用石棉水泥瓦，跨度为 12～18m，柱高为 4.5～6.0m 的门式刚架，一般用钢量为 8～13kg/m^2，包括檩条、支撑、墙梁等构件在内，其总用钢量为 15～25kg/m^2。因影响用钢量的参数较多，故其用钢量变化的幅度比较大。

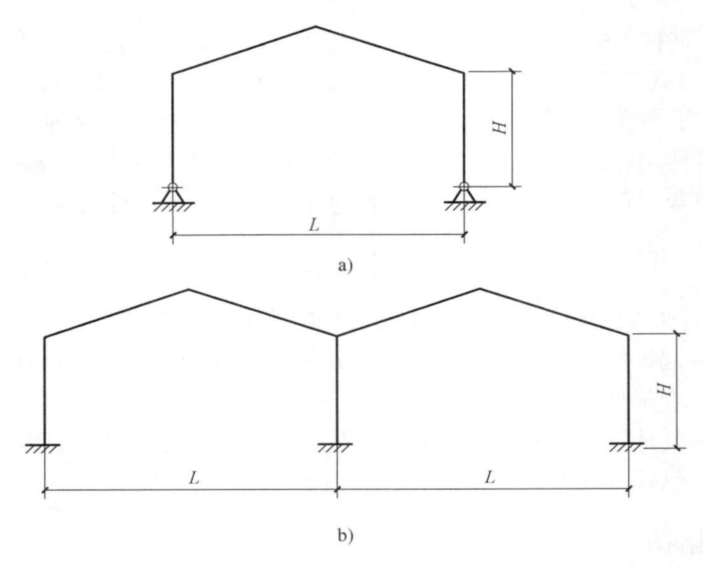

图 1-1　门式刚架简图

2. 门式刚架的结构形式

门式刚架的结构形式是多种多样的，按跨度可分为单跨、双跨、多跨等形式；按屋面坡脊数可分为单脊单坡、单脊双坡、多脊多坡，屋面坡度宜取 1/20 ~ 1/8，如图 1-2 所示。单脊双坡多跨刚架，用于无桥式起重机的房屋时，当刚架柱不是特别高且风荷载也不是很大时，依据“材料集中使用的原则”，中柱宜采用两端铰接的摇摆柱方案，门式刚架的柱脚多按铰接设计。当用于工业厂房且有桥式起重机时，宜将柱脚设计成刚接。门式刚架上可设置起重量不大于 3t 的悬挂起重机和起重量不大于 20t 的轻、中级工作制的单梁或双梁桥式起重机。

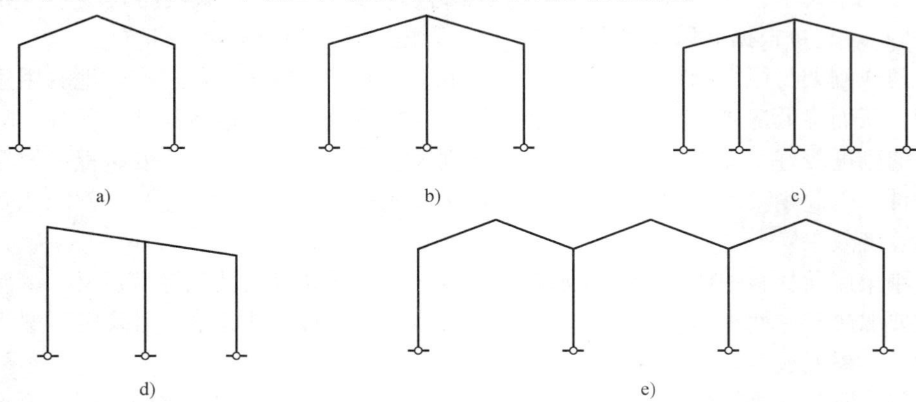

图 1-2　门式刚架形式简图

a）单跨（单脊双坡）　b）双跨（单脊双坡）　c）多跨（单脊双坡）

d）双跨（单脊单坡）　e）多跨（多脊多坡）

门式刚架的结构形式按构件体系可分为实腹式与格构式；按截面组成可分为等截面与变截面两种。实腹式刚架的横截面为一个整体，一般为工字形，少数为Z形；格构式刚架的横截面为矩形或三角形，如图1-3所示。格构刚架的材料选择和截面组成比较灵活，组成形式可以因材制宜，实现多样化。当刚架内力较小时，宜采用等截面，其截面为单腹杆或双腹杆的矩形以及三腹杆的三角形，材料可用普通角钢、槽钢以及薄壁钢管等；当刚架内力较大时，宜采用变截面，其截面为双腹杆的矩形和三腹杆的三角形，材料可用普通角钢、槽钢以及无缝钢管等，如图1-3d、e、f所示。

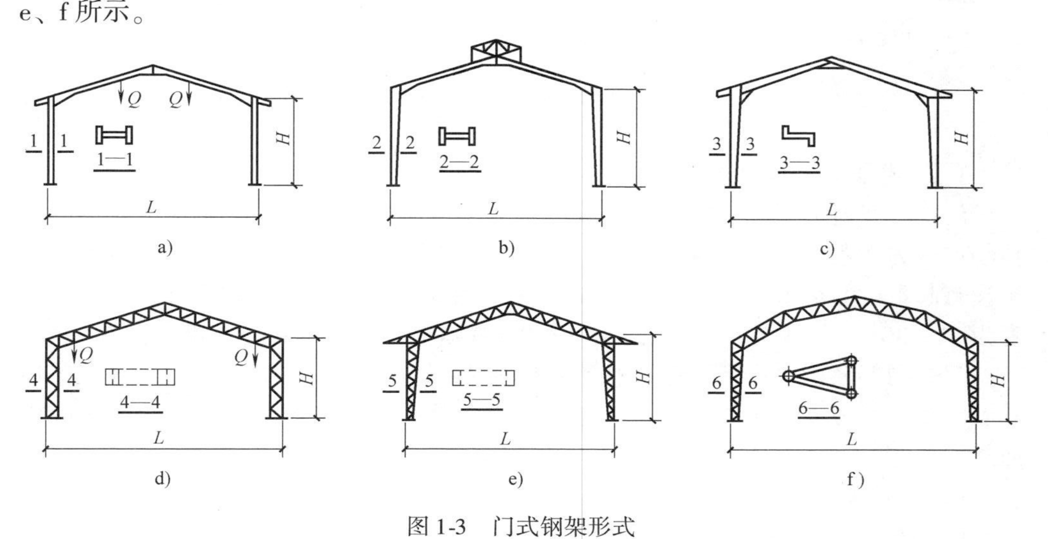

图1-3　门式钢架形式

a）实腹式（等截面）　b）实腹式（变截面）　c）实腹式（Z形）

d）格构式（等截面矩形）　e）格构式（变截面矩形）　f）格构式（三角形）

门式刚架结构体系主要包括：基础、主刚架、次结构、外围护结构和辅助结构。其中主刚架主要包括钢柱、钢梁、钢吊车梁等构件。它常采用焊接H型钢（等截面或变截面）、热轧H型钢（等截面）或冷弯薄壁型钢等构成的实腹式门式刚架或格构式门式刚架。单层门式钢结构根据主刚架构成可分为无起重机和带起重机两类。无起重机门式刚架结构组成如图1-4所示，带起重机刚架结构组成与此类同，只是在柱上设计标高位置加上一道或几道吊车梁。次结构主要包括水平支撑、柱间支撑、系杆、隅撑、拉条、套管、檩条、墙梁等构件，用来保证主刚架的整体稳定性，构件材料常采用型钢（圆钢、钢管、角钢、槽钢等）做支撑、冷弯薄壁型钢（槽钢、C型钢、Z型钢等）做檩条和墙梁。外围护结构屋盖常采用压型钢板屋面板，也可采用隔热卷材和带隔热层的板材作屋面。外墙常采用压型钢板墙板，也可以采用砌体外墙或底部为砌体、上部为轻质材料的外墙。辅助结构主要包括楼梯、天窗架、车挡、走道板等构件，构件材料常采用槽钢、H型钢、角钢、花纹板、钢管、方钢等。

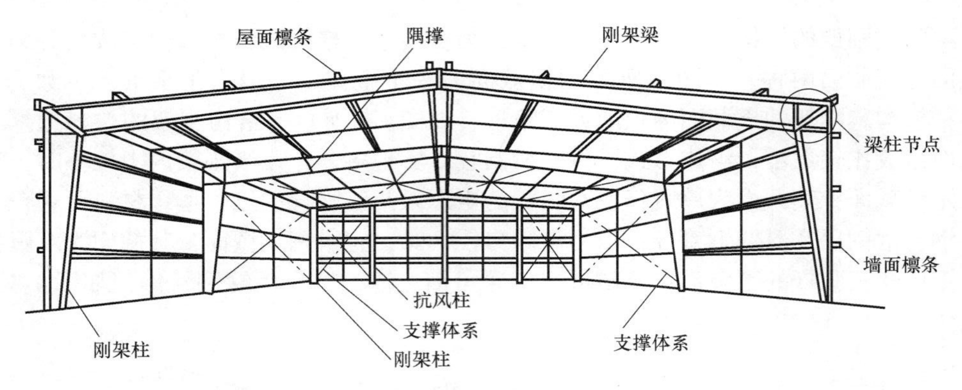

图 1-4　单层门式刚架结构的组成（无起重机）

3. 门式刚架的适用范围

门式刚架通常用于跨度为 9 ~ 18m，柱高为 4.5 ~ 6.0m，设有起重量较小的悬挂起重机的工业房屋和辅助性建筑。对于无起重机的房屋，柱高多在 5m 以内；对于设有起重机的房屋，则柱高多在 6m 左右。在某些情况下，门式刚架也有用于跨度为 21 ~ 30m，柱距为 6 ~ 12m，柱高为 9m 左右的工业房屋和公共建筑。

门式刚架轻型房屋钢结构的主要应用范围，包括单层工建厂房，民建超级市场和展览馆、库房以及各种不同类型仓储式工业及民用建筑等，有广泛的市场应用前景。

（二）钢框架结构

1. 钢框架结构特点

钢框架结构是常用的钢结构形式，由于结构自身的特点，近年来在高层和超高层建筑中应用越来越广泛。不同立面形式的框架具有不同的特点，纯框架结构延性好，但侧向刚度差；中心支撑框架通过支撑提高框架刚度，但支撑受压会屈曲，支撑屈曲将导致原结构的承载力降低；偏心支撑框架可通过偏心梁段剪切屈服限制支撑的受压屈曲，从而保证结构具有稳定的承载力和良好的耗能性能，而结构侧向刚度介于纯框架和中心支撑框架之间；框筒实际是密柱框架结构，由于梁跨度小、刚度大，使周围柱近似构成一个整体受弯的薄壁筒体，具有较大的侧向刚度和承载力，因而框筒结构多用于高层建筑。

钢框架结构因为钢梁、钢柱截面小，墙板一般采用预制板材。预制板材主要有钢板、挤压铝板、以钢板为基材的铝材罩面的复合板、夹心板、预制轻混凝土大板等。各种墙板的夹层或内侧应配有隔热保温材料，并由密封材料保证墙体的水密性。现代多层民用钢结构建筑外墙面积相当于总建筑面积的 30% ~40%，施工量大，高空作业难度大，建筑速度缓慢，同时出于美观、耐久性要求和减轻建筑物自重等因素的考虑，外围护墙已开始采取标准化、定型化、预制装配、多种材料复合等构造方式，多采用轻质薄壁和高档饰面材料，幕墙就是其中主要的一种类型。

钢框架结构的楼盖主要有两种形式：现浇钢筋混凝土组合楼盖、压型钢板—混凝土板组合楼盖。前一种形式组合楼盖楼面刚度较大，但由于在现场浇筑混凝土板，施工工序复杂，需要搭设脚手架，安装模板和支架，绑扎钢筋，浇筑混凝土及拆模等作业，施工进度慢。后一种形式组合楼盖是目前在多层和高层钢结构中采用最多的一种，它不仅具备很好的结构性能和合理的施工工序，而且综合经济效益显著。这类组合楼盖由压型钢板—混凝土板、剪力键和钢梁三部分组成，如图 1-5 所示。

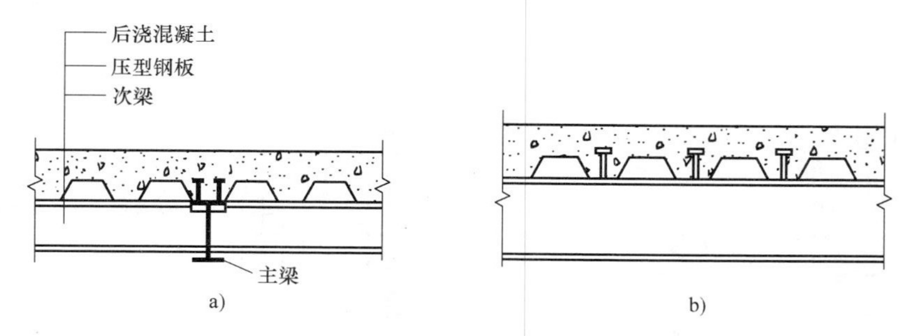

图 1-5　压型钢板—混凝土板组合楼盖类型

a）肋平行于钢梁　b）肋垂直于钢梁

屋顶是房屋最上层起覆盖作用的围护构件，为了减小承重结构的截面尺寸、节约钢材，除个别特殊要求外，首先应采用轻型屋面。轻型屋面的材料宜采用高强、耐火、防火、保温和隔热性能好，构造简单，施工方便，并能工业化生产的建筑材料，如压型钢板等。

2. 钢框架的结构形式

钢框架一般可分为单层单跨、单层多跨等结构形式，以满足不同建筑造型和功能的需求，如图 1-6 所示。

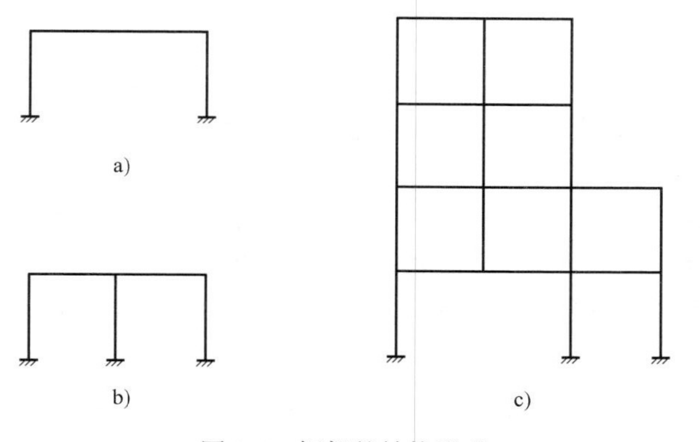

图 1-6　框架的结构形式

a）单层单跨　b）单层多跨　c）多层多跨

根据钢框架抗侧力体系的不同，可将其分为纯框架、中心支撑框架、偏心支撑框架和框筒几种立面形式，如图 1-7 所示。

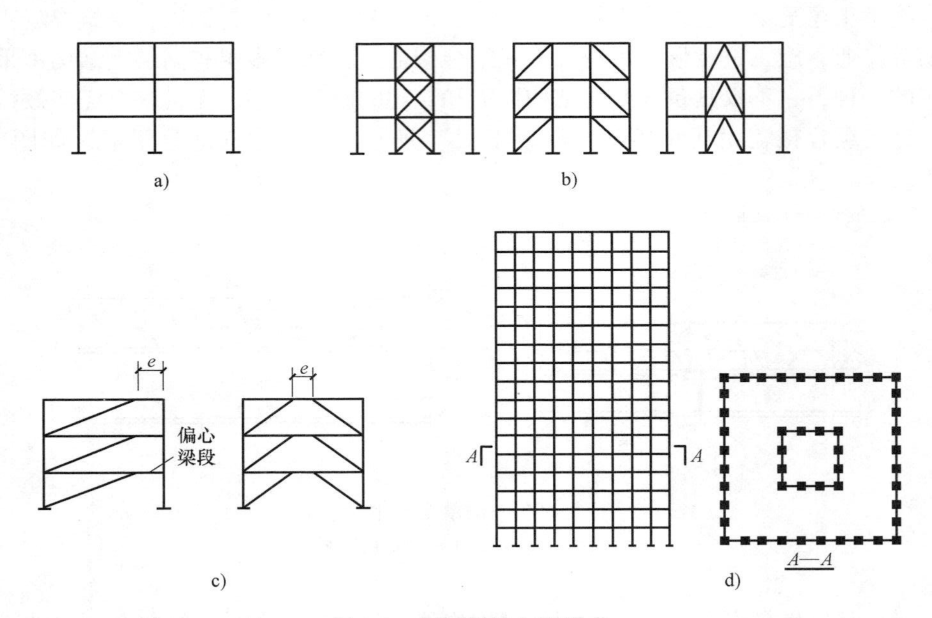

图 1-7　钢框架的立面形式

a）纯框架　b）中心支撑框架　c）偏心支撑框架　d）框筒

3. 钢框架的适用范围

钢框架多用于大跨度公共建筑，工业厂房和一些对建筑空间、建筑体型、建筑功能有特殊要求的建筑物和构筑物中，如剧院、商场、体育馆、火车站、展览厅、造船厂、飞机厂、停车库、仓库、工业车间、电厂锅炉刚架等，并在高层和超高层建筑中有越来越广泛地应用。

（三）钢网架结构

钢网架是由很多杆件从两个方向或几个方向有规律地组成的高次超静定空间结构。它改变了一般平面桁架受力体系，能承受来自各方向的荷载。

1. 钢网架的特点

钢网架结构最大的特点是由于杆件之间互相支撑作用，它的刚度大、整体性好、抗震性好、抗震能力强，而且能够承受由于地基不均匀沉降所带来的不利影响。即使在个别杆件受到损伤的情况下，也能自动调节杆件内力，保持结构的安全。

钢网架结构自重轻，节约钢材，已建成的 18m 跨度的钢管网架用钢量仅为 7 ~ $10kg/m^2$。某 112m 跨度的角钢网架用钢量仅为 $65kg/m^2$，并且由于钢网架结构高度较小，可以有效地利用建筑空间。

钢网架结构的适应性大，它既适用于小跨度的建筑，又适用于大跨度的房屋，而且从建筑物平面形式来说，钢网架结构可以适应于各种平面的建筑：如矩形、圆形、扇形及各种多边形的平面建筑形式。

钢网架结构取材方便，一般多采用 Q235 钢或 Q345 钢，杆件截面形式多采用钢管或型钢（型钢以角钢为主），并且可以用小规格的杆件截面建造大跨度的建筑。

钢网架结构由于它的杆件规格划一，适宜工厂化生产，这就为加速工程进度提供了有利的条件和保证。

钢网架结构的计算有通用的计算程序，制图简单，加上钢网架本身所具有的特点和优越性，给钢网架结构的发展提供了有利条件。

2. 钢网架的结构形式

钢网架结构的形式较多，按其外形可分为曲面网壳和平板网架两大类，在国内采用平板网架比较多，这里主要介绍平板网架。

平板网架除常采用的交叉梁系和角锥体系形式，还有桥板形网架、三层网架以及利用钢筋混凝土代替网架上弦杆的组合网架。

平板网架按其支承形式可分成周边支承、三边支承、多点支承以及周边支承和多点支承相结合的支承形式。

周边支承的网架可分成周边支承在柱子上或周边支承在圈梁上两类形式：周边支承在柱子上时，柱距可取成网格模数，将网架直接支承在柱顶上，这种形式一般用于大、中型跨度的网架；周边支承在圈梁上，这种形式的网格划分比较灵活，适用于小跨度的网架。

多点支承的网架可分成四点支承的网架或多点支承的网架：四点支承的网架，宜带悬挑，一般挑出 1/4，这样可减小网架跨中弯矩，改善网架受力性能，节约钢材；多点支承网架可根据使用功能布置支点，一般多用于厂房、仓库和展览厅等建筑。多点支承网架一般受力最大的是柱帽部分，设计施工时，应注意柱帽处的处理。

周边支承和多点支承相结合的网架多用于厂房结构。

三边支承的网架多用于机库和船体装配车间，一般在自由边处加反梁或设托梁。

钢网架常用的结构形式如图 1-8 所示。

3. 钢网架的适用范围

钢网架结构是一种适用范围很广的结构形式，从用途上来讲，可用于公共建筑，也可用于工业建筑；从跨度上来讲，可大至 100m 跨度以上的房屋建筑，小至几米跨度的站头装饰架或广告牌；从平面形貌上来讲，它既适用于一般矩形平面建筑，也适用于圆形、扇形、六边形乃至多边形平面的建筑；从支承条件上来讲，它既适用于周边支承、三边支承的建筑，也适用于四点或多点支承的建筑，还可适用于周边支承和多点支承二者结合的情况。

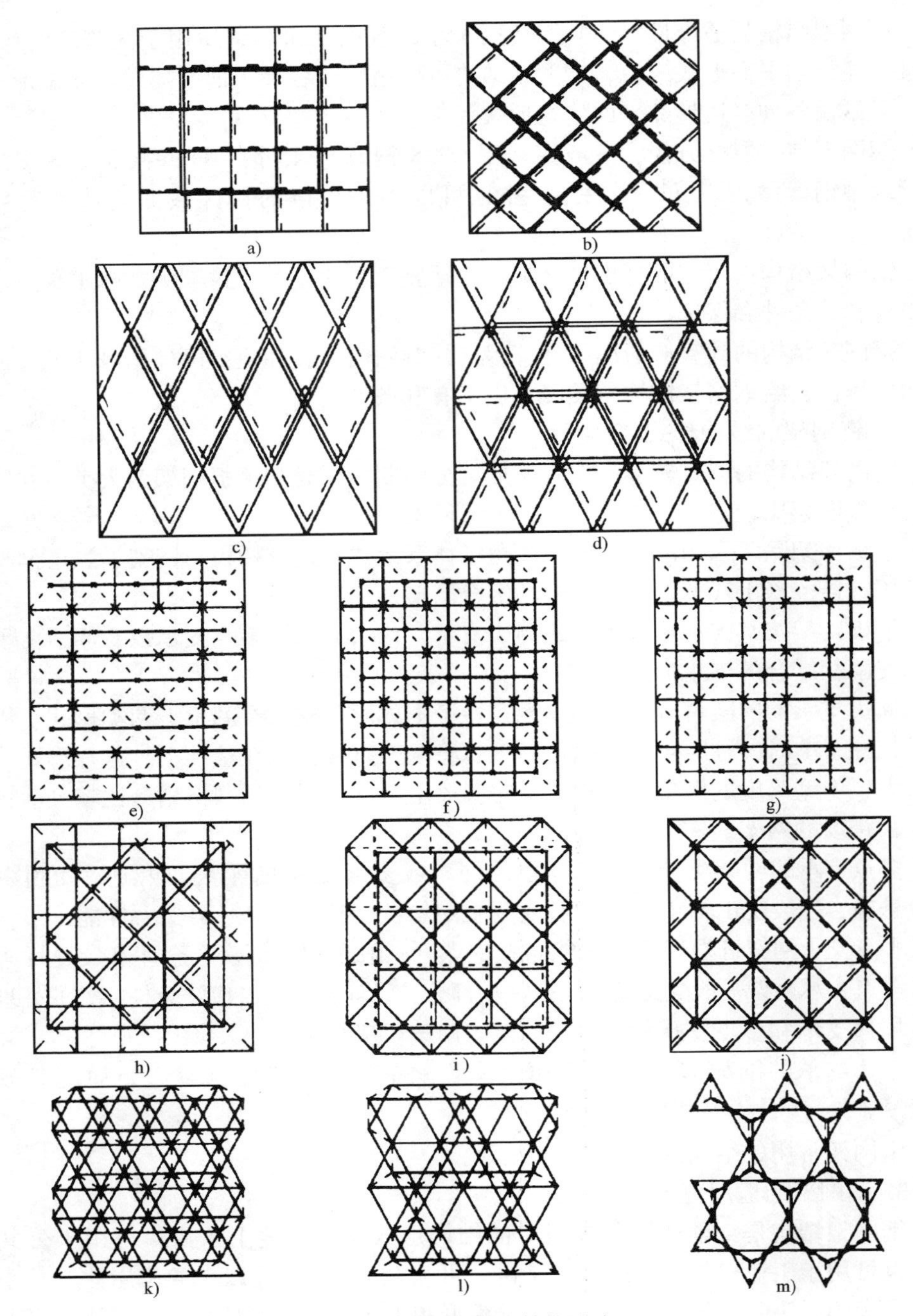

图 1-8　网架常用的结构形式

a）两向正交正放网架　b）两向正交斜放网架　c）两向斜交斜放网架　d）三向网架　e）单向折线形网架　f）正放四角锥网架　g）正放抽空四角锥网架　h）棋盘形四角锥网架　i）斜放四角锥网架　j）星形四角锥网架　k）三角锥网架　l）抽空三角锥网架　m）蜂窝形三角锥网架

钢网架结构主要用于体育馆、俱乐部、展览馆、体育练习馆、游泳馆、影剧院、车站候车大厅、餐厅、食堂、仓库和飞机库等。由于网架结构的优越性，近些年来，钢网架结构也越来越多地用于工业建筑中，甚至对设有桥式起重机的车间屋盖也采用了网架结构；钢网架结构还可用于广告牌、脚手架、栈桥、楼板、门头装饰架等。

钢网架结构的屋面材料多用与网格大小相同的各种钢筋混凝土肋形板和各种带檩的轻型屋面。钢网架可以定型化生产，这就为钢网架发展提供了有利的条件。

（四）索膜结构

由膜面和支承结构共同组成的，属于建筑物或构筑物的一部分或整个结构称为膜结构。

1. 索膜结构的特点

目前，膜结构是世界上最轻的建筑结构。膜建筑的屋面质量仅为常规钢屋面的1/30，这很明显降低了墙体与基础的造价；由于膜工程中所有的加工与制作均在工厂内完成，施工现场的安装施工工期几乎要比传统的建筑施工周期短一半；膜建筑中所用的膜材，热传导性较低，单层膜的保温效果可与砖墙相比，优于玻璃，其半透明性在建筑内部产生均匀的自然漫散射光，减少了白天电力照明时间，非常节能；膜材对紫外线有较高的过滤性，可过滤大部分的紫外线；同时膜材有很高的自洁性，通过雨水的冲刷，可保持外观的自洁，所以说膜建筑是21世纪的绿色环保建筑；由于膜建筑自重轻，可以不需要内部支撑而覆盖大面积的空间，人们可更自由地创造更大的建筑空间，跨度越大，越能体现出膜建筑的经济性；膜建筑在吸声和防火方面效果也很好。

膜结构采用的是一种高强度、柔韧性很好的柔性材料。它是由织物基材和涂层复合而成的一种复合材料，其构造如图1-9所示。膜材基本上是一种织布，织材由纤维构成，纤维分为尼龙、聚酯类、玻璃纤维和人造纤维。常用的涂层材料分为聚氯乙烯、聚四氟乙烯、硅树脂和涂层处理，其中涂层处理通常是为了额外保护织布上的覆盖层免于紫外线的破坏而增加的又一层涂层，增加膜材的自洁性。如PVC上再涂覆PVDF二氟化乙烯等。常用的建筑膜材分为PTFE玻璃纤维膜材、PVC聚酯纤维膜材、PTFE芳纶膜材和加面层的PVC膜材等。

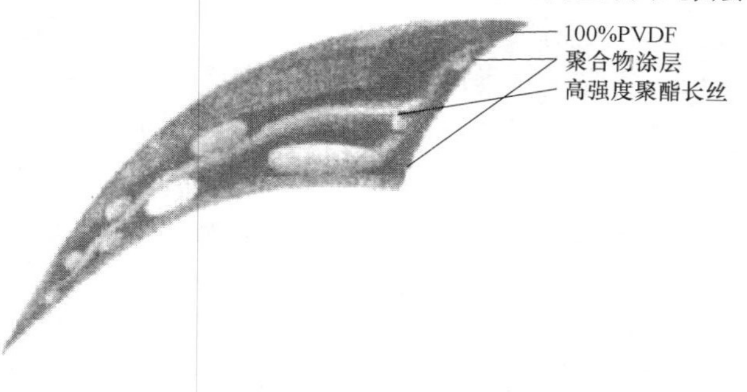

图1-9　膜材构造示意图

膜结构对膜材性能有以下几点要求：

1）高抗张拉强度。

2）高抗撕裂强度。

3）材料尺寸的稳定性，即对伸长率的要求。

4）抗弯折性，有一定的柔软度。

5）要有较高的透明度和放射太阳光的能力。

6）耐久性，包括防水、耐热、抗腐、自洁性。

7）防火性能。

8）可加工性，便于裁剪和拼接。

膜材的优点很多，是理想的膜结构覆盖材料。它的弹性模量较低，有利于膜材形成复杂的曲面造型；它轻质高强，中等强度的PVC膜，其厚度仅0.61mm，但它的拉伸强度相当于钢材的一半；中等强度的PTFE膜，其厚度仅0.8mm，但它的拉伸强度已达到钢材的水平。膜材对自然光有反射、吸收和透射能力；它不燃、难燃或阻燃；具有耐久、防火、气密性良好等特性；表面经处理（涂覆PVC或PVDF）的膜材，自身不发黏，有很好的自洁性能。但它也有不足之处，膜材的不可回收性，使得膜材成为并不完全的环保材料。

索是膜结构建筑的重要受力构件。大多数的膜结构工程都是通过钢索来张拉膜面的。

2. 索膜结构的结构形式

膜建筑的结构形式比较多，按支承方式可分为充气膜结构和张力膜结构。其中充气膜结构又有气承式和气肋式，就是向气密性好的膜材所覆盖的空间注入空气，利用内外空气的压力差使膜材受拉，结构就具有一定的刚度用来承重。而张力膜结构是对膜施加预应力，使得结构具有一定的刚度和稳定的形状。它又可分为刚性支承体系、柔性支承体系和混合支承体系。所谓刚性支承体系，又称框架膜结构，膜直接张覆在刚架、网架（网壳）等变形较小的结构上；柔性支承体系，又称索膜结构，膜张覆在柔性索、索网、索结构上，索与膜共同受力；混合支承体系，膜部分张覆在刚架等刚性支撑上，部分张覆在柔性索上。按膜对建筑覆盖的形式，膜结构可分为开敞式膜结构、封闭式膜结构和开合式膜结构。按膜材层数，膜结构可分为单层膜结构和双层膜结构，双层膜结构，内膜保温、隔热，满足声学性能，外膜直接受荷载作用。

根据造型需要和支撑条件等，可将膜结构分为气膜式膜结构、索系支承式膜结构、骨架支承式膜结构和整体张拉式膜结构。气膜式膜结构主要依靠膜曲面内外的气压来维持膜曲面的形状。该结构要求有密闭的充气空间，并应设置维持内压的充气装置。索系支承式膜结构由空间索系作为主要的受力构件，在索系上布置按要求设计的张紧膜材。骨架支承式膜结构是由钢构件或其他刚性结构作为承重骨架，在骨架上布置按设计要求张紧的膜材。整体张拉式膜结构是由桅杆等支撑结构提供吊点，并在周边设置锚固点，通过预张拉而形成的稳定体系。

3. 索膜结构的适用范围

目前膜建筑被广泛用于以下各个领域：

1）文化设施。展览中心、剧场、会议厅、博物馆、植物园和水族馆等。

2）体育设施。体育场、体育馆、健身中心、游泳馆、网球馆和篮球馆等。

3）商业设施。商场、购物中心、酒店、餐厅、商店门头（挑檐）和商业街等。

4）交通设施。机场、火车站、公交车站、收费站、码头、加油站和天桥连廊等。

5）工业设施。工厂、仓库、科研中心、处理中心、温室和物流中心等。

6）景观设施。建筑入口、标志性小品、步行街和停车场等。

第三节　钢结构工程常用材料

钢结构工程常用到的材料主要有钢材、压型钢板、保温夹芯板以及各种连接材料等，下面对其规格型号和主要性能逐一介绍。

一、钢材

（一）钢材的主要性能

（1）屈服强度（f_y）　屈服强度是衡量钢材承载能力和确定基本强度设计值的重要指标。碳素结构钢和低合金结构钢在应力到达屈服点后，应变急剧增长，使结构的实际变形很快增加到不能再继续使用的情况。所以，钢材所采用的强度设计值，一般都以屈服强度除以适当抗力分项系数来控制。

（2）抗拉强度（f_u）　抗拉强度是衡量钢材经过其本身所能产生的足够变形后的抵抗能力。它不仅是反映钢材质量的重要指标，而且直接与钢材的疲劳强度有密切关系。由抗拉强度变化范围的数值，可以反映出钢材内部组织的优劣。

（3）伸长率（δ）　伸长率是衡量钢材塑性性能的指标。钢材的塑性实际上是当结构经受其本身所能产生的足够变形时，抵抗断裂的能力。因此，结构所用的钢材，无论在静力荷载或动力荷载作用下，以及在加工制造过程中，除要求具有一定的强度外，还要求有足够的伸长率。

（4）冷弯试验　冷弯是衡量材料性能的综合指标，也是塑性指标之一。通过冷弯试验不仅可以检验钢材颗粒组织、结晶情况和非金属夹杂物的分布等缺陷。在一定程度上也是鉴定钢材焊接性的一个指标。结构在加工制造和安装过程中进行冷加工时，尤其焊接结构在进行焊后变形的校正时，都需要有较好的冷弯性能。用于承重结构的薄壁型钢的热轧带钢或钢板也应有冷弯试验保证。

（5）冲击韧度　冲击韧度是衡量钢材抵抗脆性破坏能力的一个指标。因此，直接承受较大动力荷载的焊接结构，为了防止钢材的脆性破坏，应具有常温冲击韧度的保证，在某些低温情况下尚应具有负温冲击韧度的保证。轻型钢结构主要承受静力荷载，一般不要求保证冲击韧度。

（二）钢材的分类

钢材常用的分类方法主要有以下几种：

（1）按建筑用途分类　根据建筑用途，钢材可分为碳素结构钢、焊接结构耐候钢、高耐候性结构钢和桥梁用结构钢等专用结构钢。在建筑结构中，较为常用的是碳素结构钢和桥梁用结构钢。

（2）按化学成分分类　按照化学成分，钢材可分为碳素钢和合金钢两类。其中碳素钢是指碳的质量分数在0.02%～2.11%之间的铁碳合金。碳素钢是最普通的工程用钢，按其含碳量的多少可以分为低碳钢、中碳钢和高碳钢，通常把碳的质量分数在0.25%以下的称为低碳钢，碳的质量分数在0.25%～0.60%之间的钢材称为中碳钢，碳的质量分数在0.60%以上的称高碳钢。而合金钢是在碳素钢基础上加入一定量的合金元素，可以提高钢的性能。将合金元素总的质量分数小于5%的钢称为低合金钢，合金元素总的质量分数在5%～10%之间的钢称中合金钢，合金元素总的质量分数大于10%的钢称为高合金钢。

（3）按外形分类　根据型钢外形可分为工字钢、槽钢、角钢、钢管、圆钢、方钢、C型钢、Z型钢、H型钢、T型钢等。

（三）钢材的牌号

1. 碳素结构钢

钢材的牌号（或称钢号）是由屈服点的字母Q、屈服点数值、质量等级符号、脱氧方法等四部分按顺序组成。其中质量等级可分A、B、C、D四个等级；脱氧方法可分沸腾钢（F）、镇静钢（Z）和特殊镇静钢（TZ）等，在牌号组成中，“Z”和“TZ”符号予以省略。

例如，Q235AF表示屈服强度为235N/mm^{2}的A级沸腾钢，Q235A表示屈服强度为235N/mm^{2}的A级镇静钢。

建筑钢结构中采用的钢材是碳素结构钢（Q235）和低合金结构钢（Q345、Q390、Q420），若采用其他牌号的钢材时，应符合相应标准的规定和要求。

2. 低合金结构钢

钢的牌号由代表屈服强度的汉语拼音字母、屈服强度数值、质量等级符号三个部分组成。例如：Q345D。其中：

Q——钢的屈服强度的“屈”字汉语拼音的首位字母。

345——屈服强度的数值，单位MPa。

D——质量等级D级。

当使用方要求钢板具有厚度方向性能时，则在上述规定的牌号后加上代表厚度方向（Z向）性能级别的符号，例如：Q345DZ15。

（四）钢材的选用

合理地选用钢材与结构的安全和经济效果直接相关。轻型结构与其他建筑结构一样，应用的钢材既要具有一定的强度，还要具有一定的塑性和韧性。因此，所用牌号不宜过高，通常应用最多的是 Q235 沸腾钢，它不仅具有较适宜的强度，而且具有较好的制造加工和焊接等工艺性能。

二、压型钢板

（一）压型钢板的类型

压型钢板按外形可分为平面压型钢板、曲面压型钢板、拱型压型钢板和瓦型压型钢板。

（1）平面压型钢板　平面压型钢板又可分为低波板、中波板和高波板。波高 12～30mm 为低波板，多用于墙面板和现场复合的保温屋面和墙面的内板。波高 30～50mm 为中波板，多用于屋面板。波高大于 50mm 为高波板，多用于单坡长度较长的屋面，一般需配专用支架，造价较前两种高。

（2）曲面压型钢板　用于曲线形屋面或曲线檐口较多的情况。当屋面曲率半径较大时，可用于平面板的长向自然弯曲成型，不需要另成型。当自然弯曲不能达到所需曲率时，应用曲面压型钢板。

（3）拱型压型钢板　拱型压型钢板与曲面压型钢板的成型方法相似，但必须是全跨长度，通过板间咬合锁边形成整体拱形屋盖结构，它无需另加屋盖承重结构。

（4）瓦型压型钢板　瓦型压型钢板是指彩色钢板经辊压成波型，再冲压成瓦型或直接冲压成瓦型的产品。成型后的形状类似于常用的黏土瓦、筒型瓦等的形状，多用于民用建筑。

（二）压型钢板的规格

压型钢板规格及形状多种多样，常用的压型钢板的规格及形状见表 1-1。

表 1-1　常用压型钢板规格及形状

序号	板　型	截 面 形 状	钢板厚度/mm
1	YX51-360 （角弛Ⅱ）	360 51 适用于屋面板	0.6 0.8 1.0
2	YX51-380-760 （角弛Ⅱ）	760 240 80 51 76 适用于屋面板	0.6 0.8 1.0

（续）

序号	板　型	截面形状	钢板厚度/mm
3	YX130-300-600 （W600）	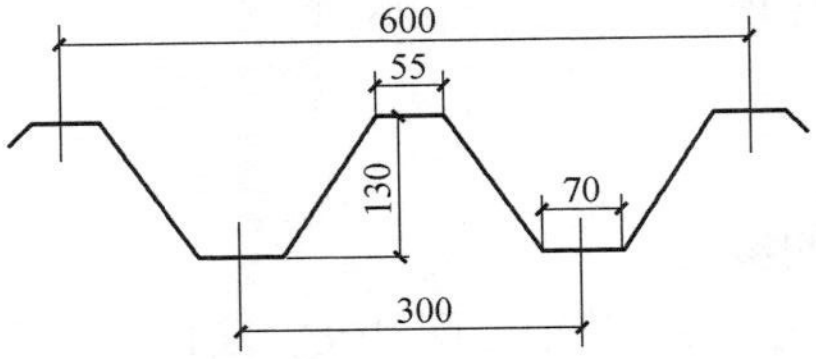 适用于屋面板	0.6 0.8 1.0
4	YX114-333-666	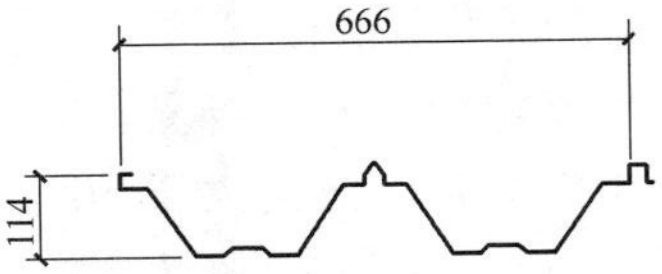 适用于屋面板	0.6 0.8 1.0
5	YX35-190-760	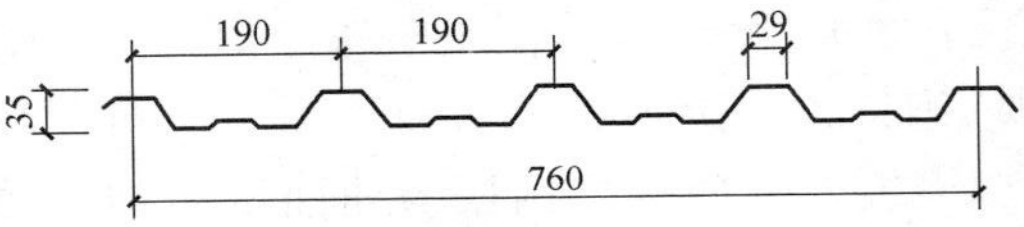 适用于屋面板	0.6 0.8 1.0
6	YX28-205-820	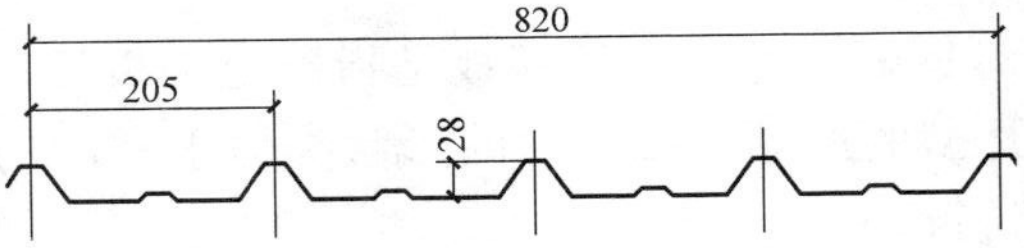 适用于墙板	0.6 0.8 1.0
7	YX51-250-750	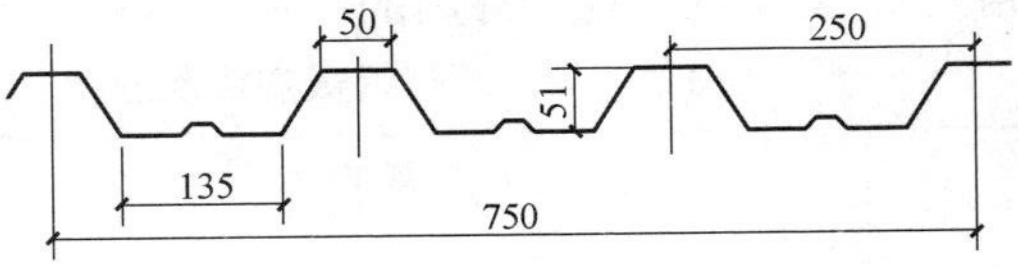 适用于墙板	0.6 0.8 1.0
8	YX24-210-840	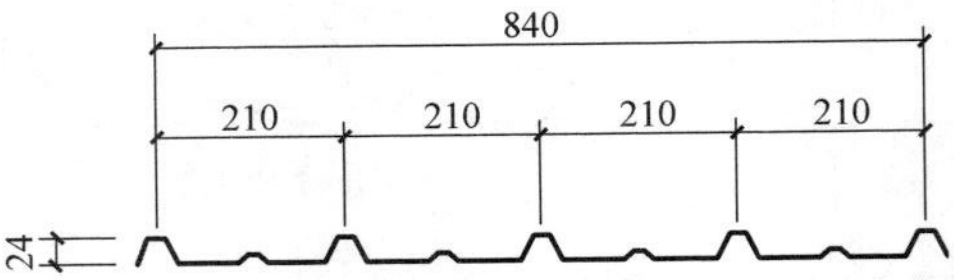 适用于墙板	0.6 0.8 1.0
9	YX15-225-900	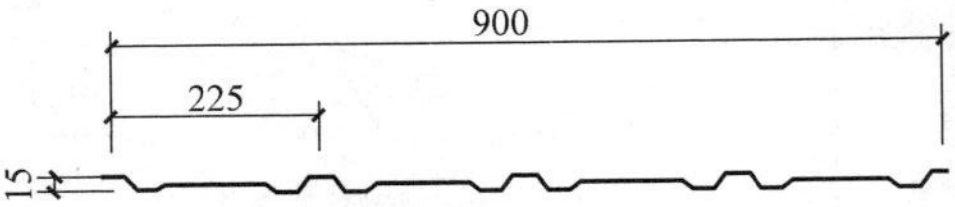 适用于墙板	0.6 0.8 1.0

（续）

序号	板　型	截面形状	钢板厚度/mm
10	YX15-118-826	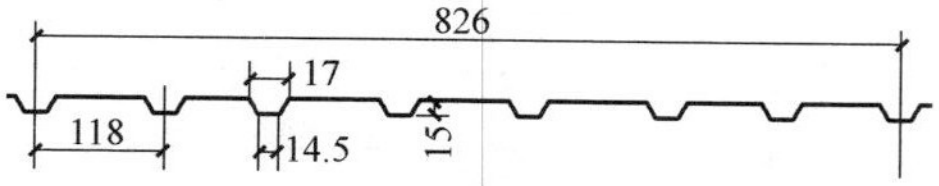 826; 17; 118; 14.5; 15 适用于墙板	0.6 0.8 1.0
11	YX35-125-750	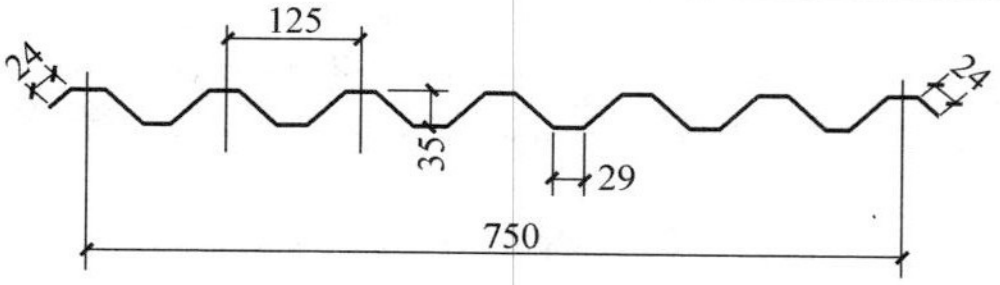 125; 24; 35; 29; 750 适用于墙板、屋面板	0.6 0.8 1.0
12	YX75-175-600 （AP600）	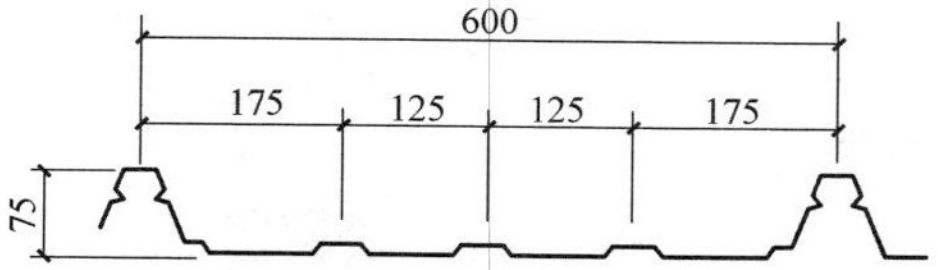 600; 175; 125; 125; 175; 75 适用于屋面板	0.47 0.53 0.65
13	YX28-200-740 （AP740）	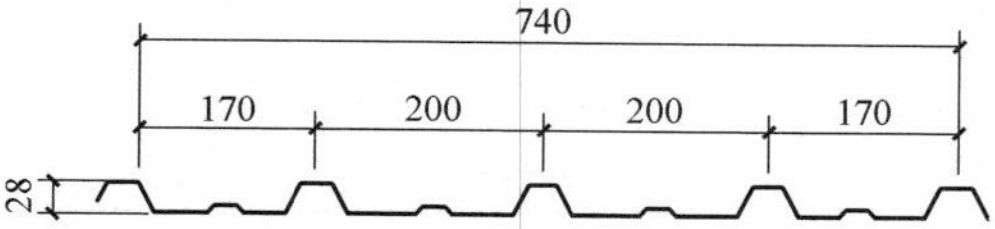 740; 170; 200; 200; 170; 28 适用于屋面板	0.47 0.53
14	YX52-600 （U600）	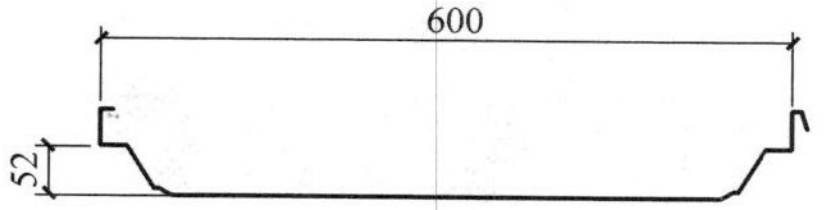 600; 52 适用于屋面板	0.5 0.6 1.0
15	YX28-150-750	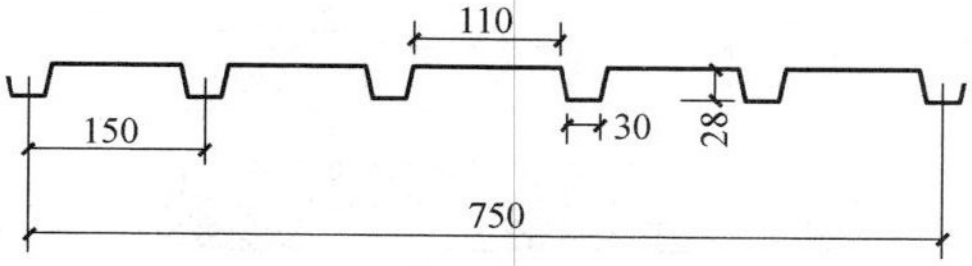 110; 150; 30; 28; 750 适用于墙板	0.6 0.8 1.0

三、保温夹芯板

保温夹芯板是一种保温隔热材料（聚氨酯、聚苯或岩棉等）与金属面板间加胶后，经成形机辊压黏结成整体的复合板材。夹芯板板厚范围为 30～250mm，建筑围护常用的夹芯板厚度范围为 50～100mm。另外还有在两层压型钢板间加玻璃棉保温和隔热的做法。

常用夹芯板规格及形状见表 1-2。

表 1-2　常用夹芯板规格及形状

序号	板　型	截 面 形 状	板厚 S/mm	面板厚 /mm
1	JxB45-500-1000	聚苯乙烯泡沫塑料　彩色涂层钢板 适用于屋面板	75 100 150	0.6
2	JxB42-333-1000	适用于屋面板	50 60 80	0.5
3	JxB-Qy-1000	适用于墙板	50 60 80	0.5
4	JxB-Q-1000	彩色涂层钢板　聚苯乙烯泡沫塑料 拼接式加芯墙板	50 60 80	0.5
		聚苯乙烯泡沫塑料 插接式加芯墙板	50 60 80	0.5
		岩棉 插接式加芯墙板		

四、连接材料

（一）焊接材料

焊接连接是目前钢结构最主要的连接方法，其焊接材料主要有焊条、焊丝和焊剂。

（1）焊条型号　焊条可分为碳钢焊条和低合金钢焊条。碳钢焊条型号有 E43 系列（E4300～E4316）和 E50 系列（E5001～E5048）两类；低合金钢焊条型号有 E50 系列（E5000-X～E5027-X）和 E55 系列（E5500-X～E5548-X）。

碳钢焊条型号中各符号所表示的含义如下：“E”表示焊条；E 后面的前两位数字表示熔敷金属抗拉强度最小值，单位为 kgf/mm^2（1kgf = 9.80665N）；第三个数字表示焊接位置，0 和 1 适用于全位置（平、横、立、仰）焊接；第三、四位数字组合表示药皮类型和焊接电流的种类。

低合金钢焊条型号中的符号“X”表示熔敷金属的化学成分分类代号，如 A_1、B_1、B_2 等，其余符号含义与碳钢焊条相同。

（2）焊丝型号　焊丝可分为碳钢焊丝和低合金钢焊丝，其型号有 ER50 系列、ER55 系列、ER62 系列、ER69 系列等。以“ER50-B2-Mn”为例说明各符号的含义：“ER”表示焊丝；50 表示熔敷金属抗拉强度最低值为 500MPa；B2 表示焊丝化学成分分类代号；Mn 表示焊丝中含有 Mn 元素。

（3）焊剂型号　焊剂型号可分为碳素钢埋弧焊焊剂和低合金钢埋弧焊焊剂。

碳素钢埋弧焊焊丝-焊剂组合的型号编制方法如下：字母“F”表示焊剂；第一位数字表示焊丝-焊剂组合的熔敷金属抗拉强度的最小值；第二位字母表示试件的热处理状态，“A”表示焊态，“P”表示焊后热处理状态；第三位数字表示熔敷金属冲击吸收功不小于 27J 时的最低试验温度；“-”后面表示焊丝的牌号，焊丝的牌号按《熔化焊用钢丝》（GB/T 14957—1994）。

低合金钢埋弧焊焊丝-焊剂组合的型号编制方法为 F××××-H×××。其中字母“F”表示焊剂；“F”后面的两位数字表示焊丝-焊剂组合的熔敷金属抗拉强度的最小值；第二位字母表示试件的热处理状态，“A”表示焊态，“P”表示焊后热处理状态；第三位数字表示熔敷金属冲击吸收功不小于 27J 时的最低试验温度；“-”后面表示焊丝的牌号，焊丝的牌号按《熔化焊用钢丝》（GB/T 14957—1994）和《焊接用钢盘条》（GB/T 3429—2002）。如果需要标注熔敷金属中扩散氢含量时，可用后缀“H×”表示。

（4）选用　在选用钢结构焊接材料时，应与被连接构件所采用的钢材相匹配，若两种不同的钢材连接时，可采用与低强度钢材相适应的连接材料。例如 Q235 钢宜选用 E43 型焊条，Q345 钢宜选用 E50 型焊条。

（二）螺栓

钢结构构件间的连接、固定和定位主要是通过螺栓来紧固的，它是钢结构的主要连接紧固件。螺栓一般有普通螺栓和高强度螺栓之分。

(1) 普通螺栓　普通螺栓的紧固轴力很小，在外力作用下连接板件即产生滑移，通常外力是通过螺栓杆的受剪和连接板孔壁的承压来传递的。

普通螺栓质量按其加工制作的质量及精度公差不同可分为 A、B、C 三个质量等级。A 级加工精度最高，C 级最差。A、B 级螺栓称为精制螺栓，C 级则称为粗制螺栓。A 级适用于小规格的螺栓，直径 $d\leqslant$M24，长度 $L\leqslant$150mm 和 $10d$；B 级适用于大规格螺栓，直径 $d>$M24，长度 $L>$150mm 和 $10d$；C 级螺栓用未经加工的圆钢制成，杆身表面粗糙，加工精度低，尺寸不准确。

(2) 高强螺栓　高强螺栓连接具有受力性能好、连接强度高、抗震性能好、耐疲劳、施工简单等特点，在建筑钢结构中被广泛地应用，成为建筑钢结构的主要连接件。高强螺栓按受力特点的不同可分为摩擦型连接和承压型连接两种。但目前生产商生产的高强螺栓，摩擦型和承压型只是在极限状态上取值不同，制造和构造上并没有区别。

高强螺栓在性能等级上可分为 8.8 级（或 8.8S）和 10.9 级（或 10.9S）。根据螺栓构造和施工方法不同，高强螺栓可分为大六角头高强螺栓和扭剪型高强螺栓两类。大六角头高强螺栓连接副包含一个螺栓、一个螺母和两个垫圈；扭剪型高强螺栓连接副包含一个螺栓、一个螺母和一个垫圈。8.8 级仅用于大六角头高强螺栓，10.9 级既可用于扭剪型高强螺栓，也可用于大六角头高强螺栓。扭剪型高强螺栓只有 10.9 级一种。

高强螺栓连接的摩擦面需要通过处理以达到规范要求的抗滑移系数（使连接件摩擦面产生滑动时的外力与垂直于摩擦面的高强螺母预拉力之和的比值，是影响承载力的重要因素）数值。摩擦面的处理一般是和钢构件表面处理一起进行的，只是处理过后不再进行涂装处理。摩擦面的处理方法可分为喷砂（丸）法、砂轮打磨法、钢丝刷人工除锈法（用于不重要的结构）和酸洗法。目前大型钢结构厂基本上都采用喷丸法，酸洗法因受环境的限制，基本已淘汰。

(三) 锚栓、拉铆钉、自攻螺钉及圆柱头栓钉

(1) 锚栓　锚栓一般采用未经加工圆钢制作而成，其材质宜采用 Q235 钢或 Q345 钢。用于柱脚时通常采用双螺母紧固，保证连接的牢固性。

(2) 拉铆钉　拉铆钉由钉头、钉杆和套环组成，属紧固件中冷铆铆钉，用来固定彩钢板和钢结构。紧固时，将铆钉单面放入已锁好孔的构件中，钉芯插入拉铆枪的枪头内，枪头要紧顶钉的端面，进行拉铆操作，直至铆钉向反面膨胀，钉芯拉断为止。

(3) 自攻螺钉　自攻螺钉多用于薄的金属板之间的连接，可分为自钻自攻螺钉和普通自攻螺钉，普通自攻螺钉在连接时必须经过钻孔和攻螺纹两道工序，而自钻自攻螺钉在连接时，将两道工序合并一次完成。它先用螺钉前面的钻头进行钻孔，接着就用螺钉进行攻丝，节约施工时间，提高施工效率。

（4）圆柱头焊钉　根据《电弧螺柱焊用圆柱头焊钉》（GB/T 10433—2002），圆柱头栓钉按其公称直径的大小共有 10～25mm 六种规格，钢结构及组合楼板中常用的栓钉直径有 16mm、19mm 和 22mm 三种。

（5）选用　锚栓主要应用于屋架与钢结构构件的连接及门式刚架柱脚与基础的连接，锚栓可根据其受力情况用不同牌号的钢材制成；拉铆钉在钢结构工程中，主要用于压型钢板的固定；自攻螺钉多用于薄的金属板（钢板、锯板等）之间的连接；圆柱头焊钉适用于各类钢结构构件的抗剪件、埋设件和锚固件。

第四节　钢结构连接方式

钢结构连接方式主要有焊接连接和螺栓连接两种。

一、焊接连接

（一）焊接方法

钢结构常采用的焊接方法有焊条电弧焊、埋弧焊、熔嘴电渣焊、CO_2 气体保护焊和栓钉焊接。施工中需要根据具体施工条件、要求及相关情况进行选择。

（1）焊条电弧焊　焊条电弧焊是手工操纵焊条，利用焊条与工件间产生的电弧热将金属熔化进行焊接，是熔化焊中最基本的一种焊接方法，也是目前焊接生产中使用最广泛的焊接方法。

（2）埋弧焊　埋弧焊是以电弧作为热源的机械化焊接方法，它是在连续送进的焊丝与一层可熔化的颗粒状焊剂覆盖下引燃电弧，将焊丝、母材和熔剂熔化，经逐步冷却而形成焊缝。它是目前广泛使用的一种高效的机械化焊接方法，广泛应用于锅炉、压力容器、石油化工、船舶、桥梁、冶金及机械制造工业中。

（3）熔嘴电渣焊　熔嘴电渣焊是利用电流通过熔渣所产生的电阻热作为热源，将填充金属和母材熔化凝固后使金属原子间牢固连接的一种焊接方法。适于焊接不规则的断面及再接长焊缝。

（4）CO_2 气体保护焊　CO_2 气体保护焊是用外加气体作为电弧介质并保护电弧和焊接区的电弧焊接方法，简称气体保护焊。气体保护焊直接依靠从喷嘴中连贯送出的气流，在电弧周围造成局部的气体保护层，使电极端部、熔滴和熔池金属与周围空气机械地隔绝开来，以保证焊接过程的稳定性，并获得质量优良的焊缝。

（5）栓钉焊　栓钉焊是在栓钉与母材之间通过电流，局部加热熔化栓钉和局部母材，并同时施加压力挤出液态金属，使栓钉整个截面与母材牢固结合的焊接方法。可分为电弧栓钉焊和储能栓钉焊两种。

（二）焊接方式

根据焊接位置的不同，钢材焊接一般可分为平焊、立焊、横焊和仰焊四种方式。

（1）平焊　平焊焊接时，要求等速焊接来保证焊缝高度、宽度均匀一致。

（2）立焊　在相同条件下，立焊焊接电流较平焊小，多采用短弧焊接，弧长一般为2～4mm。焊条运行角度应根据焊件厚度确定；当两焊件厚度相等时，焊条与焊件左右方向夹角为45°；当两焊件厚度不等时，焊条与较厚焊件一侧的夹角应大于较薄的一侧。

（3）横焊　横焊基本与平焊相同，焊接电流比同条件下的平焊的电流要小，电弧长度为2～4mm。横焊焊条应向下倾斜，其角度为70°～80°，防止铁液下坠。根据两焊件的厚度不同，可适当调整焊条角度。

（4）仰焊　仰焊基本与立焊、横焊相同，其焊条与焊件的夹角和焊件的厚度有关。焊条与焊接方向成70°～80°，宜采用小电流短弧焊接。

（三）焊缝形式

焊条电弧焊由于结构的形状、工作厚度、坡口形式和所处的位置不同，其焊缝形式也不同。按结合形式，焊缝可分为对接焊缝、塞焊缝、角焊缝和T形焊缝。按焊缝断续情况可分为连续焊缝和断续焊缝。

二、螺栓连接

（一）普通螺栓连接

普通螺栓连接时需按以下要求进行装配：

1）螺栓头和螺母下面应放置平垫圈，以增大承压面积。

2）每个螺栓一端不得垫两个及以上的垫圈，不得采用大螺母代替垫圈。螺栓拧紧后，外露螺扣不应少于两扣。

3）对于设计有要求防松动的螺栓、锚固螺栓应采用有防松装置的螺母（即双螺母）或弹簧垫圈，或用人工方法采取防松措施（如将螺栓外露螺扣打毛）。

4）对于承受动荷载或重要部位的螺栓连接，应按设计要求放置弹簧垫圈，弹簧垫圈必须设置在螺母一侧。

5）对于工字钢、槽钢类型型钢应尽量使用斜垫圈，使螺母和螺栓头部的支承面垂直于螺杆。

6）双头螺柱的轴心线必须与工件垂直，通常用角尺进行检验。

7）装配双头螺柱时，首先将螺纹和螺孔的接触面清理干净，然后用手轻轻地把螺母拧到螺纹的终止处，如果遇到拧不进的情况，不能用扳手强行拧紧，以免损坏螺纹。

（二）高强螺栓连接

高强螺栓连接时需按以下要求进行装配：

1）安装高强螺栓时应自由穿入孔内，不得强行敲打。扭剪型高强螺栓的垫圈安在螺母一侧，垫圈孔有倒角的一侧应和螺母接触，不得装反；大六角头高强螺栓的垫圈应安装在螺栓头一侧和螺母一侧，垫圈孔有倒角一侧应和螺栓头接触，不得装反。

2）螺栓不能自由穿入时，不得用气割扩孔，要用绞刀绞孔，修孔时需使板层紧贴，以防铁屑进入板缝，绞孔后要用砂轮机清除孔边毛刺，并清除铁屑。

3）螺栓穿入方向宜一致，穿入高强螺栓用扳手紧固后，再卸下临时螺栓，以高强螺栓替换。不得在雨天安装高强螺栓，且摩擦面应处于干燥状态。

高强螺栓的紧固必须分两次进行，第一次为初拧，初拧紧固到螺栓标准轴力（即设计预拉力）的60%～80%，初拧的扭矩值不得小于终拧扭矩值的30%。第二次为终拧，终拧时扭剪型高强螺栓应将梅花卡头拧掉。为使螺栓群中所有螺栓均匀受力，初拧、终拧都应按一定顺序进行。

1）一般接头应从螺栓群中间顺序向外侧进行紧固。

2）从接头刚度大的地方向不受约束的自由端进行。

3）从螺栓群中心向四周扩散的方式进行。

初拧扳手应是可以控制扭矩的，初拧完毕的螺栓，应做好标记以供确认。为防止漏拧，当天安装的高强螺栓，当天应终拧完毕。

终拧应采用专用的电动扳手，如个别作业困难的地方，也可以采用手动扭矩扳手进行，终拧扭矩须满足设计要求。用电动扳手时，螺栓尾部卡头拧断后即表明终拧完毕，检查外露螺扣不得少于两扣，断下来的卡头应放入工具箱内收集在一起，防止高处坠落造成安全事故。

第二章　钢结构施工图识读

第一节　常用钢结构材料的表示方法

一、常用型钢的标注方法

常用型钢的标注方法见表2-1。

表2-1　常用型钢的标注方法

序号	型钢名称	截面形状	标注方法	说明
1	等边角钢		∟ $b\times t$	b为肢宽，t为肢厚 如：∟80×6表示等边角钢肢宽为80mm，肢厚为6mm
2	不等边角钢	B	∟ $B\times b\times t$	B为长肢宽，b为短肢宽，t为肢厚 如：∟80×60×5表示不等边角钢肢宽为80mm和60mm，肢厚为5mm
3	工字钢		I N　Q I N	轻型工字钢加注Q，N为工字钢的型号 如：I20a表示截面高度为200mm的a类厚板工字钢
4	槽钢		[N　Q [N	轻型槽钢加注Q，N为槽钢的型号 如：Q[20b表示截面高度为200mm的b类轻型槽钢
5	方钢	b	□ b	b为方钢边长 如：□50表示边长为50mm的方钢
6	扁钢	b	$-b\times t$	b表示宽度，t表示厚度 如：—100×4表示宽度为100mm，厚度为4mm的扁钢
7	钢板		$\frac{-b\times t}{l}$	b表示宽度，t表示厚度，l表示板长。即：$\frac{宽\times厚}{板长}$ 如：$\frac{-100\times6}{1500}$表示钢板的宽度为100mm，厚度为6mm，长度为1500mm

（续）

序号	型钢名称	截面形状	标注方法	说　明
8	圆钢		ϕd	d 表示圆钢的直径 如：ϕ25 表示圆钢的直径为 25mm
9	钢管		$\phi d \times t$	d 表示钢管的外径，t 为钢管的壁厚 如：ϕ89 × 3.0 表示钢管的外径为 89mm，壁厚为 3.0mm
10	薄壁方钢管		B □ $b \times t$	薄壁型钢加注 B 字 如：B□50 × 2 表示边长为 50 mm，壁厚为 2mm 的薄壁方钢管
11	薄壁等肢角钢	b	B ∟ $b \times t$	b 为肢宽，t 为壁厚 如：B∟50 × 2 表示薄壁等边角钢肢宽为 50mm，壁厚为 2mm
12	薄壁等肢卷边角钢	a	B $b \times a \times t$	b 为肢宽，a 为卷边宽度，t 为壁厚 如：B 50 × 20 × 2 表示薄壁卷边等边角钢肢宽为 50mm，卷边宽度为 20mm，壁厚为 2mm
13	薄壁槽钢	b	B [$b \times a \times t$	b 为截面高度，a 为卷边宽度，t 为壁厚 如：B[50 × 20 × 2 表示薄壁槽钢截面高度为 50mm，宽度为 20mm，壁厚为 2mm
14	薄壁卷边槽钢	a	B $h \times b \times a \times t$	h 为截面高度，b 为宽度，a 为卷边宽度，t 为壁厚 如：B 120 × 60 × 20 × 2 表示薄壁卷边槽钢截面高度为 120mm，宽度为 60mm，卷边宽度为 20mm，壁厚为 2mm
15	薄壁卷边 Z 型钢	h a	B $h \times b \times a \times t$	h 为截面高度，b 为宽度，a 为卷边宽度，t 为壁厚 如：B 120 × 60 × 20 × 2 表示薄壁卷边 Z 型钢截面高度为 120mm，宽度为 60mm，卷边宽度为 20mm，壁厚为 2mm
16	T 型钢	b h	TW$h \times b$ TM$h \times b$ TN$h \times b$	热轧 T 型钢：TW 为宽翼缘，TM 为中翼缘，TN 为窄翼缘 如：TW200 × 400 表示截面高度为 200mm，宽度为 400mm 的宽翼缘热轧 T 型钢
17	热轧 H 型钢	b h	HW$h \times b$ HM$h \times b$ HN$h \times b$	热轧 H 型钢：TW 为宽翼缘，TM 为中翼缘，TN 为窄翼缘 如：HM400 × 300 表示截面高度为 400mm，宽度为 300mm 的中翼缘热轧 H 型钢

（续）

序号	型钢名称	截面形状	标注方法	说明
18	焊接 H 型钢	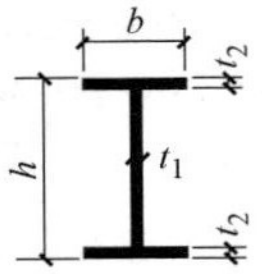 b t_2 h t_1 t_2	Hh×b×t_1×t_2	h 表示截面高度，b 表示宽度，t_1 表示腹板厚度，t_2 表示翼板厚度 如：①H350×180×6×8 表示截面高度为 350mm，宽度为 180mm，腹板厚度为 6mm，翼板厚度为 8mm 的等截面焊接 H 型钢 ②H(350～500)×180×6×8 表示截面高度随长度方向由 350mm 变到 500mm，宽度为 180mm，腹板厚度为 6mm，翼板厚度为 8mm 的变截面焊接 H 型钢
19	起重机钢轨		 QU××	××为起重机轨道型号
20	轻轨及钢轨		××kg/m钢轨	××为轻轨或钢轨型号

二、压型钢板的表示方法

压型钢板的表示方法见表 2-2。

表 2-2 压型钢板的表示方法

名称	截面形状	表示方法	举例说明
压型钢板	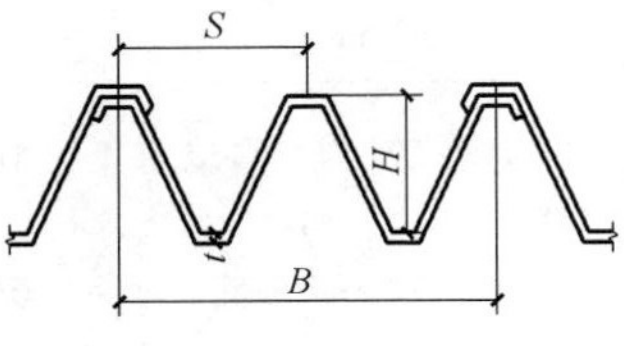 S H t B	YXH-S-B	YX 表示压型汉字拼音的第一个字母 H 指压型钢板的波高 S 指压型钢板的波距 B 指压型钢板的有效覆盖宽度 t 指压型钢板的厚度 如：①YX130-300-600 表示压型钢板的波高为 130mm，波距为 300mm，有效覆盖宽度为 600mm，见下图 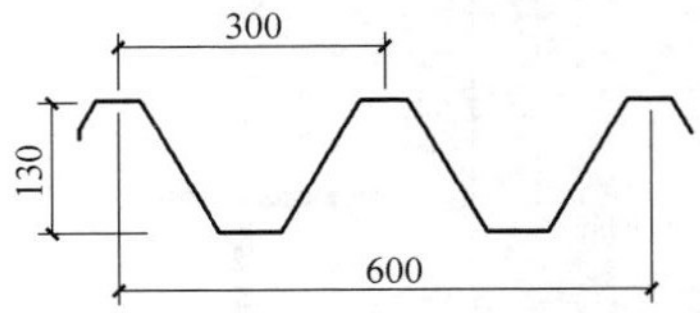 300 130 600 ②YX173-300-300 表示压型钢板的波高为 173mm，波距为 300mm，有效覆盖宽度为 300mm，见下图 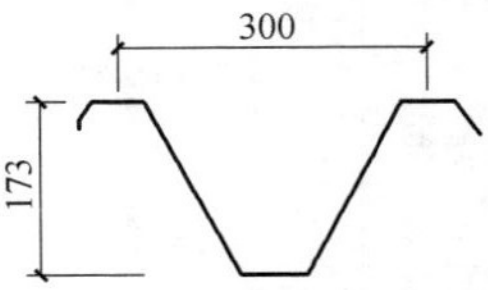 300 173

三、构件的代号

构件在施工图中可用代号来表示，一般用构件名称的汉语拼音的第一个字母加以组合，如后面缀有阿拉伯数字则为该构件的编号，如果材料为钢材，则前面可加上字母“G”。常用构件的代号见表2-3。

表2-3　常用构件的代号

序号	构件名称	代号	序号	构件名称	代号
1	基础	J	28	梁垫	LD
2	设备基础	SJ	29	隅撑	YC
3	基础梁	JL	30	柱间支撑	ZC
4	预埋件	MJ	31	水平支撑	SC
5	框架	KJ	32	垂直支撑	CC
6	刚架	GJ	33	拉条	LT
7	屋架	WJ	34	套管	TG
8	钢柱	GZ	35	系杆	XG
9	抗风柱	KFZ	36	斜拉条	XLT
10	框架柱	KZ	37	檩条	LT
11	屋面梁	WL	38	门梁	ML
12	屋面框架梁	WKL	39	门柱	MZ
13	框梁	KL	40	窗柱	CZ
14	框支梁	KZL	41	阳台	YT
15	次梁	CL	42	楼梯梁	LTL
16	梁	L	43	楼梯板	TB
17	屋面框架梁	WKL	44	爬梯	PT
18	吊车梁	DCL	45	梯	T
19	单轨吊车梁	DDL	46	雨篷梁	YPL
20	吊车梁安全走道板	ZDB	47	雨篷	YP
21	支架	ZJ	48	屋面板	WB
22	托架	TJ	49	墙面板	QB
23	天窗架	TCJ	50	板	B
24	连系梁	LL	51	盖板	GB
25	桩	ZH	52	挡雨板或檐口板	YB
26	承台	CT	53	车挡	CD
27	地沟	DG	54	天沟	TG

第二节　钢结构焊缝基本符号

一、焊缝符号

焊缝符号一般由基本符号与指引线组成。必要时，可加上辅助符号、补充符号和焊缝的尺寸符号。

1）基本焊缝符号是表示焊缝截面形状的符号，一般采用近似焊缝横截面的符号来表示，见表2-4。

表2-4　基本焊缝符号

接头形式	序号	焊接接头示意图	焊缝形式举例	坡口名称	基本焊缝符号
对接	1	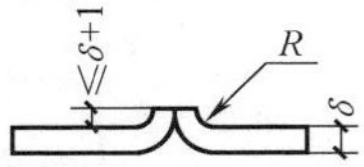		卷边坡口	
	2	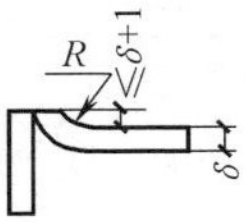	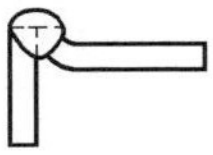		
	3	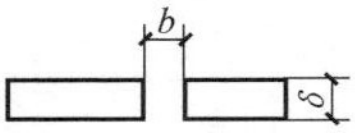	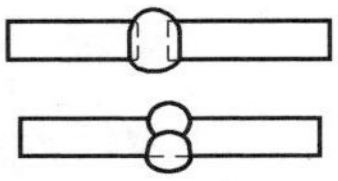	I形坡口	
	4	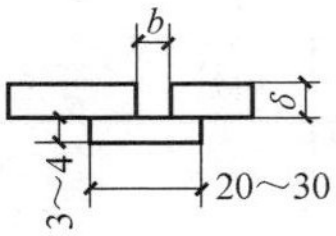		I形带垫板坡口	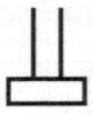
	5	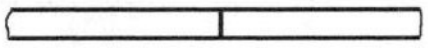	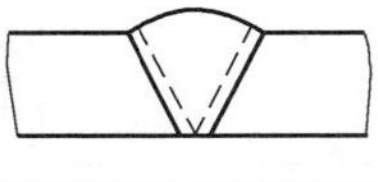	V形坡口	
			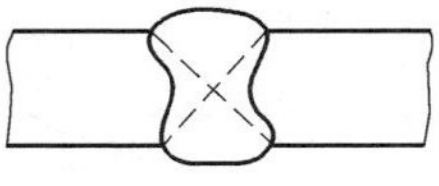	双V形坡口	
	6	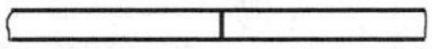	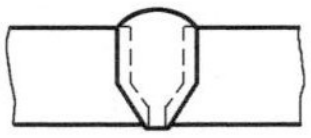	带钝边U形坡口	
			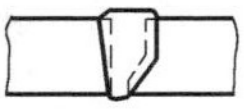	带钝边J形坡口	
			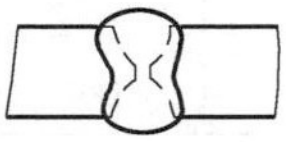	带钝边双U形坡口	

（续）

接头形式	序号	焊接接头示意图	焊缝形式举例	坡口名称	基本焊缝符号
搭接	7	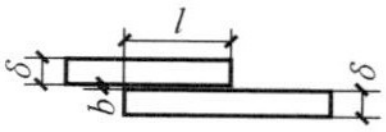	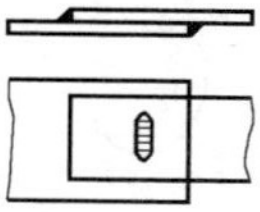	不开坡口填角（槽）焊缝	
	8		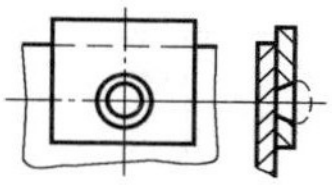	圆孔内塞焊缝	
T形（十字）接	9	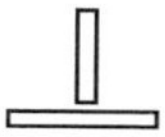	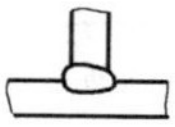	单边V形坡口	
	10		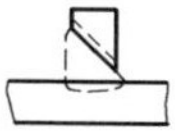	钝边单边V形坡口	
	11		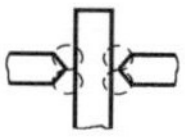	双单边V形坡口	
角接	12	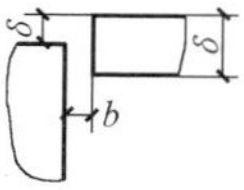	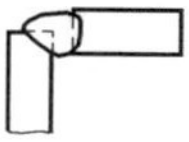	错边I形坡口	
			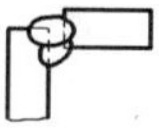		
	13	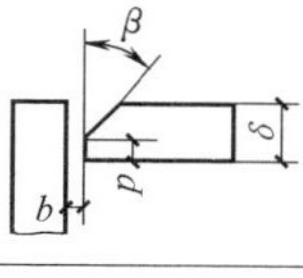	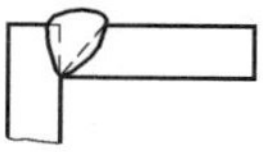	带钝边V形坡口	
	14	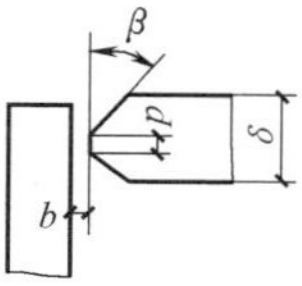	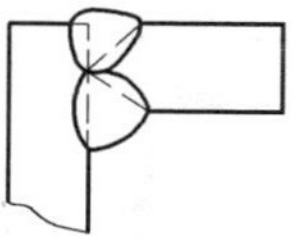	带钝边V形坡口	
端接	15		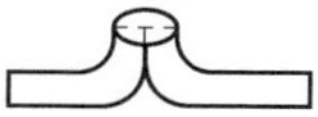	卷边端接	‖
	16	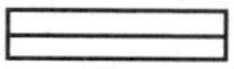	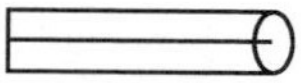	直边端接	—

2）辅助符号是表示焊缝表面形状特征的符号，其符号及应用见表2-5。如果不需要确切地说明焊缝的表面形状时，可以不用辅助符号。

表 2-5　焊缝辅助符号及应用

序号	名　称	示 意 图	符　号	应用示例
1	平面符号	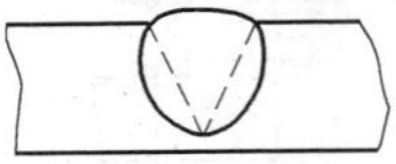 (焊缝表面齐平)		
2	凹面符号	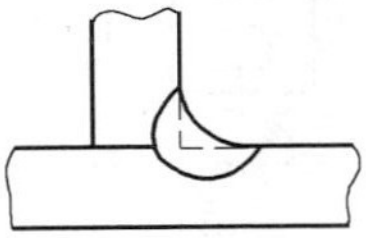 (焊缝表面凹陷)		
3	凸面符号	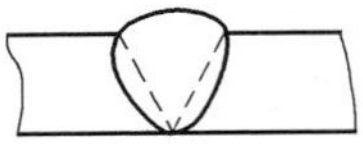 (焊缝表面凸起)		

3）补充符号是为了补充说明焊缝的某些特征而采用的符号，见表 2-6。

表 2-6　焊缝补充符号

序号	名　称	示 意 图	符　号	说　明
1	带垫板符号	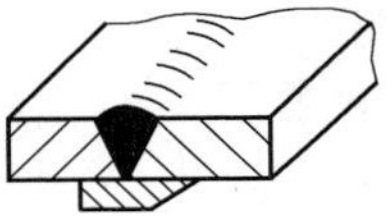		表示焊缝底部有垫板
2	三面焊缝符号	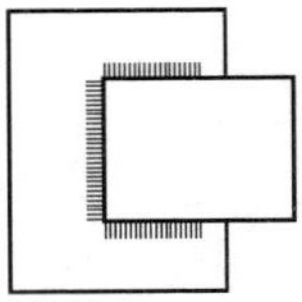	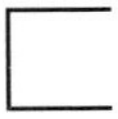	表示三面带有焊缝
3	周围焊缝符号	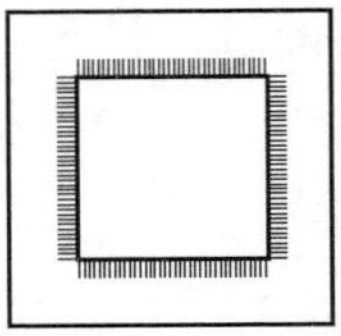	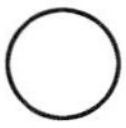	表示环绕工件周围焊缝
4	现场符号	—		表示在现场或工地上进行焊接
5	尾部符号	—		可以参照《焊接及相关工艺方法代号》(GB/T 5185—2005)标注焊接工艺方法等内容

补充符号的应用示例见表2-7。

表2-7　补充符号的应用示例

示　意　图	标注示例	说　　明
		表示V形焊缝的背面底部有垫板
		工件三面带有角焊缝，焊接方法为手工电弧焊
		表示在现场沿工件周围施焊角焊缝

4）指引线一般由带有箭头的指引线和两条基准线（一虚一实）两部分组成，如图2-1所示。

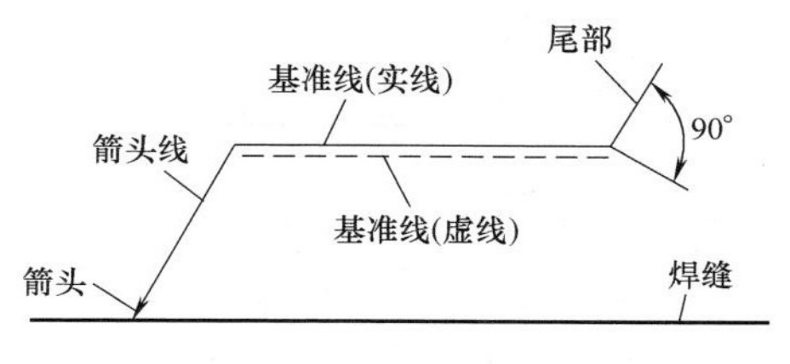

图2-1　焊缝符号指引线

二、焊缝的尺寸符号

焊缝的尺寸符号见表2-8。

表2-8　焊缝的尺寸符号

符号	名　　称	示　意　图	符号	名　　称	示　意　图
δ	工件厚度		S	焊缝有效厚度	
b	根部间隙		N	相同焊缝数量符号	N=3

（续）

符号	名　称	示 意 图	符号	名　称	示 意 图
p	钝边		R	根部半径	
c	焊缝宽度		α	坡口角度	
d	熔核直径		l	焊缝长度	
n	焊缝段数		H	坡口深度	
e	焊缝间距		h	余高	
K	焊脚尺寸		β	坡口面角度	

三、焊缝在图样上的标注方法

焊缝在图样上标注时，其符号有如下规定：

1）若焊缝处在接头的箭头侧，则基本符号标注在基准线的实线侧；若焊缝处在接头的非箭头侧时，则基本符号标注在基准线的虚线侧，如图 2-2 所示。

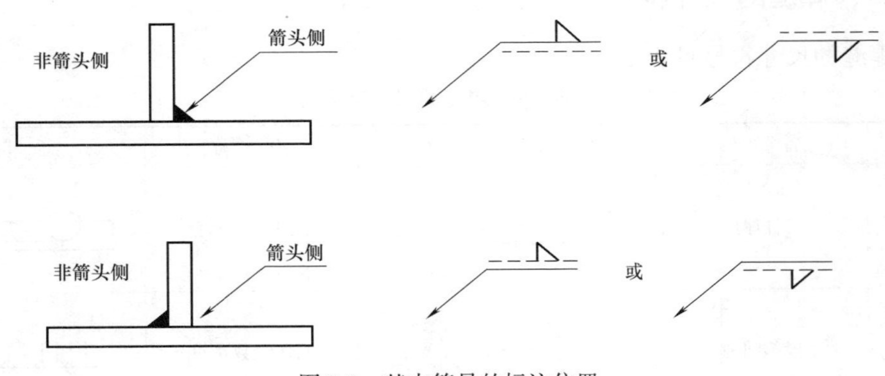

图 2-2　基本符号的标注位置

2）若焊缝为双面焊缝或对称焊缝时，基准线可不加虚线，如图2-3所示。

3）箭头线相对焊缝的位置一般无特殊要求，但在标注单边形焊缝时箭头线要指向带有坡口一侧的工件，如图2-4所示。

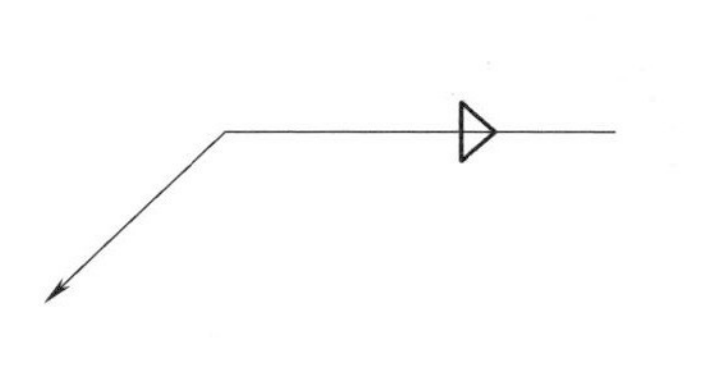
图2-3　双面、对称焊缝的引出线及符号

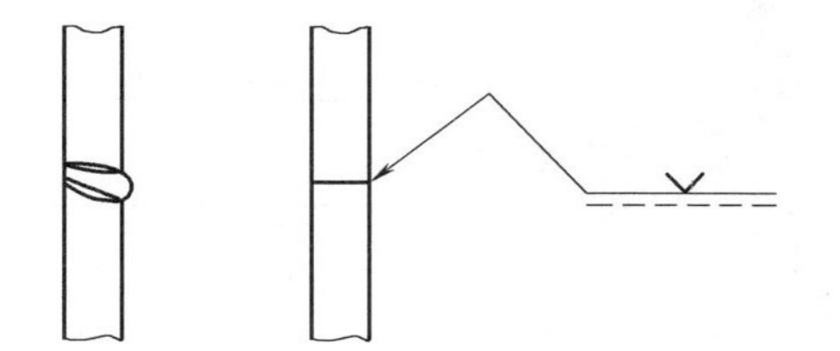
图2-4　单边形焊缝的引出线

4）焊缝的基本符号、辅助符号和补充符号（尾部符号除外）一律用粗实线表示，尺寸数字原则上变为粗实线，尾部符号主要是焊接工艺、方法等内容。

5）若在同一个图形上，当焊缝形式、断面尺寸和辅助要求均相同时，可只选择一处标注焊缝符号和尺寸，并注上“相同焊缝符号”。相同焊缝符号的表示方法为3/4圆弧，画在引出线的转折处，如图2-5所示。

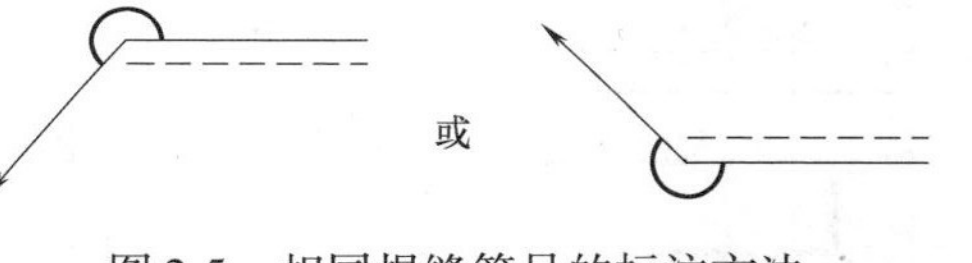

图2-5　相同焊缝符号的标注方法

如果同一图形上有数种相同焊缝时，可将焊缝分类编号，标注在尾部符号内，分类编号采用A、B、C、…，在同一类焊缝中可选择一处标注代号，如图2-6所示。

6）若角焊缝要求为熔透焊缝时，表示方法为涂黑的圆圈，画在引出线的转折处，如图2-7所示。

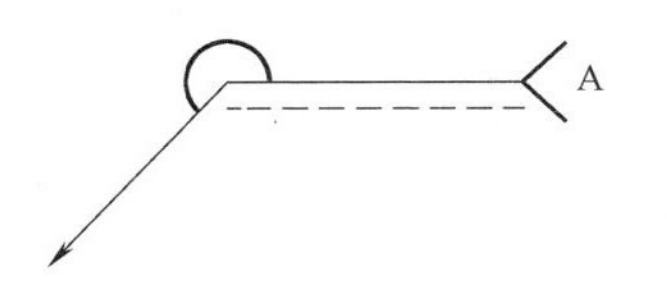

图2-6　多种相同焊缝时标注方法

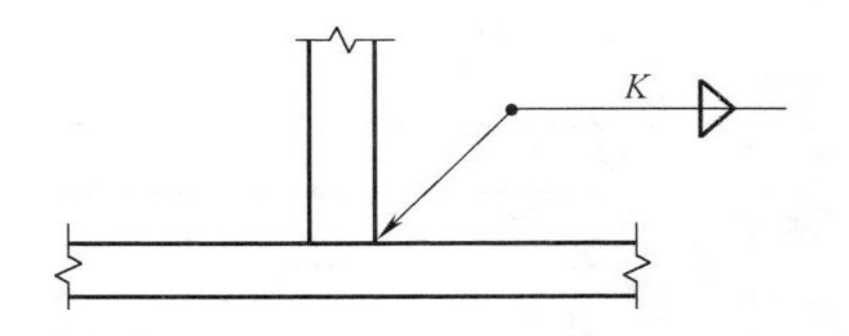

图2-7　熔透角焊缝的标注方法

7）若在图形中有较长的角焊缝隙时，可不用引出线标注，直接在角焊缝旁标注焊缝尺寸值 K 即可，如图2-8所示。

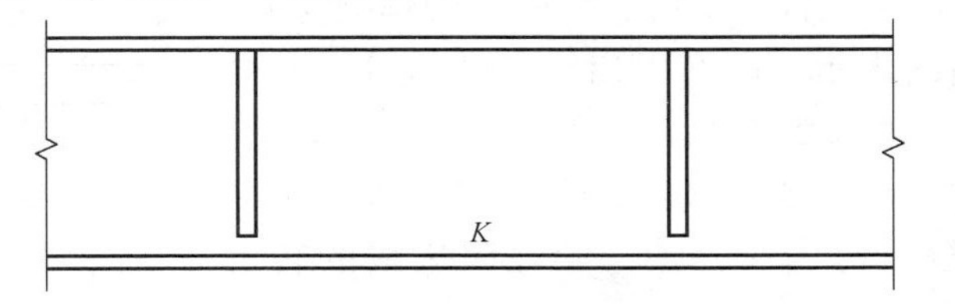

图2-8　较长角焊缝的标注方法

8）若在连接长度内仅局部区段有焊缝时，其标注方法如图 2-9 所示，K 为焊脚尺寸。

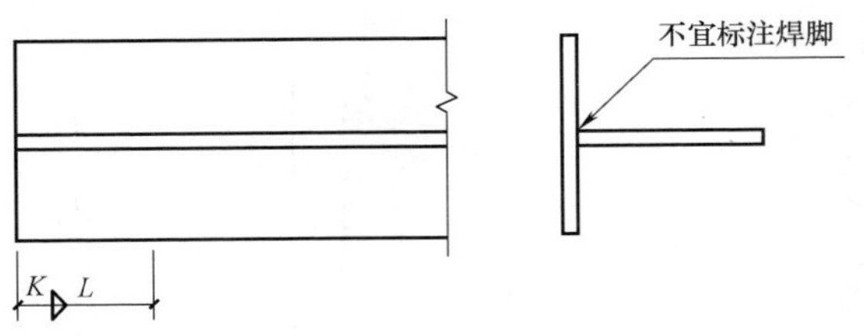

图 2-9　局部区段焊缝的标注方法

9）若焊缝分布不规则时，在焊缝处加中实线表示可见焊缝或加栅线表示不可见焊缝，标注方法如图 2-10 所示。

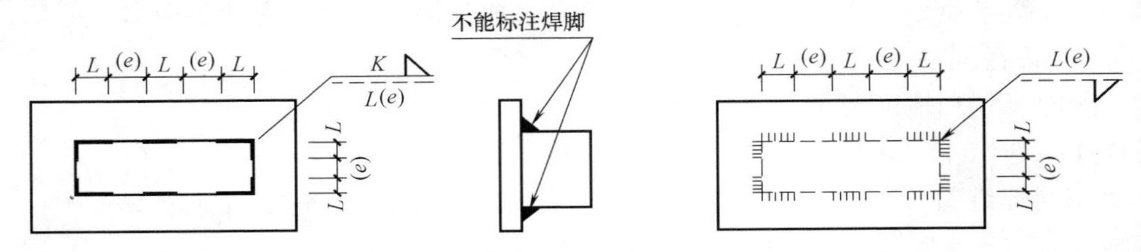

图 2-10　不规则焊缝的标注方法

10）相互焊接的两个焊件，当为单面带双边不对称坡口焊缝时，引出线箭头指向较大坡口的焊件，如图 2-11 所示。

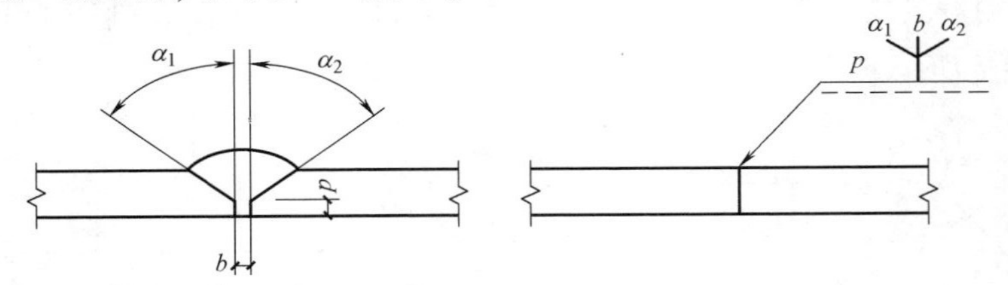

图 2-11　单面带双边不对称坡口焊缝的标注方法

11）若三个或三个以上焊件相互焊接时，焊缝不可用双面焊缝来标注，焊缝符号和尺寸应分别标注，如图 2-12 所示。

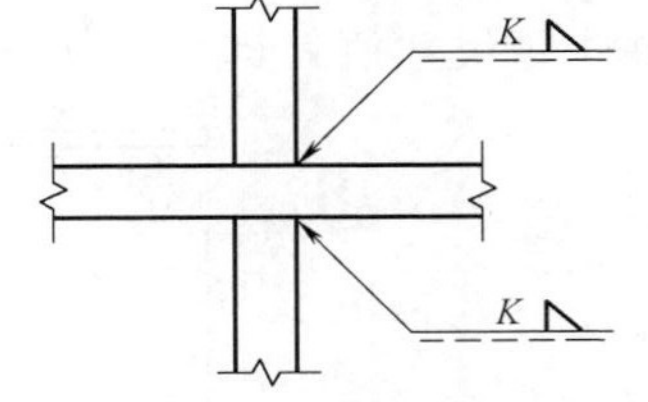

图 2-12　三个及以上焊件的焊缝标注方法

12）若焊缝围绕工件焊接时，需标注围焊缝符号，围焊缝符号用圆圈表示，画在引出线的转折处，并标注上焊脚尺寸 K，如图 2-13 所示。

13）若焊件需在现场焊接时，需标注“现场焊缝符号”，现场焊缝符号为小黑旗，绘在引出线的转折处，如图 2-14 所示。

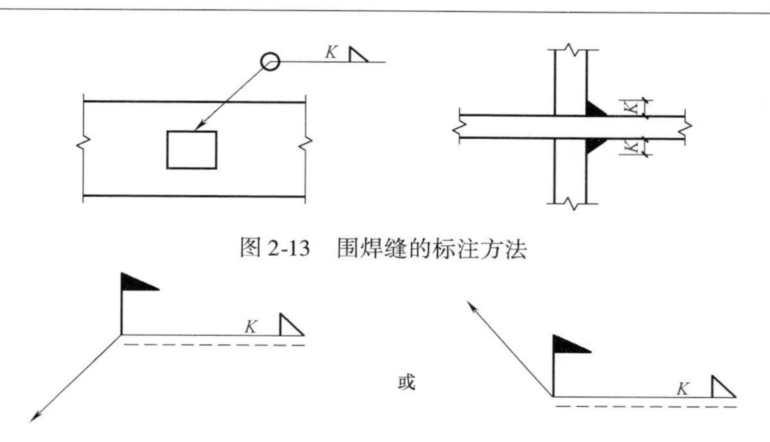

图 2-13　围焊缝的标注方法

图 2-14　现场焊缝符号的标注方法

14）若相互焊接的两个焊件只有一个焊件带有坡口时，引出线箭头指向带坡口的焊件，如图 2-15 所示。

常用焊缝在图样上的标注方法可参照表 2-9。

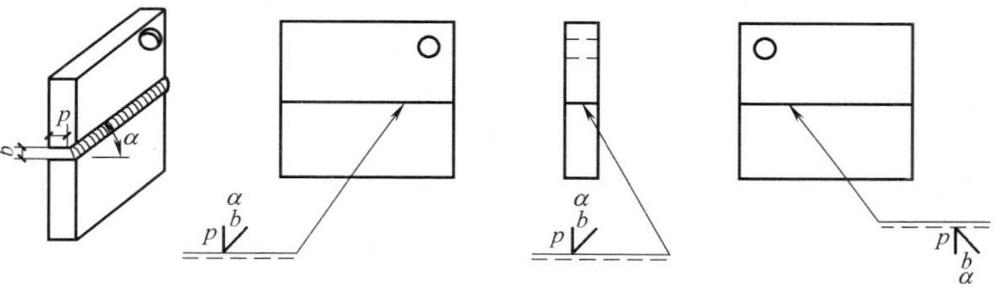

图 2-15　一个焊件带坡口的焊缝标注方法

表 2-9　常用焊缝的标注方法

焊缝名称	示意图	图例	说明
I 形焊缝	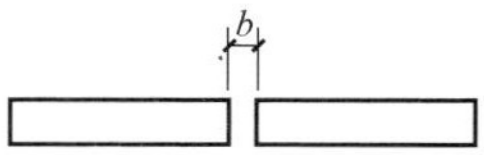 b	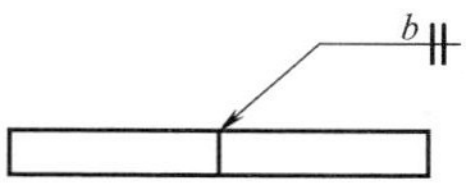 b	b 焊件间隙(施工图中可不标注)
单边 V 形焊缝	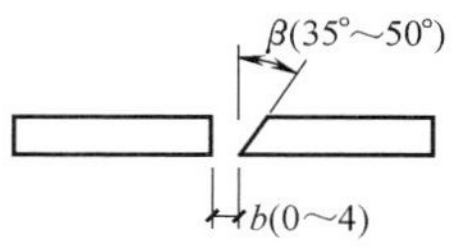 β(35°～50°) b(0～4)	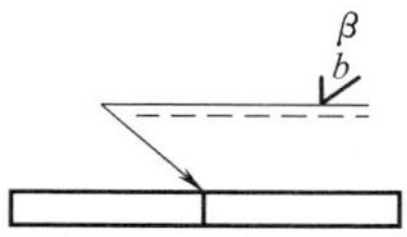 β b	β 施工图中可不标注
带钝边的单边 V 形焊缝	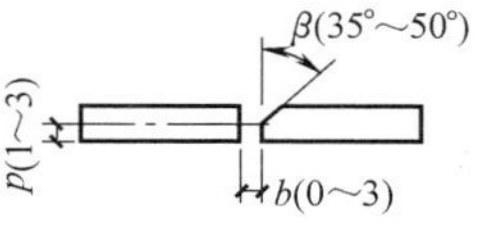 β(35°～50°) P(1～3) b(0～3)	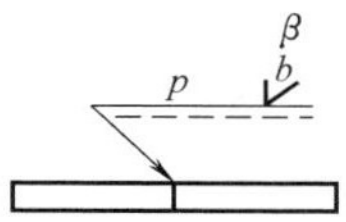 β b p	p 为钝边高度,施工中可不标注

（续）

焊缝名称	示意图	图例	说明
带钝边的V形焊缝	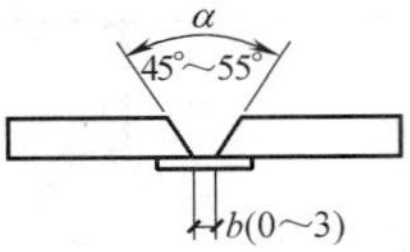 α 45°～55° b(0～3)	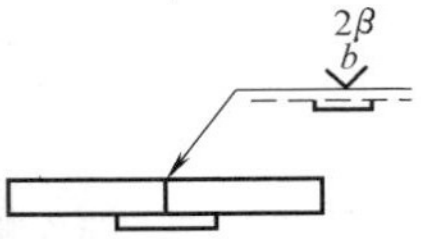 2β b	α施工图中可不标注
带垫板V形焊缝	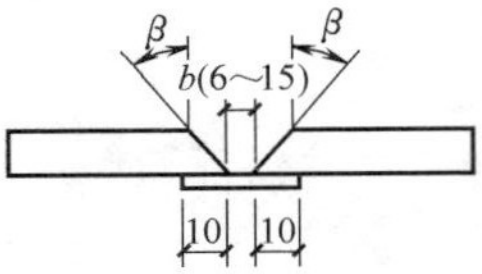 β β b(6～15) 10 10	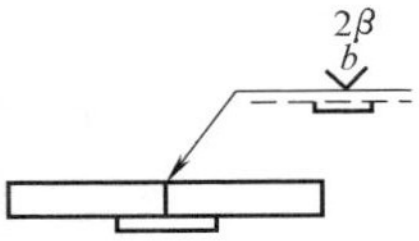 2β b	焊件较厚时
双单边V形焊缝	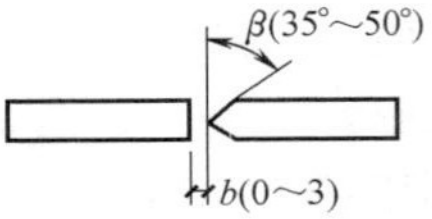 β(35°～50°) b(0～3)	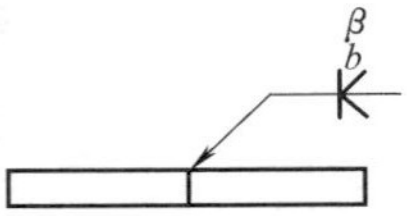 β b	b焊件间隙(施工图中可不标注)
双V形焊缝	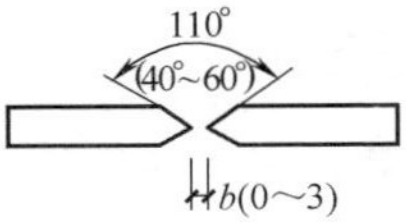 110° (40°～60°) b(0～3)	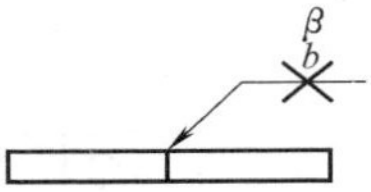 β b	β施工图中可不标注
Y形焊缝	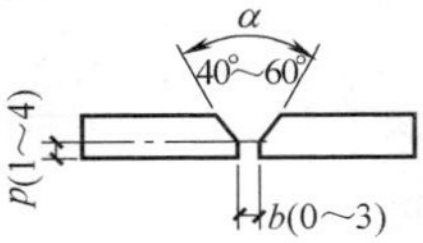 α 40°～60° P(1～4) b(0～3)	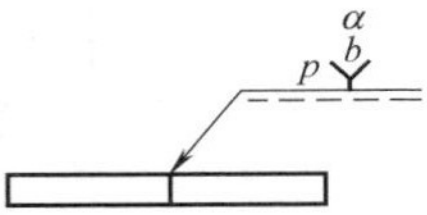 α b p	—
带垫板Y形焊缝	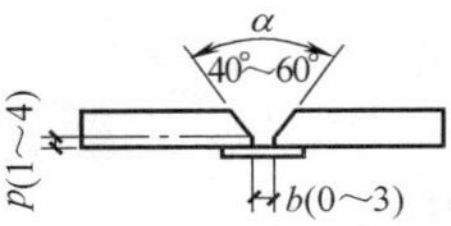 α 40°～60° P(1～4) b(0～3)	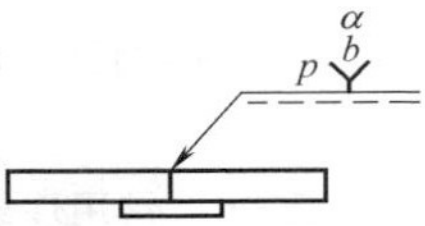 α b p	—
T形接头双面焊缝	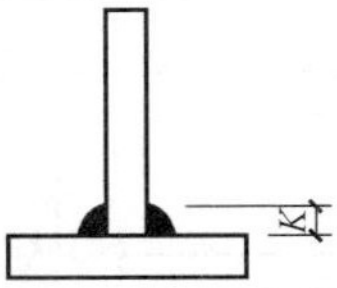 K	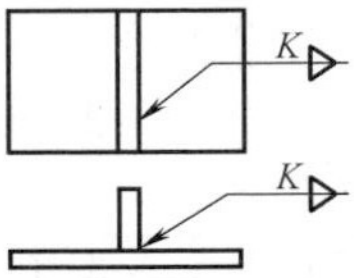 K K	p为钝边高度(施工图中可不标注)
T形接头单面焊缝	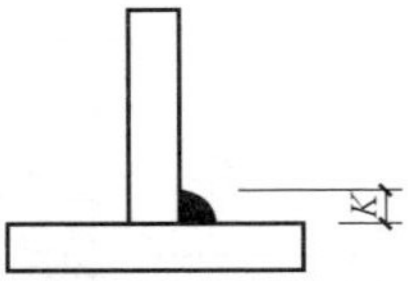 K	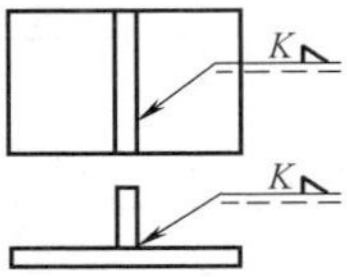 K K	—
T形接头带钝边双面焊缝(不焊透)	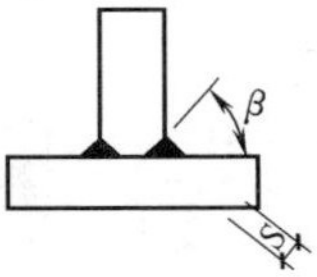 β S	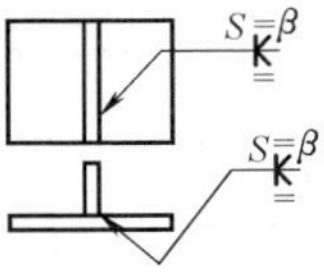 S β S β	α施工图中可不标注

（续）

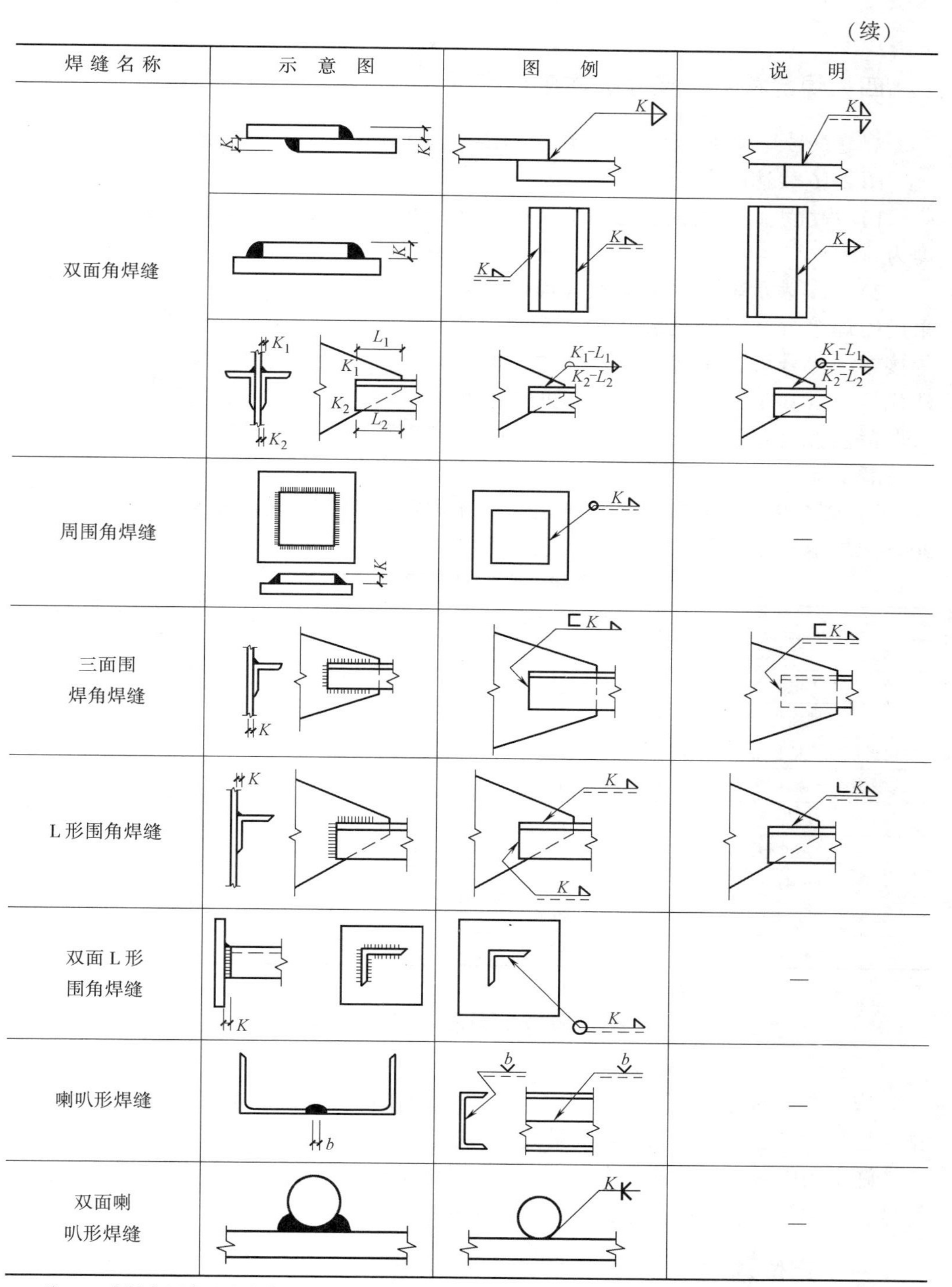

注：1. 实际应用中基准线中的虚线往往被省略。

2. 此表只列举了一部分常用焊缝的标注方法，实际应用中可以查阅有关的钢结构手册。

四、焊缝符号与尺寸标注应用实例

焊缝符号与尺寸标注应用实例如图 2-16 所示。

图 2-16 表达的含义如下：

1）焊缝坡口采用钝边的 V 形坡口，坡口间隙为 2mm，钝边高为 3mm，坡口角度为 60°。

2）111 表示采用手工电弧焊焊接（常采用的焊接方法代号见表 2-10，不常用的焊接方法代号可查阅《焊接及相关工艺方法代号》（GB/T 5185—2005），反面封底焊（即焊缝背面清根后再封底），反面焊缝要求打磨平整。

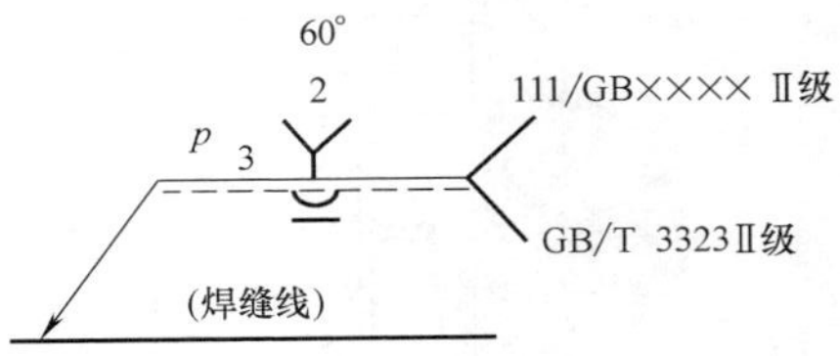

图 2-16　焊缝符号与尺寸标注应用实例

3）焊缝内部质量要求达到《金属熔化焊焊接接头射线照相》（GB/T 3323—2005）规定，Ⅱ级为合格。

表 2-10　常用的焊接方法代号

名　称	焊接方法	名　称	焊接方法
电弧焊	1	电阻焊	2
手工电弧焊	111	定位焊	21
埋弧焊	12	缝焊	22
熔化极惰性气体保护焊(MIG)	131	闪光焊	24
钨极惰性气体保护焊(TIG)	141	气焊	3
压焊	4	氧乙炔焊	311
超声波焊	41	氧丙烷焊	312
摩擦焊	42	其他焊接方法	7
扩散焊	45	激光焊	751
爆炸焊	441	电子束	76

第三节　钢结构施工图常见符号

施工图中的符号在图样中起着举足轻重的作用，是制作加工和安装的重要依据，是初学者必须熟悉和掌握的最基本内容。

施工图中常用到的符号主要有：定位轴线、标高符号、索引和详图符号、剖切符号、对称符号、连接符号、指北针和风向玫瑰图等。

一、定位轴线

在建筑平面图中，通常采用网格划分平面，使房屋的平面构件和配件趋于统一，这些轴线叫定位轴线。它是确定房屋主要承重构件（墙、柱、梁）及标注尺寸的基线，是设计和施工定位放线时的重要依据。

定位轴线是采用细点画线绘制的，为了区分轴线还要对这些轴线编上编号，轴线编号一般标注在轴线一端的细实线的圆圈内，圆圈的直径为 8 ~ 10mm，定位轴线圆的圆心应定位在轴线的延长线或延长线的折线上，如图 2-17 所示。

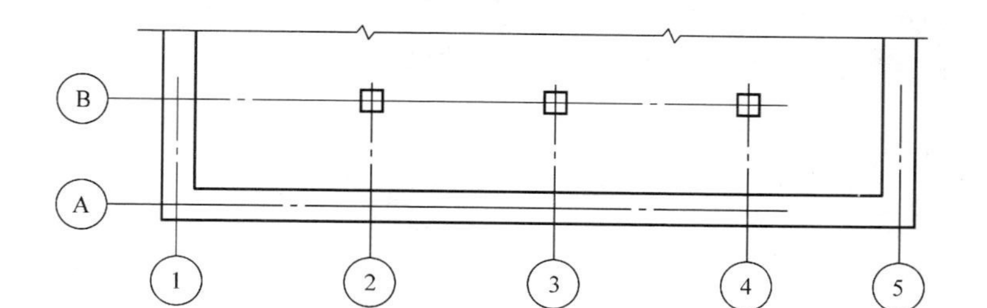

图 2-17 定位轴线的编号顺序

平面图上的定位轴线的编号，宜标在图样的下方或左侧。横向编号应用阿拉伯数字，按从左往右顺序编号，依次连续编为①、②、③、…；竖向编号应用大写拉丁字母，按从下往上顺序编号，依次连续编为Ⓐ、Ⓑ、Ⓒ、…，并除去 I、O、Z 三个字母，如图 2-17 所示。

遇到以下几种情况时定位轴线的标注方法：

1）如果出现字母数量不够使用时，可采用双字母或单字母加数字进行标注，如 AA、BA、CA、…、YA 或 A1、B1、C1、…、Y1。

2）通常承重墙及外墙等编为主轴线，如果图样上存在有与主要承重构件（墙、柱、梁等）相联系的次要构件（非承重墙、隔墙等），它们的定位轴线一般编为附加轴线（也称为分轴线），如图 2-18 所示。

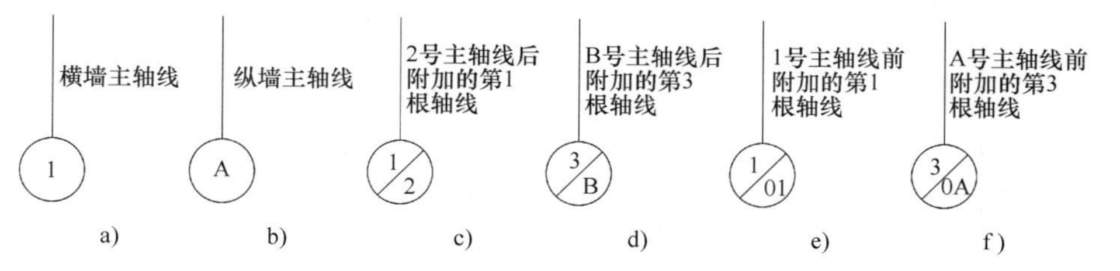

图 2-18 主轴线与附加轴线的标注

①两根轴线之间的附加的轴线，应以分母表示前一根轴线的编号，分子表示附加轴线的编号，该编号宜用阿拉伯数字顺序编写，例如：

(1/2)表示 2 号轴线后附加的第一根轴线。

(2/C)表示 C 号轴线后附加的第二根轴线。

②1 号轴线或 A 号轴线之前的附加轴线分母应以 01、0A 表示，例如：

$\frac{1}{01}$表示 1 号轴线前附加的第一根轴线。

$\frac{2}{0A}$表示 A 号轴线前附加的第二根轴线。

3）在建筑平面形状较为复杂或形状特殊时，可采用分区编号的方法，编号方式为“分区号-该分区编号”。分区号一般采用阿拉伯数字，分区编号横向轴线通常采用数字，纵向轴线通常采用拉丁字母，如图 2-19 所示。

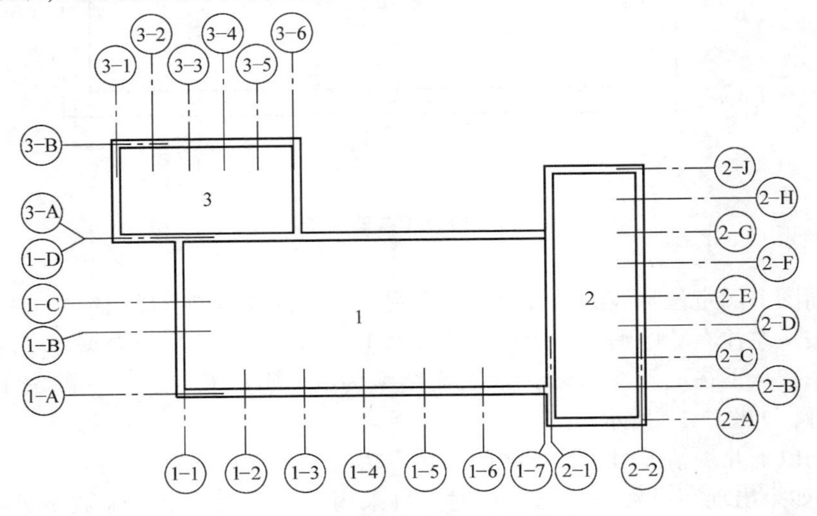

图 2-19　定位轴线分区标注方法

4）有时一个详图可以适用于几根轴线，这时需要将相同的轴线的编号注明，如图 2-20 所示。

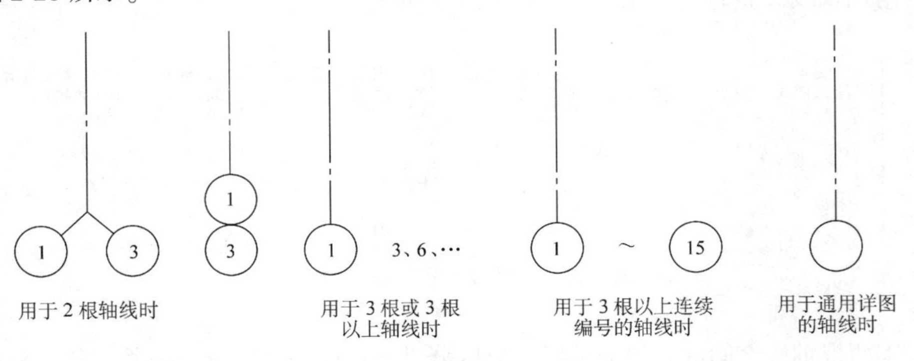

图 2-20　详图的轴线编号

5）如果平面为折线型时，定位轴线的编号可用分区编注，也可从左往右依次编注，如图 2-21 所示。

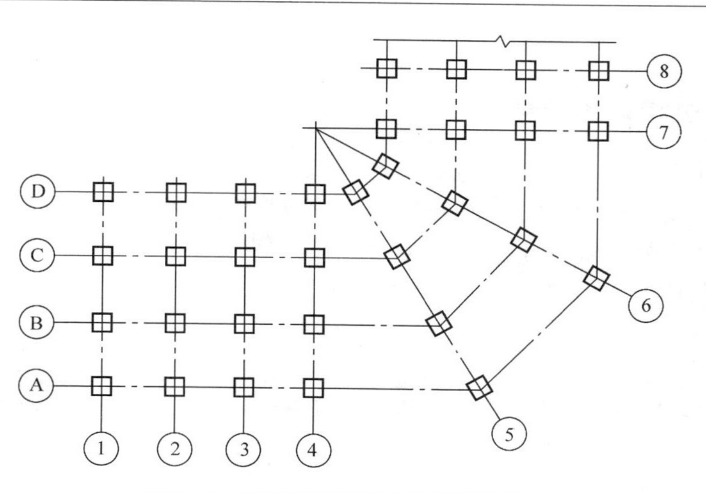

图 2-21　折形平面图的定位轴线的标注

6）如果平面为圆形时，定位轴线用阿拉伯数字，沿直径从左下角开始按逆时针方向编号，圆周轴线用大写拉丁字母，从外向里编号，如图 2-22 所示。

结构平面图中的定位轴线与建筑平面图或总平面图中的定位轴线是要保持一致的，这是需要注意的问题。

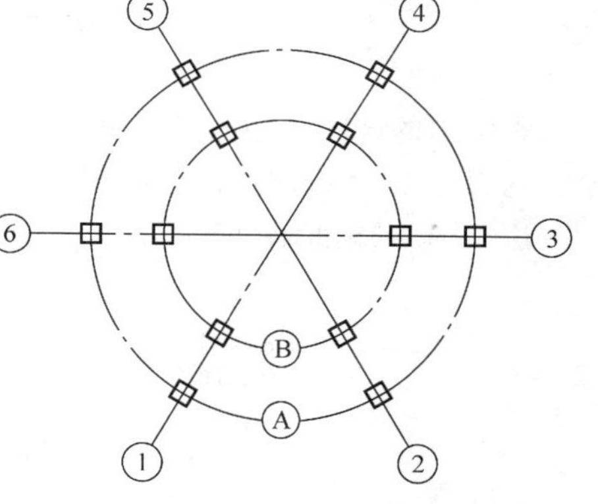

图 2-22　圆形平面图的定位轴线编号

二、标高符号

建筑物的某一部位与确定的水准基点的距离，称为该位置的标高，可分为绝对标高和相对标高两种。绝对标高是以我国青岛附近黄海的平均海平面为零点，全国各地的标高均以此为基准；相对标高是以建筑物室内底层主要地坪为零点，以此为基准的标高。零点标高用 ±0.000 表示，比零点高的为“+”，也可不注“+”，比零点低的为“-”。在实际设计中，为了方便，习惯上常用相对标高的标注方法。

标高的符号用细实线绘制的等腰三角形来表示，高度约为 3mm，标高数值以“米”为单位，准确到小数点后三位（总平面图为两位），如图 2-23a 所示。如若同一位置出现多个标高时，标注方法如图 2-23b 所示。总平面图上的室外标高符号采用全部涂黑的等腰三角形，如图 2-23c

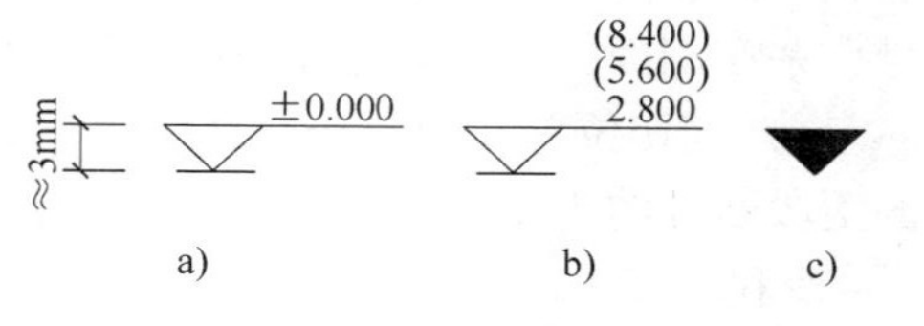

图 2-23　标高符号

a）标高符号　b）同一位置注写多个标高

c）总平面图的标高符号

所示。

三、索引和详图符号

施工图中经常会出现图样中的某一局部或某一构件在图中由于比例太小无法表示清楚时，需要通过较大比例的详图来表达清楚，为了方便看图和查找，就需要用到索引和详图符号。索引符号是用细实线绘制的直径为10mm的圆和水平直径组成的，各部分具体所表示的含义如图2-24所示。

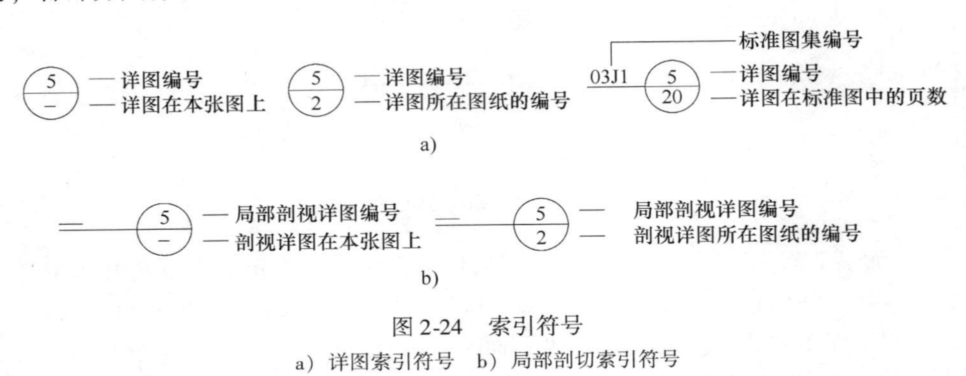

图2-24 索引符号

a）详图索引符号 b）局部剖切索引符号

索引出的详图要注明详图符号，它要与索引符号相对应。详图符号是用粗实线绘制的直径为14mm的圆。详图与被索引的图样在和不在同一张图纸上时，详图表示方法如图2-25所示。

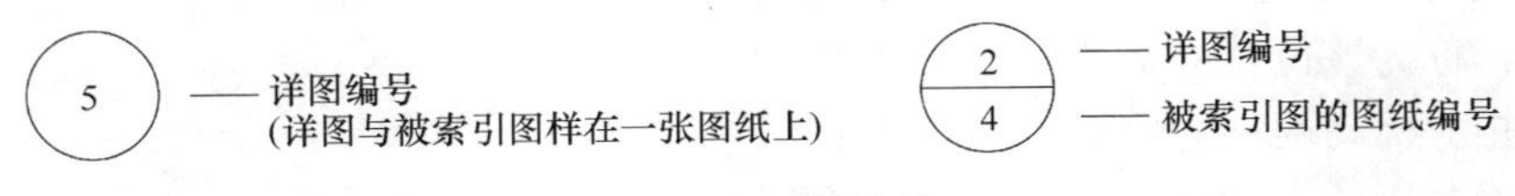

图2-25 详图符号

四、剖切符号

剖切是通过剖切位置、编号、剖视方向和断面图例来表示的。剖切后的剖面图内容与剖切平面的剖切位置和投射方向有关。因此在图中必须用剖切符号指明剖切位置和投射方向，为了便于将不同的剖面图区分开，还要对每个剖切符号进行编号，并在剖面图的下方标注与剖切位置相对应的名称。

1）剖切位置在图中是用剖切位置线来表示的，剖切位置线是长度为6～10mm的两段断开的粗实线。在图中不应穿视图中的图线，如图2-26c所示的水平方向的“—”和垂直方向的“｜”。

2）投射方向在图中是用剖视方向线表示的，应垂直画在剖切位置线的两端，其长度稍短于剖切位置线，宜为4～6mm，也是用粗实线绘制的，如图2-26c所示的水平方向的“｜”和垂直方向的“—”。

3）剖切符号的编号是用阿拉伯数字按顺序进行编排的，编号水平书写在剖视方向线的端部，如图 2-26c 所示的“1”和“2”，编号所在的一侧为剖视方向。需要转折的剖切位置线，应在转角的外侧加注与该符号相同的编号，如图 2-27 所示的“3”。

4）剖面的名称要与剖切符号的编号相对应，并写在剖面图的正下方，符号下面加上一条粗实线，如图 2-26c 所示的“1—1”和“2—2”。

如果剖切平面通过物体的对称面，剖面又画在投射方向上且中间又没有其他图形相隔时，上述的标注可以完全省略，如图 2-26b 所示。

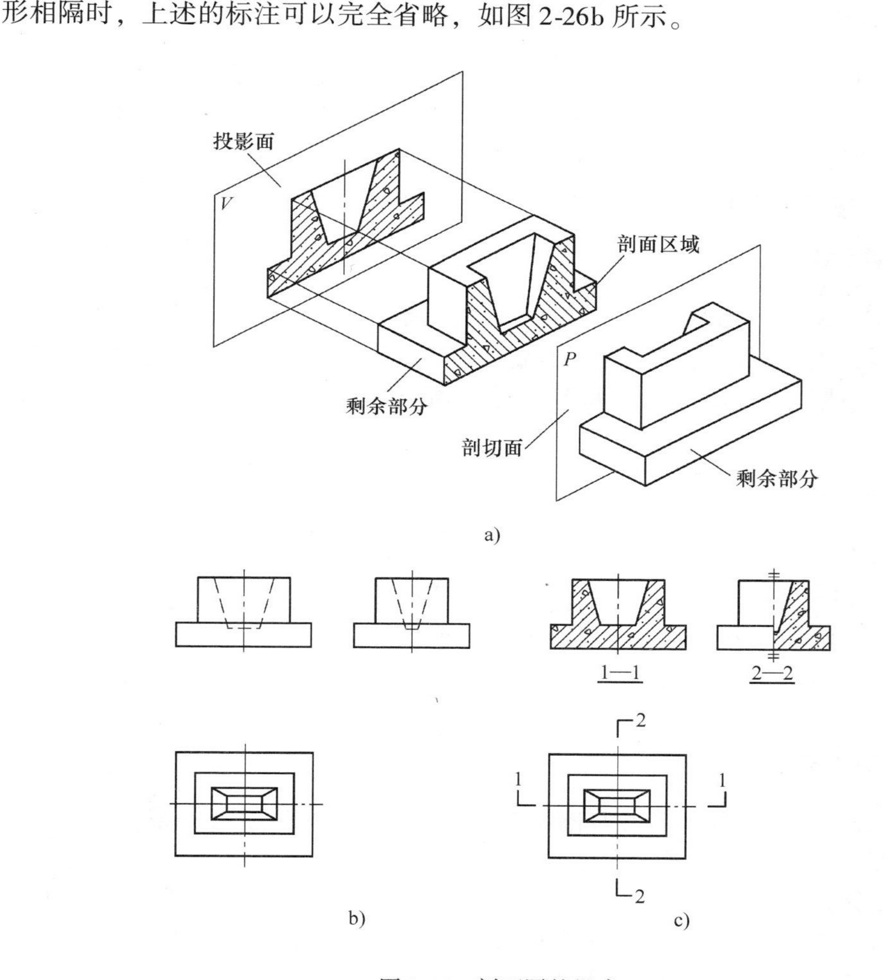

图 2-26　剖面图的组成

剖切符号可分为剖视剖切符号和断面剖切符号。剖视的剖切符号应由剖切位置线、剖视方向线组成，如图 2-27 所示。断面的剖切符号只用剖切位置线表示，编号所在的一侧为该断面的剖视方向，如图 2-28 所示。

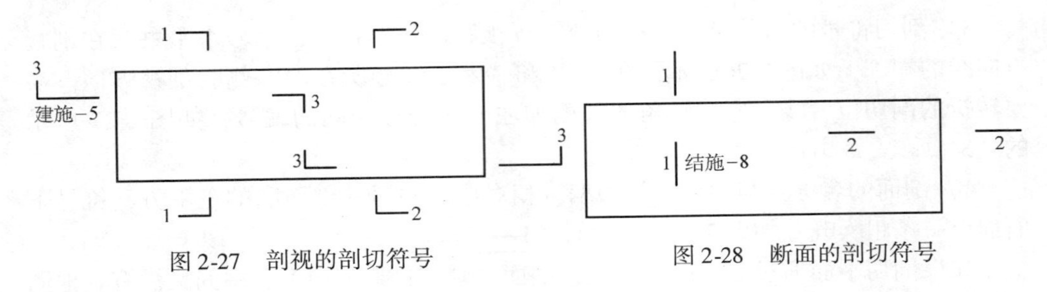

图 2-27　剖视的剖切符号　　图 2-28　断面的剖切符号

五、对称符号

对称线和两端的两对平行线组成了对称符号，它主要是为了简化结构对称的图形画图的烦琐。对称符号是用细点画线画出对称线，然后用细实线画出对称符号，平行线用细实线绘制，其长度为 6～10mm，每组的间距为 2～3mm，对称线垂直平分两对平行线，两端超出平行线宜为 2～3mm，如图 2-29 所示。

六、连接符号

连接符号是以折断线表示需连接的部位的，是在绘图位置不够的情况下，分成几部分绘制，然后通过连接符号将这几部分连接起来。折断线两端靠图样一侧应标注大写拉丁字母表示连接编号，两个被连接的图样必须用相同的字母编号，如图 2-30 所示。

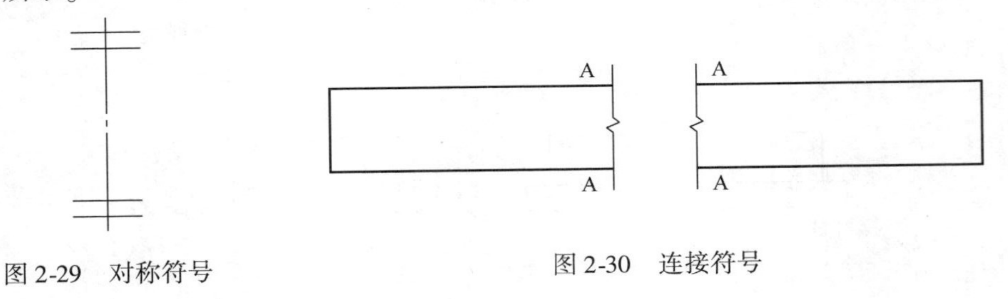

图 2-29　对称符号　　图 2-30　连接符号

七、引出线

建筑物的某些部位有时需用详图或必要的文字进行详加说明，就需要用到引出线。引出线可以是用细实线绘制的水平直线，也可以是与水平方向成 30°、45°、60°、90°角的直线或是经上述角度再折为水平的折线。文字说明标注在引出线横线的上方或标注在水平线的端部如图 2-31a、b 所示。索引详图的引出线应与圆的水平直径连接起来，并对准索引符号的圆心，如图 2-31c 所示。

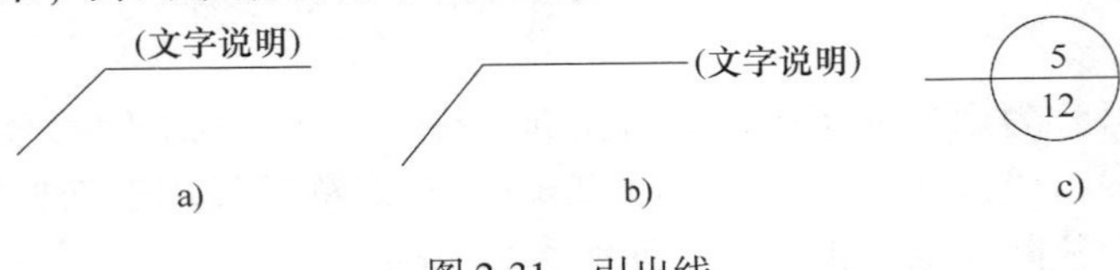

图 2-31　引出线

如果同时引出多个相同部分的引出线，这些引出线应互相平行，如图 2-32a 所示，也可画成集中一点的放射线，如图 2-32b 所示。

用于多层构造或多层管道的引出线应通过被引出的各层。文字说明应注写在横线的上方或水平线的端部，按由上到下的顺序注写，注写内容应与被说明的层次相一致。如：层次为横向排序，则由上至下的说明顺序应与从左至右的层次相一致，如图 2-33 所示。

(文字说明)　(文字说明)

a)　b)

图 2-32　共用引出线

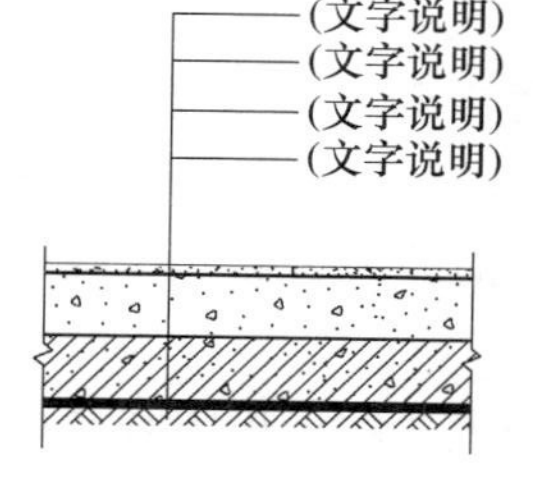

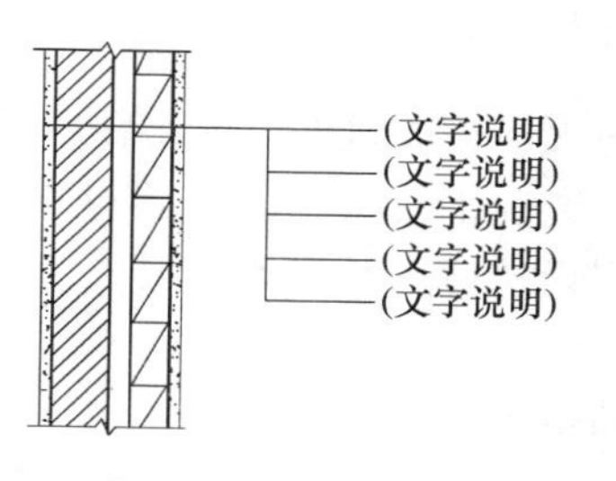

图 2-33　多层构造的引出线

八、指北针和风向玫瑰图

指北针是用来表示建筑物的方向的符号。按国标规定，指北针是用细实线绘制的圆，直径为 24mm，指针的尾部宽度为 3mm，指针头部应注明“北”或“N”，如图 2-34 所示。当需用较大直径绘制指北针时，指针的尾部宽度宜为圆的直径的 1/8。

风向频率玫瑰图简称风玫瑰图，是用来表示该地区常年风向频率的标志，标注在总平面图上。风向频率玫瑰图在 8 个或 16 个方位线上用端点与中心的距离，代表当地这个风向在一年中发生次数的多少，粗实线表示全年风向。细虚线范围表示夏季风向。风向由各方位吹向中心，风向线最长的为主导风向，如图 2-35 所示。

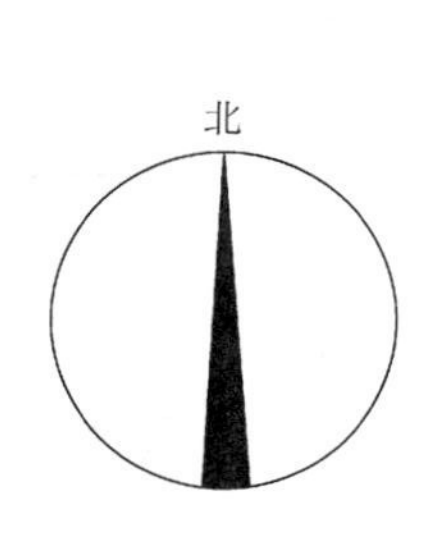

图 2-34　指北针

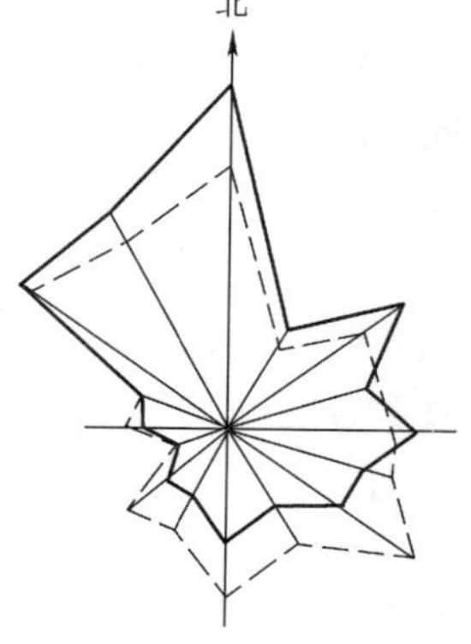

图 2-35　风玫瑰图

第四节　钢结构表面防护

钢结构最大的缺点就是防火和防腐性能差，如果不进行防护，不仅会造成直接的经济损失，而且还会严重地影响结构的安全性和耐久性。钢结构的涂装防护是利用防火和防腐蚀的涂料的涂层使被涂物与所处的环境相隔离，从而达到防火和防腐蚀的目的，延长结构的使用年限，因此，在钢结构规范里要求，钢结构是必须要进行必要的防护处理的。

一、防火涂装

钢结构防火保护的目的，就是在钢结构构件表面提供一层绝热或吸热的材料，隔离火焰直接燃烧钢结构，阻止热量迅速传向钢基材，推迟钢结构温度升高的时间，使之达到规范规定的耐火极限要求，以利于消防灭火和安全疏散人员，避免和减轻火灾造成的损失。

钢结构的耐火等级可划分为一、二、三、四级，耐火极限在0.15～4h区间内，未经防火处理的承重构件的耐火极限仅为0.25h，施工时如果有防火要求，则需要根据设计说明的防火等级要求进行防火处理。

二、防腐涂装

钢结构的防腐方法主要有涂装法、热镀锌法和热喷铝（锌）复合涂层等。涂装法是钢结构最基本的防腐方法，它是将涂料涂敷在构件表面上结成薄膜来保护钢结构的。防腐涂层通常可分两层（底层和面层）或三层（底层、中间层、面层）进行涂装，施工时需按建设方及设计图样要求进行涂装。钢材的防腐涂层的厚度是保证钢材防腐效果的重要因素，目前国内钢结构涂层的总厚度（包括底漆和面漆），要求室内厚度一般为100～150μm，室外涂层厚度为150～200μm。

钢结构在防腐涂装前必须对被涂敷构件基层进行除锈，使表面达到一定的粗糙度，宜于涂料更有效地附着在构件上。根据《涂覆涂料前钢材表面处理　表面清洁度的目视评定　第1部分：未涂覆过的钢材表面和全面清除原有涂层后的钢材表面的锈蚀等级和处理等级》（GB/T 8923—2011）的规定，将除锈等级分为喷射或抛射除锈、手工和动力工具除锈、火焰除锈三种类型。

喷射或抛射除锈用字母“Sa”表示，可分为四个等级：

1）Sa1：轻度的喷射或抛射除锈。钢材表面应无可见的油脂和污垢，没有附着不牢的氧化皮、铁锈和油漆涂层等附着物。

2）Sa2：彻底的喷射或抛射除锈。钢材表面无可见的油脂和污垢，氧化皮、铁锈等附着物已基本清除，其残留物应是牢固附着的。

3）Sa1/2：非常彻底的喷射或抛射除锈。钢材表面无可见的油脂、污垢、氧化皮、铁锈和油漆涂层等附着物，任何残留的痕迹应为点状或条状的轻微色斑。

4）Sa3：使钢材表面洁净的喷射或抛射除锈。钢材表面无可见的油脂、污垢、氧化皮、铁锈和油污附着物，该表面应显示均匀的钢材金属光泽。

手工和动力工具除锈用“St”表示，可分为两个等级：

1）St2：彻底的手工和动力工具除锈。钢材表面无可见的油脂和污垢，没有附着不牢的氧化皮、铁锈和油漆涂层等附着物。

2）St3：非常彻底的手工和动力工具除锈。钢材表面无可见的油脂和污垢，没有附着不牢的氧化皮、铁锈和油漆涂层等附着物，除锈比 St2 更彻底，底材显露出部分的表面具有金属光泽。

火焰除锈用“F1”表示，要求钢材表面无氧化皮、铁锈和油漆层等附着物，任何残留的痕迹仅为表面变色（即不同颜色的暗影）。

第五节　钢结构施工图的内容及阅读技法

一、钢结构施工图的内容

钢结构施工图分为设计图和施工详图两种，这里只针对钢结构设计图进行讲解。设计图是由设计单位负责编制的，是提供给编制钢结构施工详图的单位作为深化设计的依据，所以钢结构设计图应在内容和深度方面满足编制钢结构施工详图的要求。

钢结构的结构类型多种多样，所以构件的截面种类也很多，设计单位必须将设计依据、荷载资料、建筑抗震设防类别和设防标准，工程概况、材料选用和材质要求，结构布置、支撑设置、构件选型、构件截面和内力，主要节点构造，应用的符号、代号、图例形式及控制尺寸等表达清楚，为相关主管部门的审查和钢结构施工详图的编制提供方便。

一般钢结构设计图包括以下几部分：图样目录、设计总说明、基础平面布置图及详图、地脚锚栓布置图及详图、结构布置图、构件图、连接节点详图、辅助构件布置图和详图、材料表等。

1）图样目录通常注有设计单位、工程名称、工程编号、项目、出图日期、图样名称、图别、图号、图幅和校对、制表人等。

2）设计总说明通常放在整套图样的首页，主要对设计简介（工程概况、设计假定、设计特点和设计要求、使用程序）、设计依据、设计荷载资料、材料的选用、主要节点的构造做法、制作安装要求等内容进行文字说明。

3）基础布置图包括基础平面布置图和基础详图。前者表示出基础相对于轴线所处的平面位置，并标明了基础、基础梁和钢筋混凝土柱的编号，以及基础、基础梁与其他构件及基础间的相互关系，并对有关基础的设计要求进行文字说明。后者主要表示出基础所在的轴线号、基底平面尺寸、底板的配筋、基底的标高、基础的高度等细部尺寸。

4）地脚锚栓布置图分别标注了各个地脚锚栓相对于纵横轴线的具体位置尺寸，并在基础剖面上标出锚栓空间位置标高、规格数量及埋设深度。

5）结构布置图可分为两大部分，一是主刚架结构布置图，二是次构件布置图。主刚架主要包括：钢柱、钢梁、吊车梁平面布置图。多层和高层钢结构还包括各层框架梁平面布置图。次构件布置图可分为屋面次构件和墙面次构件两部分。其中屋面次构件部分主要包括：屋面水平支撑、拉条、隅撑、檩条的布置图；墙面次构件部分主要包括：柱间支撑、拉条、隅撑和檩条的布置图。主刚架和次构件平面布置图上均标明了各主构件的编号和它在轴线上的具体位置。

6）构件图可以是刚架图、框架图或是单根构件图。

7）连接节点详图一般包括：柱脚节点详图、柱拼接详图、梁拼接节点详图、柱与梁连接节点详图、主次梁连接详图、钢梁与混凝土连接详图、屋脊节点详图、支撑节点详图等。如果工程有外围护要求，则还包括外围护详图。节点详图表示某些复杂节点的细部构造情况，详图上注明了与此节点相关构件的位置、尺寸、需控制的标高、构件编号、截面和节点板规格尺寸以及加劲肋做法。如果构件节点采用螺栓连接时，要在详图上标明螺栓的等级、直径、数量以及螺栓孔径的大小；如若节点采用焊接的连接方法，还需标明此节点处焊缝的尺寸。

8）辅助构件布置图和详图一般包括：楼梯、爬梯、天窗架、车挡、走道板等，是设计者根据建设方要求和工程需要而设置的。

9）材料表包括构件的编号、规格型号、长度、数量和质量等内容。

二、阅读技法

钢结构的结构形式多种多样，施工图所包含的内容自然也各不相同，但在图样的看图技法上还是有一定的共性的。

钢结构施工图识读步骤可以总结为如下三步：

第一步：阅读建筑施工图（简称“建施”）。建筑施工图主要包括建筑总平面图、建筑平面图、建筑立面图、建筑剖面图和建筑详图等。通过对建筑施工图的阅读，可以对建筑物的功能及空间划分有个整体了解，掌握建筑物的一些主要关键尺寸。

第二步：阅读结构施工图（简称“结施”）。结构施工图是对构成建筑的承重构件依据力学原理，有关的设计规程、设计规范进行计算，确定建筑的形状、尺寸以及内部构造等，主要是为了满足建筑的安全与经济施工的要求，然后将选择的计算结果绘成图样。

第三步：阅读设备施工图（简称“设施”）。主要表达建筑的给水排水、采暖、通风、电气照明等设备的布置和施工要求等。在看图过程中根据需要结合设备施工图来看，可以达到更好的看图效果。

施工图的看图技法及看图中需注意的问题可以归纳如下：

1）由整体往局部看。在看图过程中，首先要对整个工程的概貌及结构特点在头脑里有个大致的概念，然后再针对局部位置进行细看。

2）从上往下看，从左往右看。在施工图的某页图样上，往往左边或上边是构件正面图、正立面图或平面图，而这些构件的背面或某些节点的具体做法往往是不能表达清楚的，这时就需要通过一些剖面图或节点详图来表示，而这些剖面图和节点详图一般是在构件图的下方或右方。因此就需要从上往下，从左往右结合起来进行识读。

3）从外向内看。有些设计图样应建设方或工程需要可能在主体建筑物的内部设有其他小型建筑或满足功能需要的结构。例如有可能在建筑物内部设有办公室或楼梯等，这就需要在看图过程中，对整个建筑物外部结构有所了解后，对内部构造图样进一步识读。

4）图样说明对照看。在施工图中除了设计总说明外，在其他的图样的下方也可能会出现一些简单的说明，这些说明一般是针对本页图样中的一些共性问题，可以通过这些说明表示清楚，避免同一问题一一标注的麻烦，也方便对图样的识读。

5）有联系地看。初学者在读图时，很容易孤立地看某一张图样，往往忽视这张图样与其他图样之间的联系。例如：建筑施工图与结构施工图要结合起来看，必要时还要结合设备施工图看；结构体系的布置图和构件的详图往往不会出现在同一张纸上，此时就要根据索引符号将这两张图样联系起来，这样才能准确理解图样表达的意思。

6）理论与实际结合看。图样的绘制一般是按照施工过程不同的工种和工序进行的，看图时应与生产和安装的实际情况结合起来。

第六节　钢结构连接节点详图识读

一、柱脚节点详图

从图2-36中可以读出：

1）该图中的钢柱为热轧中翼缘H型钢（用“HM”表示），规格为400×300（截面高为400mm，宽度为300mm），关于型钢的截面特性可查阅《热轧H型钢和剖分T型钢》（GB/T 11263—2010）。

2）钢柱底板规格为－500×400×26，即长度为500mm，宽度为400mm，厚度为26mm。基础与底板采用2根直径为30mm的锚栓进行连接，锚栓的间距为200mm。

3）安装螺栓与底板间需加10mm厚垫片。

4）柱与底板要求四面围焊连接，焊脚高度为8mm的角焊缝。

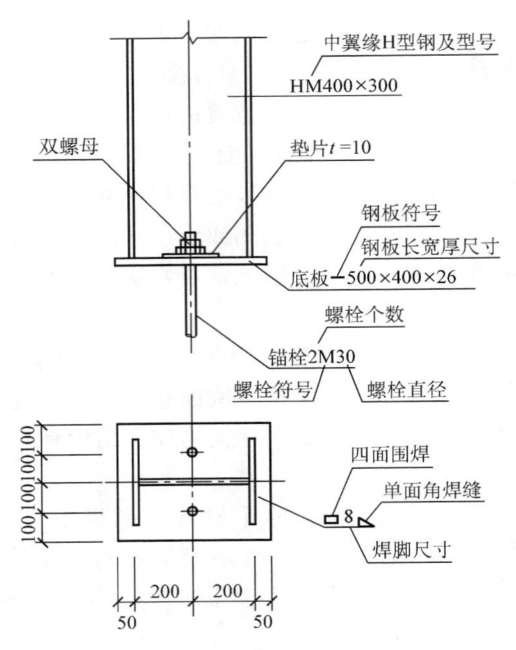

图 2-36 铰接柱脚详图

二、柱拼接详图

从图 2-37 中可以读出：

1）此柱采用的是全螺栓等截面连接方式。

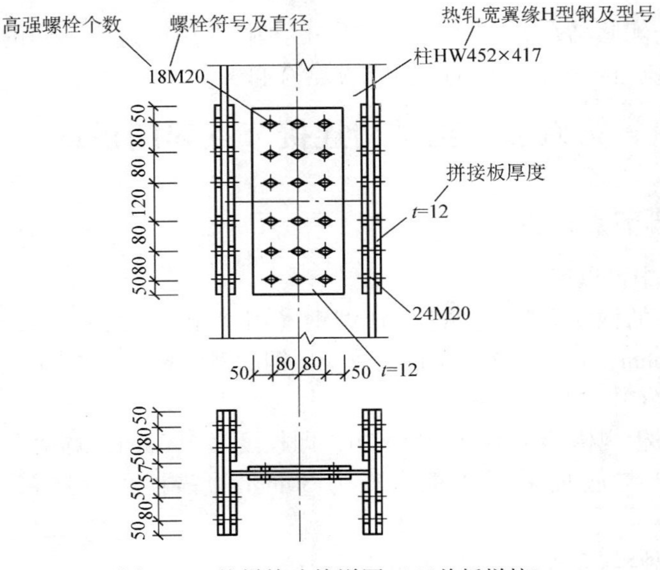

图 2-37 柱拼接连接详图（双盖板拼接）

2）钢柱为热轧宽翼缘 H 型钢（用“HW”表示），规格为 452 × 417（截面高度为 452mm，宽度为 417mm），截面特性可查阅《热轧 H 型钢和剖分 T 型钢》（GB/T 11263—2010）。

3）螺栓孔用“◆”表示，说明此连接处采用高强螺栓摩擦型连接。18M20 表示腹板上排列 18 个直径为 20mm 的螺栓，24M20 表示每块翼板上排列 24 个直径为 20mm 的螺栓。

4）从立面图和平面图可以看出，此节点处需用 8 块盖板进行上下柱间的连接。腹板上的 2 块盖板规格为 -260 × 12，长度为 540mm；翼缘板外侧的 2 块盖板宽与柱翼板相同，规格为 -417 × 12，长度为 540mm；翼缘板内侧的 4 块盖板的规格为 -180 × 12，长度为 540mm。

5）腹板和翼板上孔距及盖板上的孔距均可通过平面图和立面图读出。

6）作为钢柱的连接，在节点连接处要能传递弯矩、扭矩、剪力和轴力，故柱的连接必须为刚性连接。

三、牛腿与柱连接详图

从图 2-38 中可以读出：

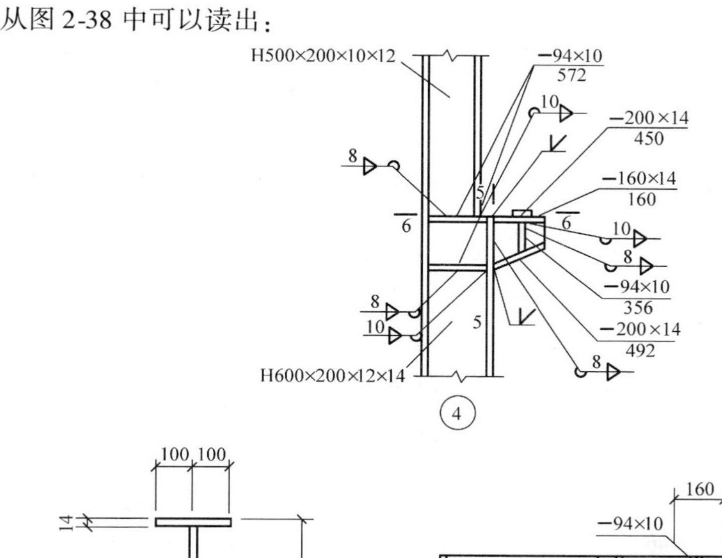

图 2-38　牛腿与柱连接详图

1）此详图中柱分上下两截，均为焊接 H 型钢，上柱规格为 500 × 200 × 10 × 12（截面高度为 500mm，宽度为 200mm，腹板厚度为 10mm，翼板厚度为 12mm），下柱规格为 600 × 200 × 12 × 14。

2）从“5—5”剖面图可知，牛腿截面高度为 500mm，牛腿翼板厚度为 14mm，腹板厚度为 10mm。

3）从详图和“6—6”剖面图中可知，牛腿上翼板宽度为 200mm，长度为 450mm，厚度为 14mm。牛腿垫板的长度和宽度均为 160mm，厚度为 14mm。牛腿腹板加筋板的宽度为 94mm，长度为 356mm，厚度为 10mm，共有 2 块。

4）从详图④中可知，牛腿柱上加筋板宽度为 94mm，长度为 572mm，厚度为 10mm，结合“6—6”剖面可知，加筋板共有 4 块。

5）详图④中的焊缝符号“—8—▷◁”和“◁—10—▷”表示指示位置的焊缝为双面角焊缝，焊缝两边尺寸相同。“╱V”表示指示位置（牛腿上下翼板与柱连接位置）按构造要求需开单边 V 形坡口。

四、吊车梁连接节点详图

从图 2-39 中可以读出：

1）吊车梁为焊接 H 型钢，编号为 GDL-1，规格为 550 × 300/250 × 10 × 14/10（截面高度为 550mm，腹板厚度为 10mm，上翼板宽度为 300mm，厚度为 14mm，下翼板宽度为 250mm，厚度为 10mm）。吊车梁上翼板靠近柱的位置需钻孔，通常吊车梁的连接孔比较统一，为了省去一一标注的麻烦，会在说明里注明孔径，有例外的则会在图上标注。

2）从详图中可知，钢柱翼板上居中焊接一块等边角钢，角钢（用“L”表示）的规格为 100 × 8（两肢的宽度为 100mm，厚度为 8mm），长度为 420mm。角钢孔水平方向边距为 40mm，孔距从左至右依次为 80mm、140mm、80mm，竖直方向上的一边边距 40mm，离角钢肢边边距为 60mm。

3）吊车梁上翼板与柱通过两块 4 个孔的连接板连接起来，规格为 160 × 10（宽度为 160mm，厚度为 10mm），长度为 480mm。

4）从“1—1”剖面可知，两支吊车梁之间有一块 4 个孔的垫板。

5）从“2—2”剖面可知，吊车梁下翼缘与牛腿之间是通过 1 块垫板和 1 块连接板连接起来的。垫板的宽度为 210mm，长度为 250mm，厚度为 12mm；连接板的宽度为 250mm，长度为 390mm，厚度为 10mm。

6）图中符号“◺⊔8 ▶”表示此处需在现场焊接，焊缝为三面围焊的单面角焊缝，焊缝厚度为 8mm。

7）螺栓孔用“◆”表示，表明吊车梁需连接的位置均采用高强螺栓进行连接。

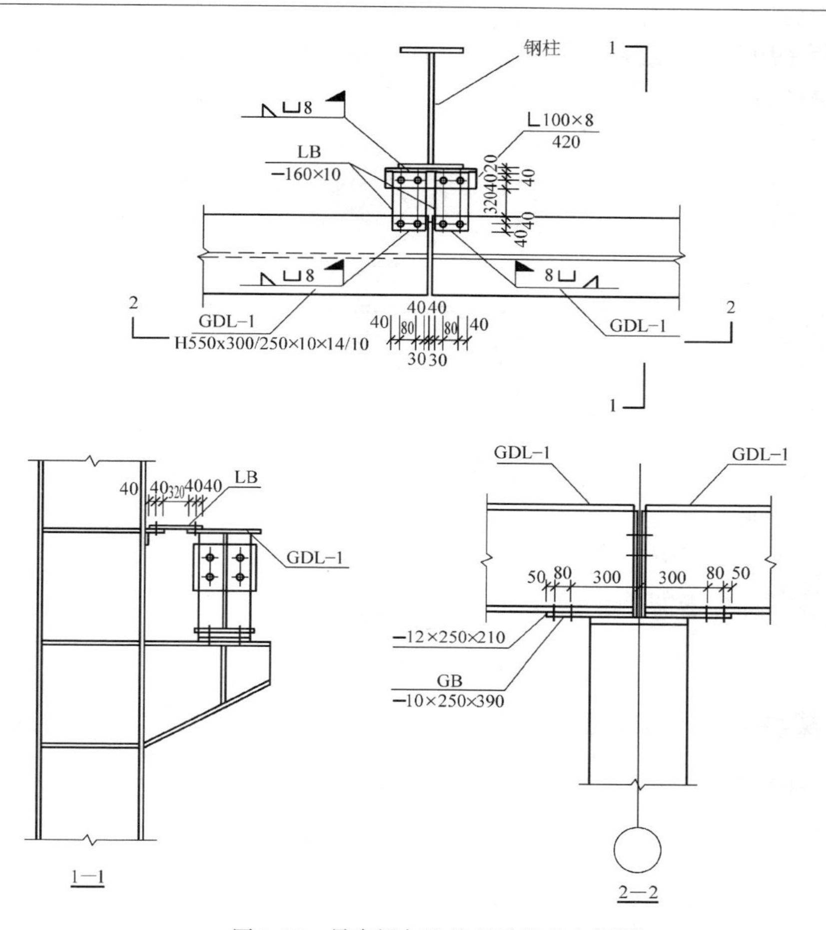

图 2-39　吊车梁与边柱的连接节点详图

五、梁拼接节点详图

从图 2-40 中可以读出：

1）此钢梁间的连接采用栓-焊结合的连接方式，节点处传递弯矩，为刚性连接。

2）两支钢梁均为热轧窄翼缘 H 型钢（用“HN”表示），规格为 500 × 200（截面高度为 500mm，宽度为 200mm），截面特性可查阅《热轧 H 型钢和剖分 T 型钢》（GB/T 11263—2010）。

3）梁翼缘为对接焊缝连接，焊缝为带坡口有垫块的对接焊缝，焊缝标注无数字时，表示焊缝按构造要求开口。符号“▶”表示焊缝为现场施焊。

4）螺栓孔用“◆”表示，说明此连接处采用高强螺栓摩擦型连接，共有 10 个，直径为 22mm，栓距为 80mm，边距为 45mm。从右边的剖面图可以看出，腹板上的拼接板采用双盖板连接，从左边的立面图可以看出，盖板长为410mm，宽为250mm，厚度为10mm。

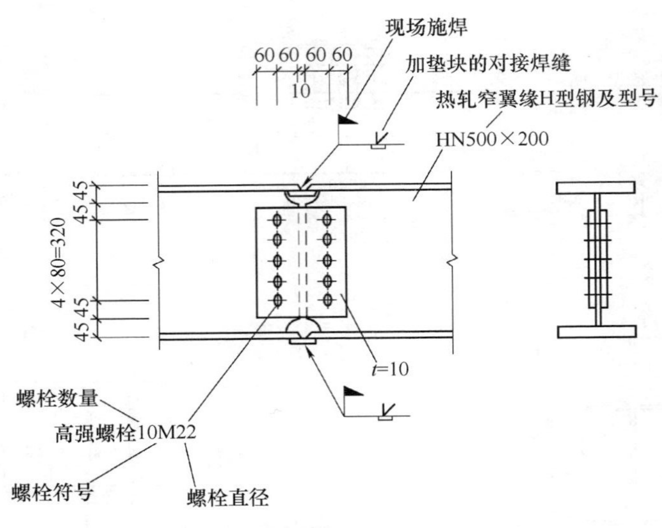

图 2-40　梁拼接连接详图

六、梁柱连接节点详图

从图 2-41 中可以读出：

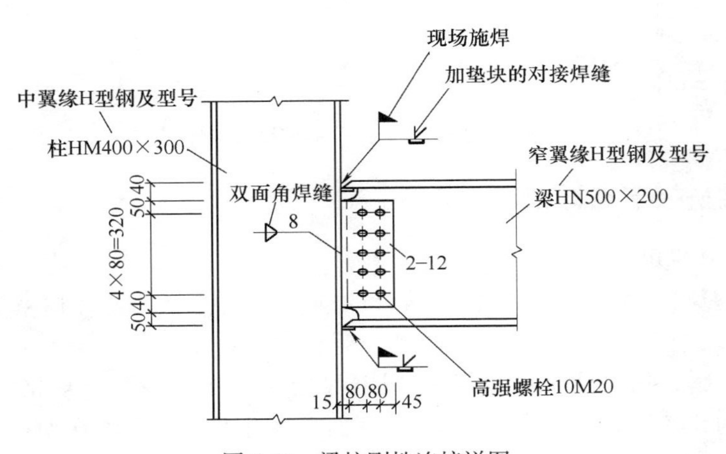

图 2-41　梁柱刚性连接详图

1）该节点处连接采用栓焊结合的连接方法，节点处传递弯矩，为刚性连接。

2）钢柱为热轧中翼缘 H 型钢（用“HM”表示），规格为 400 × 300（截面高度为 400mm，宽度为 300mm），截面特性可查阅《热轧 H 型钢和剖分 T 型钢》（GB/T 11263—2010）。

3）钢梁为热轧窄翼缘 H 型钢（用“HN”表示），规格为 500×200（截面高度为 500mm，宽度为 200mm），截面特性可查阅《热轧 H 型钢和剖分 T 型钢》（GB/T 11263—2010）。

4）梁翼缘与柱翼缘为对接焊缝连接，焊缝为带坡口有垫块的对接焊缝，焊缝标注无数字时，表示焊缝按构造要求开口，符号“▶”表示焊缝为现场或工地施焊。

5）“2-12”表示梁腹板与柱翼缘板是通过两块 12mm 厚的连接板连接起来的，连接板分别位于梁腹板两侧，连接板与柱翼缘为双面角焊缝连接，焊缝厚度为 8mm，焊缝标注无数字时，表示连接板满焊。

6）节点采用高强度螺栓摩擦型连接，螺栓共 10 个，直径为 20mm。

七、主次梁连接详图

从图 2-42 中可以读出：

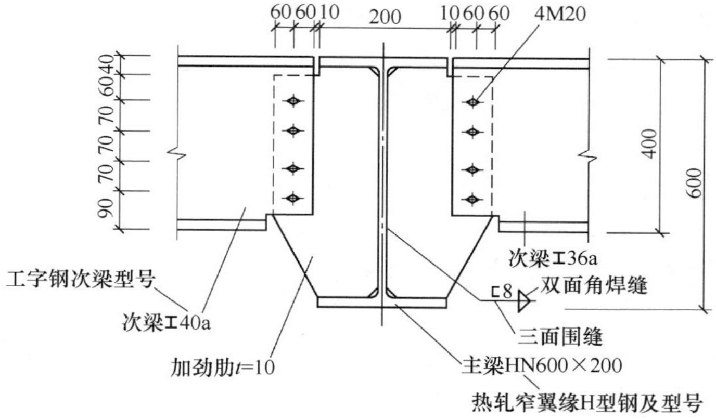

图 2-42　主次梁侧向连接详图

1）主次梁采用全螺栓连接方式，侧向连接不能传递弯矩，为铰接连接。

2）主梁为热轧窄翼缘 H 型钢（用“HN”表示），规格为 600×200（截面高度为 600mm，宽度为 200mm），截面特性可查阅《热轧 H 型钢和剖分 T 型钢》（GB/T 11263—2010）。

3）“Ɪ40a”表示次梁为热轧普通工字钢，截面类型为 a 类，截面高度 400mm，截面特性可查阅《热轧 H 型钢和剖分 T 型钢》（GB/T 11263—2010）。

4）从图例“◈”可知螺栓为普通螺栓连接，每侧有 4 个，直径为 20mm，栓距为 70mm。

5）加劲肋与主梁翼缘和腹板采用焊缝连接，“⊏8▷”表示焊缝为三面围焊的双面角焊缝，焊缝厚度为8mm。加劲肋宽于主梁的翼缘，相当于在次梁上设置了隅撑。

八、钢梁与混凝土连接详图

从图2-43中可以读出：

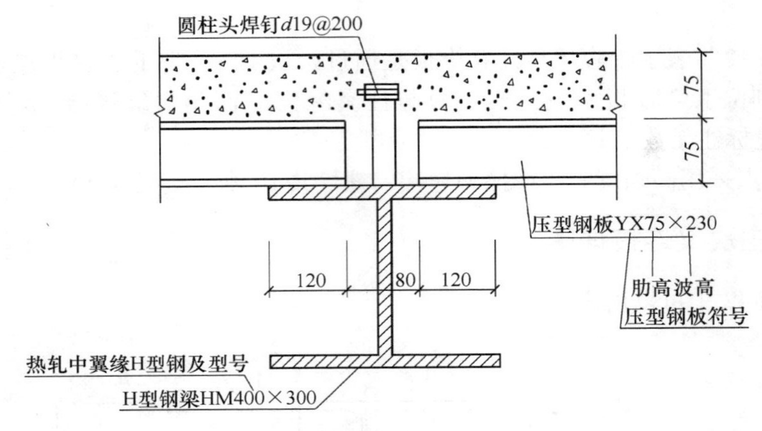

图2-43　钢梁与混凝土板连接详图

1）钢梁为热轧中翼缘H型钢（用“HM”表示），规格为400×300（截面高为400mm，宽度为300mm）。

2）钢梁上翼缘中心线位置设有圆柱头焊钉，焊钉直径为19mm，间距为200mm。

3）钢梁上翼缘两侧放置压型钢板（用“YX”表示）作为现浇混凝土（净高为75mm）的模板。压型钢板的规格为75×230（肋高为75mm，波宽为23mm），压型板与钢梁上翼缘搭接宽度为120mm。

九、支撑节点详图

从图2-44中可以读出：

1）支撑构件采用双角钢（用“2∟”表示），规格为80×50×5（长肢宽为80mm，短肢宽为50mm，肢厚为5mm），采用角焊缝和普通螺栓相结合的连接方式。

2）通长角钢满焊在连接板上，符号“10▷”表示指示处为双面角焊缝，焊缝尺寸为10mm。

3）分断角钢与连接板采用螺栓和角焊缝的连接方式。分断角钢与连接板连接的一端采用2个直径为20mm的普通螺栓连接，栓距为80mm；符号“▶10▷”表示指示处角焊缝为现场施焊，焊缝焊脚尺寸为10mm，焊缝长度为180mm。

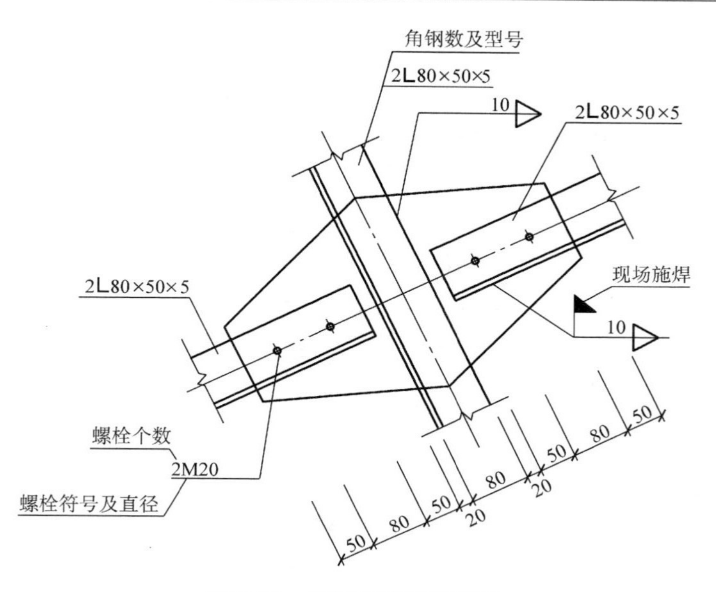

图 2-44　角钢支撑节点详图

十、墙梁与柱节点详图

从图 2-45 可以读出：

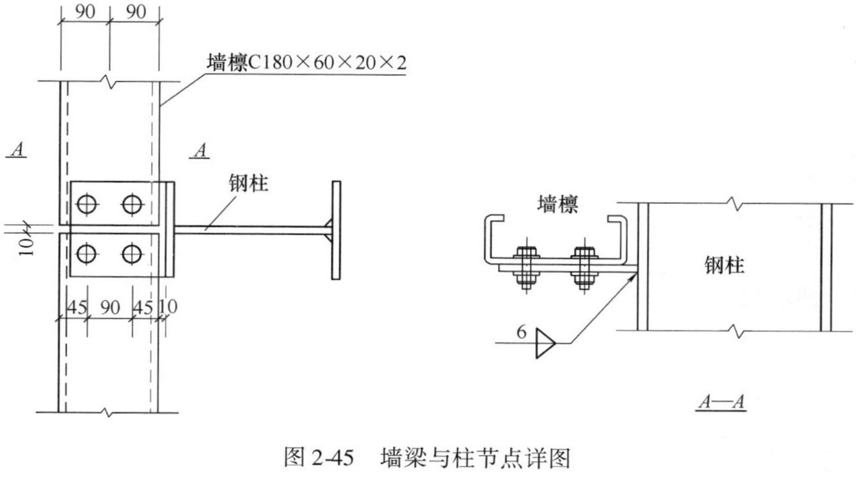

图 2-45　墙梁与柱节点详图

1）墙梁（QL）规格型号为 C180 × 60 × 20 × 2（截面高度为 180mm，宽度为 60mm，卷边宽度为 20mm，壁厚为 2mm），墙托与柱翼缘板等宽，宽度为 150mm。

2）两支墙梁端头平放在墙托上，通过 4 条直径为 12mm 的普通螺栓与柱连接为一整体，安装后端头间及墙梁与柱翼缘板间均留 10mm 的缝隙。

3）墙梁宽度方向上孔距为 90mm，孔两边距均为 45mm。

4）从“A—A”剖面可看出，墙托与柱采用双面角焊缝连接，焊缝尺寸为6mm。

十一、屋檩、隅撑与梁节点详图

从图2-46中可以读出：

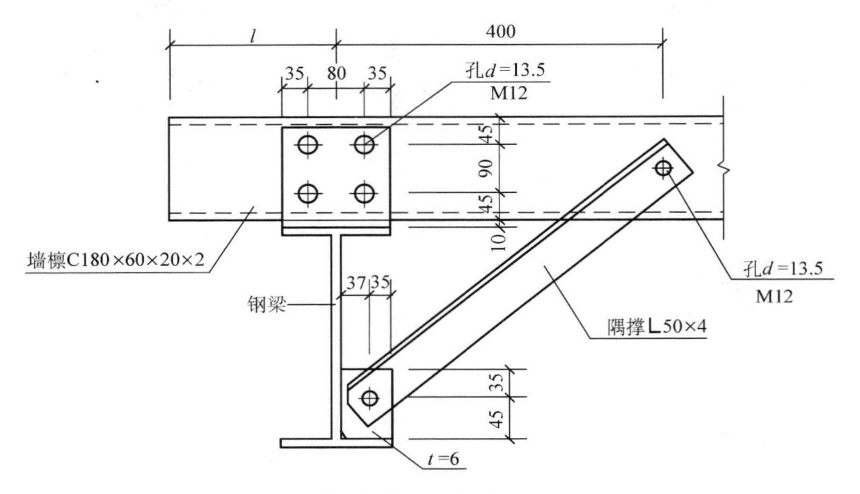

图2-46 边跨屋檩、隅撑与梁节点详图

1）屋檩（LT）采用规格型号为C180×60×20×2（截面高度为120mm，宽度为60mm，卷边宽度为20mm，壁厚为2mm）的C型钢，隅撑采用∟50×4的等边角钢；檩托与梁翼缘板等宽，宽度为150mm，孔径为13.5mm。

2）屋檩端头平放在檩托上，通过4条直径为12mm的普通螺栓与梁连接为一整体，安装后端头间及墙檩与柱翼缘板间均留10mm的缝隙。

3）屋檩端头居梁中心位置400mm处居中打孔，通过隅撑（YC）与梁下翼缘上焊接的两块隅撑板连接，隅撑板长度为80mm，宽度为72mm，厚度为6mm。

4）屋檩宽度方向上孔距为90mm，孔两边距均为45mm。

十二、拉条与檩条节点详图

从图2-47中可以读出：

1）直拉条（可用“LT”表示）和斜拉条（可用“XLT”表示）均采用直径为10mm的圆钢，相邻两根拉条的间距为80mm。

2）由右侧图可知，檩条与拉条的连接孔在距檩条上翼缘60mm处。

3）在靠近檐口处的两道相邻檩条之间设置了斜拉条和刚性撑杆（可用“CG”表示，在有斜拉条的位置布置），斜拉条按要求端部需折弯，折弯长度为80mm，刚性撑杆采用直径为10mm的圆钢，外套直径为30mm，厚为2mm的钢管。

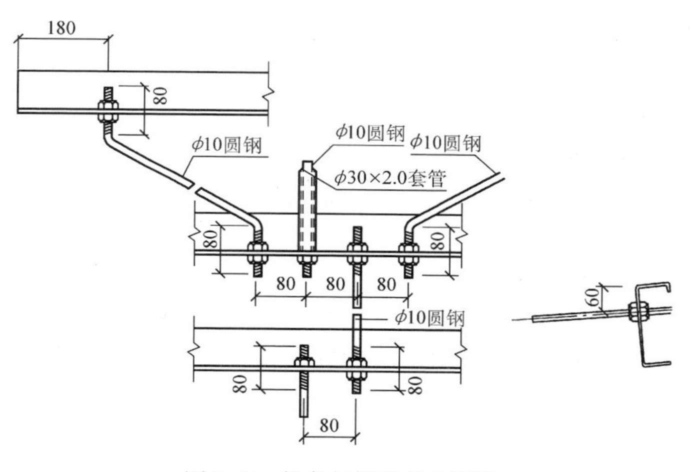

图2-47　拉条与檩条节点详图

第七节　钢结构施工图识读实例

钢结构的构造类型多种多样，本节我们针对简单易懂的门式刚架进行讲述。以下是×仓库钢结构厂房施工图（图2-48～图2-59，见书后插页）。

从图2-48中可以读出：

1）该仓库共有四扇大门（M-1），一道防火门（FM-1），并可以根据标注尺寸很直观地看出它们在平面上的位置。大门设有500mm高的防撞柱，其构造参照图2-51防撞柱详图。

2）该仓库有铝合金百叶窗（C-1）13个，其在每开间的平面位置从图中标注很容易看出。结合图2-51中的门窗表可以看出，百叶窗的尺寸均为3600mm×600mm。

3）雨篷外挑1800mm。

4）该仓库设有爬梯一个，其构造参照图集02J401第79页屋面检修梯TWWb-78详图。

从图2-49中可以读出：

1）雨篷采用75mm EPS夹芯板，做法参照图集01J925-1，雨篷顶设1%的坡度排水。

2）屋顶向两侧设10%的坡度排水，并在每个开间屋顶两侧设两道采光瓦（通常与屋面板型号一致），500型无动力通风器16个，其在屋顶的平面位置可以从图中标注很直观地看出。

3）每开间天沟向两侧设1%的坡度排水，A～J轴线每根轴线外墙上设两根排水管，采用ϕ150mm PVC管，共18根。

4）由左下角说明可知：图中未注明彩钢板（包含墙面、屋面、雨篷、门窗口收边、包角、泛水板等折件）建筑构造做法均详见图集《压型钢板、夹芯板屋面及墙体建筑构造》（01J925-1）。

从图 2-50 中可以读出：

1）A ~ J、J ~ A 墙面上在标高 5. 200m 处设通长上窗（C-2），窗高 900mm，窗两边线分别离轴线 500mm；在标高 0. 300m 处设 13 个铝合金百叶窗（C-1），窗高 600mm。

2）三个大门高度均为 3. 6m。

3）外墙 1. 2m 高为 240mm 厚砖墙，外刷浅灰色喷砂涂料面层，砖墙上外墙为 75mm 厚 EPS 夹芯板，内、外板均厚 0. 425mm。

从图 2-51 中可以读出：

1）①~③、③~①墙面识读与图 2-50 类同，不再重复讲述。

2）由图 I—I 剖面图可知：屋顶为双坡排水，坡度为 10%；屋面板为 75mm 厚 EPS 夹芯板，内、外板均厚 0. 425mm。

3）①、③轴线设外排水天沟两道，采用 1. 0mm 厚彩钢板弯制而成。

4）由防撞柱详图可以读出：防撞柱高 500mm，由 ϕ108mm 钢管和 200mm × 200mm × 15mm 预埋钢板焊接而成，ϕ108mm 钢管内用 C20 素混凝土填实，外刷黄黑禁戒色；预埋钢板上焊接 4 根 ϕ14mm，长 435mm 的 HPB300 钢筋，采用穿孔丁字焊接形式；钢筋焊接平面位置，从图中标注尺寸很容易读出，横向钢筋间距 120mm，纵向间距 140mm。

5）钢筋与孔留 0 ~ 4mm 间隙，钢板开锥形孔，锥面与钢板夹角 50° ± 5°与钢筋塞焊成一体。

从图 2-52 基础平面图中可以读出：

1）该建筑物基础形式为柱下钢筋混凝土棱锥形独立基础，基础有 JC-1、JC-2、JC-3 三种类型，其中 JC-1 有 18 个，JC-2 有 6 个，JC-3 有 15 个，具体构造分别见详图。

2）建筑物总长 64m，跨度 18m，开间 8m。纵向基础轴线间距为 6m。

3）图中基础有三种平面尺寸，即 1400mm × 1800mm、1600mm × 1600mm 和 1400mm × 1400mm。

从图 2-53 基础详图中可以读出：

1）由 JC-1 立面图可知，该基础为棱锥形，下部设有 100mm 的垫层，基础底部标高为 -1. 500m（由此可知基础埋深为 1. 5m），基础大放脚在高度方向上设置 2 根箍筋。短柱上部设有 50mm 厚的 C30 细石混凝土二次浇筑层。

2）由 JC-1 平面图可知，该基础位于纵向轴线中心，横向轴线偏心 100mm 的位置，其基底尺寸为 1400 mm × 1800mm，基础底部的配筋双向均为直径 12mm 的 HPB235，钢筋间距横向（相邻钢筋中心距，用”@”表示）为 180mm，纵向为 200mm。基础上短柱的平面尺寸为 700mm × 500mm，短柱的纵筋为 12 根直径 22mm

的 HRB400，箍筋为直径 8mm 的 HPB300，箍筋间距为 150mm。

3）由 JC-1 “A—A” 剖面图可知，地脚锚栓横向间距为 190mm，纵向间距为 194mm。钢柱的安装方向为翼板平行于基础短柱 400mm 的边。

4）JC-2 和 JC-3 的识读与 JC-1 类同。

从图 2-53 说明里可读出：

该基础所采用的混凝土等级为 C25，基础垫层的混凝土等级为 C15，基础保护层的厚度为 40mm。所采用的钢筋等级为 HPB235（符号表示为“ф”）和 HRB400（符号表示为“ф”），其屈服强度（f_y）分别为 $210N/mm^2$ 和 $400N/mm^2$ 等一系列内容。在读图时需要与图样结合起来识读，才能对图样掌握得更全面、更准确。

从图 2-54 中可以读出：

1）该建筑物为双跨，单跨 18m，共有 9 榀刚架，其中 GJ-1 共 6 榀，GJ-2 共 3 榀。

2）该建筑物共有 18 支边柱，9 支中柱，12 支抗风柱；抗风柱轴线间距均为 6000mm，分别分布于Ⓐ、Ⓔ、Ⓙ轴线。

3）该建筑屋面钢系杆采用钢管的型号为 ϕ133mm×6mm（钢管直径为 133mm，厚度为 6mm），系杆通长布置，共计 56 支；水平支撑采用圆钢的型号为 ϕ25mm（圆钢直径为 25mm），共计 12 副。

从图 2-55 中可以读出：

1）此榀刚架由 2 支边柱，1 支中柱，5 支钢梁构成，屋面采用双坡排水。

2）由材料表可读出钢构件零部件规格尺寸，钢柱、钢梁均为焊接 H 型钢，钢构件截面均为变截面，截面尺寸可从材料表中算出。

3）由“1—1”剖面图可知，柱连梁连接节点处采用全螺栓的连接方法，节点处传递弯矩，为刚性连接。

4）由“1—1”剖面图可以看出柱上连接梁节点板的规格为 250mm×20mm（宽度为 250mm，厚度为 20mm），长度为 860mm，连接板孔直径为 22mm，孔距可根据标注读出。两端翼板上加劲肋规格为 90mm × 10mm，长度为 140mm。“7”表示焊缝为双面角焊缝，焊件两边焊缝尺寸相同，焊缝厚度为 7mm；“”表示腹板按构造要求开坡口。

5）由“2—2”剖面图可知，梁连柱节点板的规格为 250mm×20mm（宽度为 250mm，厚度为 20mm），长度为 760mm，连接板孔直径为 22mm，孔距可根据标注读出。加劲肋规格和焊缝符号表示含义同上。

6）边柱与梁采用 10 个直径为 20mm 的高强螺栓连接。

“3—3”和“4—4”剖面图的识读与“1—1”和“2—2”类同，不再重复讲述。

7）由“6—6”剖面图可知，边柱柱底板规格为－290mm×20mm（宽度为

290mm，厚度为 20mm），长度为 440mm。基础与底板采用 4 根直径为 24mm 的锚栓进行连接，锚栓的横向间距为 194mm，纵向间距为 190mm。柱翼板需开坡口与底板焊接，“ 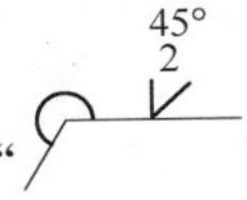 45° 2 ”表示柱翼板开 45°坡口，对接留 2mm 间隙进行焊接；底板上需加 20mm 厚，边长为 80mm 的正方形垫块，螺栓拧紧后进行现场焊接，“  ”为现场焊接符号。

8）由详图“①”可以看出，柱翼缘板与连接板厚度相差大于 4mm 时，根据《钢结构设计规范》（GB 50017—2016）相关规定，需从一侧做成坡度不大于 1/2.5 的斜角。

图 2-56 识读与图 2-55 基本类同，仅多 4 支抗风柱，在此不再重复讲述。

从图 2-57 中可以读出：

1）该建筑屋面采用 C250mm × 75mm × 20mm × 2.5mm（截面高度为 250mm，宽度为 75mm，卷边宽度为 20mm，壁厚为 2.5mm）型号的 C 型钢做檩条（可用“WL”表示），檩条间距屋脊处为 600mm，中间为 1500mm，两侧为 1200mm，从图中可以查出共需 208 根。

2）屋面拉条（直拉条可用“LT”表示，斜拉条可用“XLT”表示）采用直径为 12mm 的一级圆钢（ϕ12mm），从图中可以查出共需直拉条 400 根，斜拉条 64 根，其中连①、③轴线与屋脊处（②轴线两侧）的直拉条外套 ϕ32mm × 2mm 的钢管，共计 80 根。

3）隅撑每隔一根檩条设一道，采用型号为∟50mm × 4mm 的等边角钢，从图中可以查出共需隅撑 192 根。

从图 2-58 中可以读出：

1）该建筑墙面采用 C250mm × 75mm × 20mm × 2.5mm 和 C200mm × 70mm × 20mm × 2.5mm 两种型号的 C 型钢做檩条（可用“QL”表示），从图中可以查出 QL 共需 136 根。

2）墙面拉条采用直径为 12mm 的一级圆钢，从图中可以查出共需直拉条 182 根，斜拉条 56 根。有斜拉条檩条间的直拉条外套 ϕ32mm × 2mm 的钢管，共计 44 根。

3）由图中 C 型钢“ ”可知，窗下檩条槽口安装时应朝下放置，窗上檩条安装时槽口则朝上放置。

4）由图中檩条的标高可知，各道檩条间距由下往上依次为“1200mm”“1400mm”“1400mm”“900mm”，其中 900mm 为上窗户高度。

5）①、③轴线门梁、门柱均采用［25a 型号槽钢，J 轴线门柱、门梁采用［20a 型号槽钢。

从图 2-59 中可以读出：

1）由 SC-1、XG-1 连接详图可知，水撑（SC）连接板距离梁上翼板 200mm，孔距离梁端部连接板及梁加强板 80mm，距离梁腹板 75mm（由 B—B 剖面图得知），梁加强板厚度 10mm，梁与水撑一端采用 1 个 M16 普通螺栓连接。

2）系杆（XG）采用 ϕ133mm×6mm（钢管直径为 133mm，厚度为 6mm）型号钢管，系杆连接板厚度 8mm，系杆一端与梁采用 1 个 M16 普通螺栓连接。

3）由 ZC-1 立面图可知，柱撑（ZC）采用 ϕ25mm 型号的圆钢，距离柱底 300mm，高度为 6500mm，宽度 8000mm。

4）由 SC-1、ZC-1 详图可知，水撑与柱均采用 ϕ25mm 型号的圆钢，每根水撑或柱撑中间通过 M25 花篮螺栓（中间间隙最小 20mm，最大 200mm，通过调节可以控制水撑或柱撑的松紧程度）连接，两端部焊接连接板，板厚度 10mm，连接板孔径 18mm，采用 M16 螺栓与梁连接。

5）由屋面檩条、隅撑连接示意图可知，屋面檩条采用 C250mm×75mm×20mm×2.5mm 型号 C 型钢，每根 C 型钢端部采用 2 个 M12 普通螺栓与梁檩托连接，檩托长度与宽度均为 160mm，厚度为 6mm（由 A—A 剖面图得知），两檩条留 10mm 间隙；隅撑采用型号∟50mm×5mm 的等边角钢，每隔一根檩条设一个，上端与檩条下翼缘焊接的连接板连接，下端与梁下翼缘连接，均采用 M12 的普通螺栓连接。

6）由屋面檩条拉杆详图可知，拉杆采用型号 ϕ12mm 的圆钢，两端拉丝长度 100mm，采用双螺母与檩条相连；拉杆距离檩条上下翼缘 50mm，采用 M12×35（螺栓直径 12mm，长度 35mm）的镀锌螺栓与檩条连接；斜拉杆间的直拉杆外套型号 ϕ32mm×2mm（钢管外径 32mm，厚度 2mm）的钢管，直拉杆与斜拉杆间距为 60mm。

7）由雨篷平面布置图可知，雨篷檩条采用 C160mm×60mm×20mm×2.5mm 规格 C 型钢，每个雨篷纵向檩条间隔 1400mm，4 个雨篷共需 20 支。

第三章　钢结构工程造价概述

工程造价是工程项目建造所需要花费的全部费用，即从工程项目确定建设意向直至建成并验收合格交付使用为止所支付的总费用，这是保证工程项目建造正常进行的必要的资金，是建设项目投资中最主要的部分。

第一节　工程造价的组成、分类与特点

一、工程造价的组成

工程造价主要由工程费用和工程其他费用组成。

（一）工程费用

工程费用包括建筑工程费用、安装工程费用和设备及工器具购置费用。

（1）建筑工程费用　主要包括各类房屋建筑工程的供水、供暖、卫生、电气、燃气、通风、弱电等设备及管线安装费；工程项目设计范围内的建设场地平整、竖向布置土石方工程费；各类设备基础、地沟、水池、冷却塔、烟囱烟道、水塔、栈桥、管架、挡土墙、厂区道路、绿化等工程费；铁路专用线、厂外道路、码头等工程费。

（2）安装工程费用　主要包括生产、动力、起重、传动和医疗、试验等各种安装的机械设备的装配费用；与设备相连的工作台、梯子、栏杆等设施的工程费用；附属于被安装设备的管线敷设工程费用；单台设备单机试运转、系统设备进行系统联动无负荷试运转工作的测试费等。

（3）设备及工器具购置费用　包括建设项目设计范围内的需要安装及不需要安装的设备、仪器、仪表等及其必要的备品备件购置费；为保证投产初期正常生产所必需的仪器仪表、工卡量具、模具、器具及生产家具等的购置费；生产性建设项目中，设备及工器具购置费用占工程造价比重的增大，意味着生产技术的进步和资本有机构成的提高。

（二）工程其他费用

工程其他费用是指未纳入以上工程费用的、由项目投资支付的、为保证工程建设顺利完成和交付使用后能够正常发挥效用而必须开支的费用，它包括土地使用费、建设单位管理费、研究试验费、勘察设计费、建设单位临时设施费、工程监理费、工程保险费、引进技术和进口设备其他费用、工程承包费、联合试运转费、生产准备费、办公和生活家具购置费以及涉及固定资产投资的其他税费。

二、工程造价的分类

工程造价按用途可分为标底价格、投标价格、中标价格、直接发包价格、合同价格和竣工结算价格。

（1）标底价格　标底价格是指招标人的期望价格，不是交易价格。招标人以此作为衡量投标人投标价格的一个尺度，也是招标人的一种控制投资的手段。编制标底价格可由招标人自行操作，也可由招标人委托招标代理机构操作，由招标人做出决策。

（2）投标价格　投标价格是指投标人为了得到工程施工承包的资格，按照招标人在招标文件中的要求进行估价，然后根据投标策略确定投标价格，以争取中标并通过工程实施取得经济效益。因此，投标报价是卖方的要价，如果中标，这个价格就是合同谈判和签订合同确定工程价格的基础。

（3）中标价格　根据《中华人民共和国招标投标法》规定：“评标委员会应当按照招标文件确定的评标标准和方法，对投标文件进行评审和比较；设有标底的，应当参考标底。”所以评标的依据一是招标文件，二是标底（如果设有标底时）。

（4）直接发包价格　直接发包价格是指由发包人与指定的承包人直接接触，通过谈判达成协议并签订施工合同，而不需要像招标承包定价方式那样，通过竞争定价。直接发包计价只适用于不宜进行招标的工程，如军事工程、保密技术工程、专利技术工程及发包人认为不宜招标而又不违反《中华人民共和国招标投标法》第三条（招标范围）的规定的其他工程。直接发包价格是以审定的施工图预算为基础，由发包人与承包人商定增减价的方式定价。

（5）合同价格　合同价格是指在工程招标投标阶段通过签订总承包合同、建筑安装工程承包合同、设备材料采购合同，以及技术和咨询服务合同确定的价格。合同价属于市场价格的性质，它是由承发包双方，也即商品和劳务买卖双方根据市场行情共同议定和认可的成交价格，但它并不等同于最终决算的实际工程造价。

根据《建筑工程施工发包与承包计价管理办法》的规定，合同价格可采用固定价、可调价和成本加酬金三种计价方式，采用哪一种计价方式，应根据工程的特点，业主对筹建工作的设想，对工程费用、工期和质量的要求等，综合考虑后进行确定。

（6）竣工结算价格　竣工结算价格是指在合同实施阶段，在工程结算时按合同调价范围和调价方法，对实际发生的工程量增减、设备和材料价差等进行调整后计算和确定的价格，是该工程的实际价格。

工程造价按计价方法可分为投资估算造价、工程概算造价、施工图预算造价、工程结算造价、竣工决算造价等。

（1）投资估算造价　投资估算造价通常是指建设项目在可行性研究、立项阶段，由进行可行性研究的单位或建设单位估计计算，用以确定建设项目的投资控制额的预算文件。钢结构工程投资估算造价是钢结构建设项目规划与研究阶段各组成文件的重要内容，可分为项目建议书投资估算和工程可行性研究投资估算两类。

（2）工程概算造价　工程概算造价是初步设计或技术设计阶段，由设计单位根据设计图样进行计算的，用以确定建设项目概算投资，进行设计方案比较，进一步控制建设项目投资的预算文件。它可分为设计概算和修正概算。

（3）施工图预算造价　施工图预算造价是设计单位根据施工图样及相关资料编制的，用以确定工程预算造价及工料的建设工程造价文件。由于施工图预算是根据施工图样及相关资料编制的，施工图预算确定的工程造价更接近实际。对于按施工图预算承包的工程，它又是签订建筑安装工程合同，实行建设单位和施工单位投资包干和办理工程结算的依据；对于进行施工招标的工程，施工图预算造价是编制工程标底的依据；同时，它也是施工单位加强经营管理，搞好经济核算的基础。

（4）工程结算造价　工程结算造价是项目结算中最重要和最关键的部分，习惯上又称为工程价款结算。它一般是以实际完成的工程量和有关合同单价以及施工过程中现场实际情况的变化资料（如工程变更通知、计日工使用记录等）计算当月应付的工程价款。实行 FIDIC 条款的合同，则明确规定了计量支付条款，对结算内容、结算方式、结算时间、结算程序给予了明确规定，一般是按月申报，期中支付，分段结算，最终结清。

（5）竣工决算造价　竣工决算造价是指在建设项目完工后的竣工验收阶段，由建设单位编制的建设项目从筹建到投产或使用的全部实际成本的技术经济文件，它是建设投资管理的重要环节，是工程验收、交付使用的重要依据，也是进行建设项目财务总结，银行对其实行监督的必要手段。

三、工程造价的特点

工程造价除具有一般商品价格运动的共同特点之外，还具有单件性计价、多次性计价和按工程构成分部组合计价三个特点。

（1）单件性计价　由于建筑产品的多样性，因此不能规定统一的造价，只能就各个项目通过特殊的程序（编制估算、概算、预算、合同价、结算价及最后确定的竣工决算价等）计算工程造价。

（2）多次性计价　建设工程要经过可行性研究、设计、施工、验收等多个阶段，是一个周期长、数量大的生产过程。为更好地进行工程项目管理，明确工程建设各方的经济关系，适应工程造价管理的需要，就需对工程造价按设计和施工阶段进行多次性计价。多次性计价是个逐步深化、逐步细化和逐步接近实际造价的过程。建设工程造价从投资估算、设计概算、施工图预算到招标承包合同价，再到各项工程结算价和最后在结算价基础上编制的竣工决算，整个计价过程是一个由粗到细、由浅到深，经过多次计价最后达到工程实际造价的过程，计价过程各个环节之间相互衔接，前者制约后者，后者补充前者。

（3）按工程构成分部组合计价　一个建设项目的总造价是由各个单项工程造价组成的，各个单项工程造价又是由各个单位工程造价所组成的，而各单位工程造价又是按分部工程、分项工程和相应定额、费用标准等进行计算得出的。可见，为确定一个建设项目的总造价，应首先计算各单位工程造价，再计算各单项工程造价，然后汇总成总造价。这个计价过程体现了工程造价分部组合计价的特点。

第二节　工程造价计价程序

现行工程造价的计价程序可分为工料单价法和综合单价法两种。

（一）工料单价法

工料单价法是以分部分项工程量乘以单价后的合计为直接工程费，直接工程费以人工、材料、机械的消耗量及其相应价格确定。直接工程费汇总后另加间接费、利润、税金生成工程发承包价，其计算程序分为三种：以直接费为计算基础、以人工费和机械费为计算基础、以人工费为计算基础，详见表3-1、表3-2、表3-3。

表3-1　以直接费为计算基础的工料单价法计价程序

序　号	费用项目	计算方法
1	直接工程费	按预算表
2	措施费	按规定标准计算
3	小计	1+2
4	间接费	3×相应费率
5	利润	(3+4)×相应利润率
6	合计	3+4+5
7	含税造价	6×(1+相应税率)

表3-2　以人工费和机械费为计算基础的工料单价法计价程序

序　号	费用项目	计算方法
1	直接工程费	按预算表
2	其中人工费和机械费	按预算表
3	措施费	按规定标准计算
4	其中人工费和机械费	按规定标准计算
5	小计	1+3
6	人工费和机械费小计	2+4
7	间接费	6×相应费率
8	利润	6×相应利润率
9	合计	5+7+8
10	含税造价	9×(1+相应税率)

表 3-3 以人工费为计算基础的工料单价法计价程序

序号	费用项目	计算方法
1	直接工程费	按预算表
2	直接工程费中人工费	按预算表
3	措施费	按规定标准计算
4	措施费中人工费	按规定标准计算
5	小计	1+3
6	人工费小计	2+4
7	间接费	6×相应费率
8	利润	6×相应利润率
9	合计	5+7+8
10	含税造价	9×(1+相应税率)

（二）综合单价法

综合单价法是分部分项工程单价为全费用单价，全费用单价经综合计算后生成，其内容包括直接工程费、间接费、利润和税金（措施费也可按此方法生成全费用价格）。

名分项工程量乘以综合单价的合价后，生成工程发承包价。

由于各分项工程中的人工、材料、机械含量的比例不同，各分项工程可根据其材料费占人工费、材料费、机械费合计的比例（以字母“C”代表该项比值），在以上三种计算程序中选择一种计算其综合单价。

1）当 $C>C_0$（C_0 为本地区原费用定额测算所选典型工程材料费占人工费、材料费和机械费合计的比例）时，可以人工费、材料费、机械费合计为基数计算该分项的间接费和利润，见表 3-4。

表 3-4 以直接费为基础的综合单价计价程序

序号	费用项目	计算方法
1	分项直接工程费	人工费+材料费+机械使用费
2	间接费	1×相应费率
3	利润	(1+2)×相应利润率
4	合计	1+2+3
5	含税造价	4×(1+相应税率)

2）当 $C<C_0$ 值的下限时，可以人工费和机械费合计为基数计算该分项的间接费和利润，见表 3-5。

表 3-5 以人工费和机械费为基础的综合单价计价程序

序号	费用项目	计算方法
1	分项直接工程费	人工费+材料费+机械使用费
2	其中人工费和机械费	人工费+机械费

（续）

序　　号	费 用 项 目	计 算 方 法
3	间接费	2×相应费率
4	利润	2×相应利润率
5	合计	1+3+4
6	含税造价	5×(1+相应税率)

3）如果该分项的直接费仅为人工费，无材料费和机械费时，可采用人工费为基数计算该分项的间接费和利润，见表3-6。

表3-6　以人工费为基础的综合单价计价程序

序　　号	费 用 项 目	计 算 方 法
1	分项直接工程费	人工费+材料费+机械使用费
2	直接工程费用人工费	人工费
3	间接费	2×相应费率
4	利润	2×相应利润率
5	合计	1+3+4
6	含税造价	5×(1+相应税率)

第三节　钢结构工程造价的构成与计算

我国现行钢结构工程造价构成主要可划分为设备及工器具购置费用、建筑安装工程费用、工程建设其他费用、预备费、建设期贷款利息、固定资产投资方向调节税等几项。具体内容如图3-1所示。

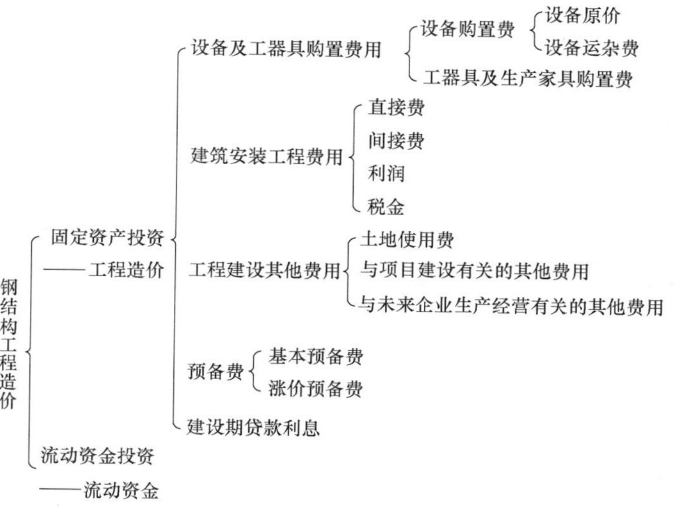

图3-1　现行钢结构工程造价的构成

（一）设备及工器具购置费用构成与计算

设备及工器具购置费用是由设备购置费和工器具及生产家具购置费组成的，是固定投资中的积极部分。在生产性工程建设中，设备及工器具购置费占工程造价的比重的增大，意味着生产技术的进步和资本有机构成的提高。

1. 设备购置费的构成与计算

设备购置费是指为达到固定资产标准，为建设工程项目购置或自制的各种国产或进口设备及工器具的费用。它由设备原价和设备运杂费构成。

设备购置费 = 设备原价 + 设备运杂费

上式中的设备原价是指国产设备或进口设备的原价；设备运杂费是指除设备原价之外的关于设备采购、运输、途中包装及仓库保管等支出费用的总和。

2. 工器具及生产家具购置费的构成及计算

工器具及生产家具购置费是指新建或扩建项目初步设计规定，保证初期正常生产必须购置的没有达到固定资产标准的设备、仪器、工卡模具、器具、生产家具和备品备件等的购置费用。一般以设备购置费为计算基数，按照部门或行业规定的工器具及生产家具费率计算。其计算公式为

工器具及生产家具购置费 = 设备购置费 × 定额费率

（二）建筑安装工程费用构成与计算

建筑安装工程费用由直接费、间接费、利润和税金组成。具体内容如图 3-2 所示。

1. 直接费的构成与计算

直接工程费是指施工过程中耗费的构成工程实体的各项费用，包括人工费、材料费、施工机械使用费。

直接工程费 = 人工费 + 材料费 + 施工机械使用费

（1）人工费　人工费是指直接从事建筑安装工程施工的生产工人开支的各项费用，包括下列五项费用：

1）基本工资，是指发放给工人的基本工资。

2）工资性补贴，是指按规定标准发放的物价补贴，煤、燃气补贴，交通补贴，住房补贴，流动施工津贴等。

3）生产工人辅助工资，是指生产工人年有效施工天数以外非作业天数的工资，包括职工学习、培训期间的工资，调动工作、探亲、休假期间的工资，因气候影响的停工工资，女工哺乳时间的工资，病假在六个月以内的工资及产、婚、丧假期的工资。

4）职工福利费，是指按规定标准计提的职工福利费。

5）生产工人劳动保护费，是指按规定标准发放的劳动保护用品的购置费及修理费，徒工服装补贴，防暑降温费，在有碍身体健康环境中施工的保健费用等。

人工费计算公式为

人工费 = $\sum$（工日消耗量 × 日工资单价）

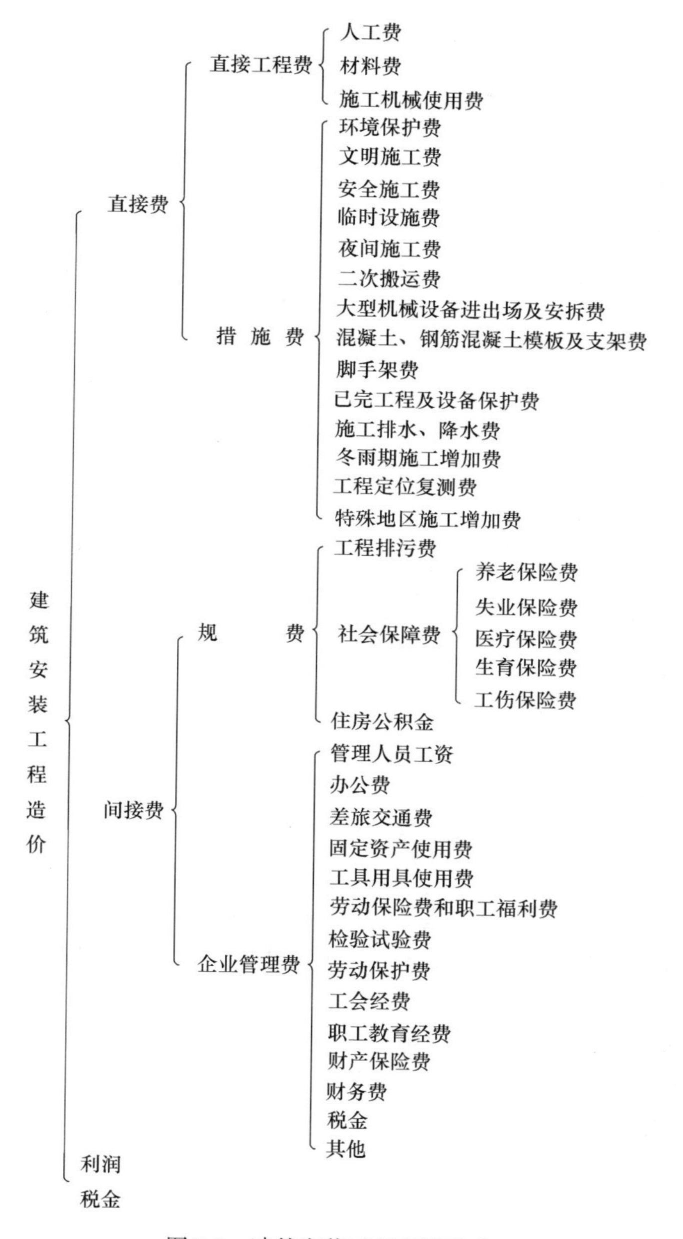

图 3-2 建筑安装工程费用组成

其中：

$$日工资单价(G) = \sum_{i=1}^{5} G_i$$

$$基本工资(G_1) = \frac{生产工人平均月工资}{年平均每月法定工作日}$$

$$工资性补贴(G_2)=\frac{\sum 年发放标准}{全年日历日-法定假日}+\frac{\sum 月发放标准}{年平均每月法定工作日}+每工作日发放标准$$

$$生产工人辅助工资(G_3)=\frac{全年无效工作日\times(G_1+G_2)}{全年日历日-法定假日}$$

$$职工福利费(G_4)=(G_1+G_2+G_3)\times 福利费计提比例(\%)$$

$$生产工人劳动保护费(G_5)=\frac{生产工人年平均支出劳动保护费}{全年日历日-法定假日}$$

（2）材料费　材料费是指施工过程中耗费的构成工程实体的原材料、辅助材料、构配件、零件、半成品的费用，包括下列四项费用：

1）材料原价，即供应价格。

2）材料运杂费，是指材料自来源地运至工地仓库或指定堆放地点所发生的全部费用。

3）运输损耗费，是指材料在运输装卸过程中不避免的损耗。

4）采购及保管费，是指为组织采购、供应和保管材料、工程设备的过程中所需要的各项费用。包括采购费、仓储费、工地保管费、仓储损耗。

材料费计算公式为

$$材料费=\sum(材料消耗量\times 材料基价)$$

其中：

$$材料基价(G)=[(供应价格+运杂费)\times(1+运输损耗率(\%))]\times(1+采购保管费率(\%))$$

（3）施工机械使用费　施工机械使用费是指施工机械作业所发生的机械使用费以及机械安拆费和场外运费，包括下列八项费用：

1）折旧费。折旧费指施工机械在规定的使用年限内，陆续收回原价值及购置资金的时间价值。

2）大修费。大修费指施工机械按规定的大修间隔台班进行的必要的大修理，以恢复其正常功能所需的费用。

3）经常修理费。经常修理费指施工机械除大修以外的各级保养和临时故障排除所需的费用。包括为保障机械正常运转所需替换设备与随机配备工具附件的摊销和维护费用，机械动转中日常保养所需润滑与擦拭的材料费用及机械停滞期间的维护和保养费用等。

4）安拆费及场外运费。安拆费指施工机械在现场进行安装与拆卸所需的人工、材料、机械和试运转费用以及机械辅助设施的折旧、搭设、拆除等费用；场外运费指施工机械整体或分体自停放地点运至施工现场或由一施工地点运至另一施工地点的运输、装卸、辅助材料及架线等费用。

5）人工费。人工费指机上司机和其他操作人员的工作日人工费及上述人员在施工机械规定的年工作台班以外的人工费。

6）燃料动力费。燃料动力费指施工机械在运转作业中所消耗的固体燃料（如煤、木柴）、液体燃料（如汽油、柴油）及水、电等的费用。

7）养路费及车船使用税。养路费及车船使用税指施工机械按照国家规定和有关部门规定应缴纳的养路费、车船使用税、保险费及年检费等。

8）仪表仪器使用费。仪表仪器使用费指工程施工所需使用的仪器仪表的摊销及维修费用。

施工机械使用费计算公式为

$$施工机械使用费=\sum(施工机械台班消耗量\times机械台班单价)$$

台班单价 = 台班折旧费 + 台班大修费 + 台班经常修理费 + 台班安拆费及场外运费 + 台班人工费 + 台班燃料动力费 + 台班养路费及车船使用税 + 仪表仪器使用费

$$仪器仪表使用费=工程使用的仪器仪表摊销费+维修费$$

注：工程造价管理机构在确定计价定额中的施工机械使用费时，应根据《建筑施工机械台班费用计算规则》结合市场调查编制施工机械台班单价。施工企业可以参考工程造价管理机构发布的台班单价，自主确定施工机械使用费的报价，如租赁施工机械，公式为

$$施工机械使用费=\sum(施工机械台班消耗量\times机械台班租赁单价)$$

2. 措施费的构成与计算

措施费是指为了完成工程项目施工，发生于该工程施工前和施工过程中非工程实体项目的费用。包括下列十四项费用：

1）环境保护费，是指施工现场为达到环保部门要求所需要的各项费用。

$$环境保护费=直接工程费\times环境保护费费率$$

$$环境保护费费率(\%)=\frac{本项费用年度平均支出}{全年建安产值\times直接工程费占总造价比例}$$

2）文明施工费，是指施工现场文明施工所需要的各项费用。

$$文明施工费=直接工程费\times文明施工费费率(\%)$$

$$文明施工费费率(\%)=\frac{本项费用年度平均支出}{全年建安产值\times直接工程费占总造价比例}$$

3）安全施工费，是指施工现场安全施工所需要的各项费用。

$$安全施工费=直接工程费\times安全施工费费率(\%)$$

$$安全施工费费率(\%)=\frac{本项费用年度平均支出}{全年建安产值\times直接工程费占总造价比例}$$

4）临时设施费，是指施工企业为进行建筑工程施工所必须搭设的生活和生产用的临时建筑物、构筑物和其他临时设施费用等。临时设施包括临时宿舍、文化福利及公用事业房屋与构筑物，仓库、办公室、加工厂以及规定范围内道路、水、电、管线等临时设施和小型临时设施。临时设施包括周转使用临建（如活动房

屋)、一次性使用临建（如简易建筑)、其他临时设施（如临时管线)。临时设施费计算公式为

$$临时设施费 = (周转使用临建费 + 一次性使用临建费) \times (1 + 其他临时设施所占比例(\%))$$

其中：

$$周转临建费 = \sum\left[\frac{临建面积 \times 每平方米造价}{使用年限 \times 365 \times 利用率} \times 工期(d)\right] + 一次性拆除费$$

$$一次性使用临建费 = \sum 临建面积 \times 每平方米造价 \times (1 - 残值率) + 一次性拆除费$$

其他临时设施所占比例可由各地区造价管理部门依据典型施工企业的成本资料经分析后综合测定。

5）夜间施工费，是指因夜间施工所发生的夜班补助费、夜间施工降效、夜间施工照明设备摊销及照明用电等费用。

$$夜间施工费 = \left(1 - \frac{合同工期}{定额工期}\right) \times \frac{直接工程费中的人工费合计}{平均日工资单价} \times 每工日夜间施工费开支$$

6）二次搬运费，是指因施工场地狭小等特殊情况而发生的二次搬运费用。

$$二次搬运费 = 直接工程费 \times 二次搬运费率(\%)$$

$$二次搬运费率(\%) = \frac{年平均二次搬运费开支额}{全年建安产值 \times 直接工程费占总造价比例}$$

7）冬雨期施工增加费，是指因夜间施工所发生的夜班补助费、夜间施工降效、夜间施工照明设备摊销及照明用电等费用。

$$冬雨期施工增加费 = 计算基数 \times 冬雨期施工增加费费率(\%)$$

8）大型机械设备进出场及安拆费，是指机械整体或分体自停放场地运至施工现场或由一个施工地点运至另一个施工地点，所发生的机械进出场运输及转移费用及机械在施工现场进行安装、拆卸所需的人工费、材料费、机械费、试运转费和安装所需的辅助设施的费用。

$$大型机械设备进出场及安拆费 = \frac{一次进出场及安拆费 \times 年平均安拆次数}{年工作台班}$$

9）混凝土、钢筋混凝土模板及支架费，是指混凝土施工过程中需要的各种钢模板、木模板、支架等的支、拆、运输费用及模板、支架的摊销（或租赁）费用。

$$模板及支架费 = 模板摊销量 \times 模板价格 + 支、拆、运输费$$

$$租赁费 = 模板使用量 \times 使用日期 \times 租赁价格 + 支、拆、运输费$$

其中：

$$摊销量 = 一次使用量 \times (1 + 施工损耗率) \times [1 + (周转次数 - 1) \times 补损率/周转次数 - (1 - 补损率) \times 50\%/周转次数]$$

10）工程定位复测费，是指工程施工过程中进行全部施工测量放线和复测工作的费用。

11）脚手架费，是指施工需要的各种脚手架搭、拆、运输费用及脚手架的摊销（或租赁）费用。

脚手架搭拆费 = 脚手架摊销量 × 脚手架价格 + 搭、拆、运输费

租赁费 = 脚手架每日租金 × 搭设周期 + 搭、拆、运输费

其中：

$$脚手架摊销量 = \frac{单位一次使用量 \times (1 - 残值率)}{耐用期 \div 一次使用期}$$

12）特殊地区施工增加费，是指工程在沙漠或其边缘地区，高海拔、高寒、原始森林等特殊地区施工增加的费用。

13）已完工程及设备保护费，是指竣工验收前，对已完工程及设备进行保护所需费用。

已完工程及设备保护费 = 成品保护所需机械费 + 材料费 + 人工费

14）施工排水、降水费，是指为确保工程在正常条件下施工，采取各种排水、降水措施所发生的各种费用。

排水、降水费 = Σ排水、降水机械台班费 × 排水、降水周期 + 排水、降水使用材料费、人工费

对于措施费的计算，此处只列通用措施费项目的计算方法，各专业工程的专用措施费项目的计算方法由各地区或国务院有关专业主管部门的工程造价管理机构自行制定。

3. 间接费的构成与计算

间接费由规费、企业管理费组成。

（1）规费的构成及计算　规费是指政府和有关部门规定必须缴纳的费用。包括以下三项费用：

1）工程排污费，是指施工现场按规定缴纳的工程排污费。

2）社会保障费，包括养老保险费、失业保险费、生育保险费、工伤保险费和医疗保险费，这五项费用是指企业按照规定标准为职工缴纳的费用。

3）住房公积金，是指企业按规定标准为职工缴纳的住房公积金。

（2）企业管理费构成与计算　企业管理费是指建筑安装企业组织施工生产和经营管理所需费用。主要包括下列十四项费用：

1）管理人员工资，是指管理人员的基本工资、工资性补贴、职工福利费、劳动保护费等。

2）办公费，是指企业管理办公用的文具、纸张、账表、印刷、邮电、书报、会议、水电、烧水和集体取暖（包括现场临时宿舍取暖）用燃料等费用。

3）差旅交通费，是指职工因公出差、调动工作的差旅费、住勤补助费，市内交通费和误餐补助费，职工探亲路费，劳动力招募费，职工退休、退职一次性路费，工伤人员就医路费，工地转移费以及管理部门使用的交通工具的油料、燃料、养路费及牌照费。

4）固定资产使用费，是指管理和试验部门及附属生产单位使用的属于固定资产的房屋、设备仪器等的折旧、大修、维修或租赁费。

5）工具用具使用费，是指管理使用的不属于固定资产的生产工器具、家具、交通工具和检验、试验、测绘、消防用具等的购置、维修和返销费。

6）劳动保险费和职工福利费，是指由企业支付离退休职工的易地安家补助费、职工退职金、六个月以上的病假人员工资，按规定支付给离休干部的各项经费。

7）劳动保护费，是指企业按规定发放的劳动保护用品的支出。如工作服、手套、防暑降温饮料以及在有碍身体健康的环境中施工的保健费用等。

8）检验试验费，是指施工企业按照有关标准规定，对建筑材料、构件和建筑安装物进行一般鉴定、检查所发生的费用，包括自设试验室进行试验所耗用的材料等费用。不包括新结构、新材料的试验费，对构件做破坏性试验及其他特殊要求检验试验的费用和建设单位委托检测机构进行检测的费用，对此类发生的费用，由建设单位在工程建设其他费用中列支。但对施工企业提供的具有合格证明材料进行检测不合格的，该检测费用由施工企业支付。

$$检验试验费 = \sum(单位材料量检验试验费 \times 材料消耗量)$$

9）工会经费，是指企业按职工工资总额计提的工会经费。

10）职工教育经费，是指企业为职工学习先进技术和提高文化水平，按职工工资总额计提的费用。

11）财产保险费，是指施工管理用财产、车辆保险。

12）财务费，是指企业为筹集资金而发生的各种费用。

13）税金，是指企业按规定缴纳的房产税、车船使用税、土地使用税、印花税等。

14）其他，包括技术转让费、技术开发费、投标费、业务招待费、绿化费、广告费、公证费、法律顾问费、审计费、咨询费、保险费等。

间接费的计算公式：

以直接费为计算基础：

$$间接费 = 直接费合计 \times 间接费费率$$

以人工费和机械费合计为计算基础：

$$间接费 = 人工费和机械费合计 \times 间接费费率$$

以人工费为计算基础：

$$间接费 = 人工费合计 \times 间接费费率$$

其中：

$$间接费费率 = 规费费率 + 企业管理费费率$$

上式中，根据本地区典型工程发承包价的分析资料综合取定规费计算中所需数据，规费费率的计算公式如下。

以直接费为计算基础：

$$规费费率=\frac{\sum 规费缴纳标准\times 每万元发承包价计算基数}{每万元发承包价中的人工费含量}\times 人工费占直接费的比例$$

以人工费和机械费合计为计算基础：

$$规费费率=\frac{\sum 规费缴纳标准\times 每万元发承包价计算基数}{每万元发承包价中的人工费含量和机械费含量}\times 人工费占直接费的比例$$

以人工费为计算基础：

$$规费费率=\frac{\sum 规费缴纳标准\times 每万元发承包价计算基数}{每万元发承包价中的人工费含量}\times 人工费占直接费的比例$$

上式中，企业管理费费率的计算公式：

以直接费为计算基础：

$$企业管理费费率=\frac{生产工人年平均管理费}{年有效施工天数\times 人工单价}\times 人工费占直接费的比例$$

以人工费和机械费合计为计算基础：

$$企业管理费费率=\frac{生产工人年平均管理费}{年有效施工天数\times(人工单价+每一工日机械使用费)}\times 100\%$$

以人工费为计算基础：

$$企业管理费费率=\frac{生产工人年平均管理费}{年有效施工天数\times 人工单价}\times 100\%$$

4. 利润的计算

利润是指施工企业完成所承包工程获得的盈利。利润的计算参见表3-4、表3-5、表3-6中利润的计算方法。

5. 税金的构成与计算

税金是指国家税法规定的应计入建筑安装工程造价内的营业税、城市维护建设税、教育费附加及地方教育附加等。

1）营业税。营业额是指纳税人从事建筑、安装、修缮、装饰及其他工程作业收取的全部收入，还包括建筑、修缮、装饰工程所用材料及其他物质和动力的价款在内，当安装的设备的价值作为安装工程产值时，也包括所安装设备的价款。但建筑工程分包给其他单位的，以其取得的全部价款和价外费用扣除其支付给其他单位的分包款后的余额作为营业额。

建筑业营业税税额为营业额的3%。

2）城市维护建设税。城市维护建设税是我国为了加强城市的维护建设，扩大和稳定城市维护建设资金的来源，对有经营收入的单位和个人征收的一个税种。

纳税人所在地为市区的，城建税按营业税的7%征收；纳税人所在地为县城、镇的，城建税按营业税的5%征收；纳税人所在地不在市区或县城、镇的，城建税按营业税的1%征收，并与营业税同时交纳。

3）教育费附加。教育费附加是对缴纳增值税、消费税、营业税的单位和个人征收的一种附加费。

教育费附加一律按营业税的3%征收，也同营业税同时交纳。即使办有职工子弟学校的建筑企业，也应当先交纳教育费附加，教育部门可根据企业的办学情况，酌情返还给办学单位，作为对办学经费的补贴。

根据上述规定，现行应缴纳的税金计算公式为

$$\text{税金}=(\text{税前造价}+\text{利润})\times\text{税率}$$

其中，税率的计算公式如下。

纳税地点在市区的企业：

$$\text{综合税率}=\frac{1}{1-3\%-3\%\times7\%-3\%\times3\%-3\%\times2\%}-1$$

纳税地点在县城、镇的企业：

$$\text{综合税率}=\frac{1}{1-3\%-3\%\times5\%-3\%\times3\%-3\%\times2\%}-1$$

纳税地点不在市区、县城、镇的企业：

$$\text{综合税率}=\frac{1}{1-3\%-3\%\times1\%-3\%\times3\%-3\%\times2\%}-1$$

实行营业税改增值税的，按纳税地点现行税率计算。

4）地方教育附加。

（三）工程建设其他费用

工程建设其他费用是指从工程筹建起到工程竣工验收交付使用止的整个建设期间，除建筑安装工程费用和设备、工器具购置费用以外的，为保证工程建设顺利完成和交付使用后能够正常发挥效用而发生的各项费用的总和。包括下列三大项内容：

1. 土地使用费

土地使用费是指通过划拨方式取得土地使用权而支付的土地征用及迁移补偿费，或者通过土地使用权出让方式取得土地使用权而支付的土地使用权出让金。

（1）土地征用及迁移补偿费　它是指建设项目通过划拨方式取得无限期的土地使用权，依据《中华人民共和国土地管理法》规定所支付的费用。其总和一般不得超过被征土地年产值的30倍，土地年产值按该地被征用前3年的平均产量和国家规定的价格计算。包括土地补偿费，青苗补偿费和被征用土地上的房屋、水井、树木等附着物补偿费，安置补助费，缴纳的耕地占用税或城镇土地使用税、土地登记费及征地管理费，征地运迁费，水利水电工程水库淹没处理补偿费六项内容。

1）土地补偿费。征用耕地（包括菜地）具体补偿标准，由省、自治区、直辖市人民政府在该耕地被征用前三年平均年产值的6～10倍范围内制定。征用园地、鱼塘、藕塘、苇塘、宅基地、林地、牧场、草原等的补偿标准，由省、自治区、直

辖市参照征用耕地的土地补偿费制定。征用无收益的土地，不予补偿。土地补偿费归农村集体经济组织所有。

2）青苗补偿费和被征用土地上的房屋、水井、树木等附着物补偿费。具体补偿标准由省、自治区、直辖市人民政府制定。征用城市郊区的菜地时，还应按照有关规定向国家缴纳新菜地开发建设基金。地上附着物及青苗补偿费归地上附着物及青苗的所有者所有。

3）安置补助费。征用耕地、菜地的，每个农业人口的安置补助费为该地被征用前三年平均年产值的4～6倍，每亩（1亩=666.6m^2）耕地的安置补助费最高不得超过其年产值的15倍。

4）缴纳的耕地占用税或城镇土地使用税、土地登记费及征地管理费。具体标准由县市土地管理机关从征地费中提取土地管理费的比率，按征地工作量的大小，视不同情况，在1%～4%幅度内提取。

5）征地运迁费。包括征用土地上的房屋及附属构筑物、城市公共设施等拆除、迁建补偿费，搬迁运输费，企业单位因搬迁造成的减产、停工损失补贴费，拆迁管理费等。

6）水利水电工程水库淹没处理补偿费。包括农村移民安置迁建费，城市迁建补偿费，库区工矿企业、交通、电力、通信、广播、管网、水利等的恢复、迁建补偿费，库底清理费，防护工程费，环境影响补偿费用等。

（2）土地使用权出让金　它是指建设工程通过土地使用权出让方式，取得有限期的土地使用权，依照《中华人民共和国城镇国有土地使用权出让和转让暂行条例》规定，支付的土地使用权出让金。内容如下：

1）明确国家是城市土地的唯一所有者，并分层次、有偿、有限期地出让、转让城市土地。第一层是城市政府将国有土地使用权出让给用地者，该层次由城市政府垄断经营。出让对象可以是有法人资格的企事业单位，也可以是外商。第二层及以下层次的转让则发生在使用者之间。

2）城市土地的出让和转让可采用协议、招标、公开拍卖等方式。协议方式适用于市政工程、公益事业用地以及需要减免地价的机关、部队用地和需要重点扶持、优先发展的产业用地；招标方式适用于一般工程建设用地；公开拍卖适用于盈利高的行业用地。

3）关于政府有偿出让土地使用权的年限，各地可根据时间、区位等各种条件作不同的规定，居住用地70年，工业用地50年。教育、科技、文化、卫生、体育用地50年，商业、旅游、娱乐用地40年，综合或其他用地50年。

4）土地在有偿出让和转让时，政府对地价不作统一规定，但应坚持三个原则：一是地价对目前的投资环境不产生大的影响，二是地价与当地的社会经济承受能力相适应，三是地价要考虑已投入的土地开发费用、土地市场供求关系、土地用途和使用年限。

5）土地有偿出让和转让，土地使用者和所有者要签约，明确使用者对土地享有的权利和对土地所有者应承担的义务。有偿出让和转让使用权，要向土地受让者征收契税；转让土地如有增值，要向转让者征收土地增值税；在土地转让期间，国家要区别不同地段、不同用途向土地使用者收取土地占用费。

（3）城市建设配套费　它是指因进行城市公共设施的建设而分摊的费用。

（4）拆迁补偿与临时安置补助费　拆迁补偿是指拆迁人对被拆迁人，按照有关规定予以补偿所需的费用。补偿形式可分为产权调换和货币补偿两种形式。产权调换的面积按照所拆迁房屋的建筑面积计算；货币补偿的金额按照被拆迁人或者房屋承租人支付搬迁补助费。在过渡期内，被拆迁人或者房屋承租人自行安排住处的，拆迁人应当支付临时安置补助费或搬迁补助费。

2. 与工程建设有关的其他费用

与工程建设有关的其他费用的构成因项目的不同而不尽相同，一般包括下列八项内容：

（1）建设单位管理费　它是指建设单位为了进行建设项目的筹建、建设、试运转、竣工验收和项目后评估等全过程管理所需的各项管理费用。

（2）勘察设计费　它是指委托有关咨询单位进行可行性研究、项目评估决策及设计文件等工作按规定支付的前期工作费用，或委托勘察、设计单位进行勘察、设计工作按规定支付的勘察设计费用，或在规定的范围内由建设单位自行完成有关的可行性研究或勘察设计工作所需的有关费用。

勘察设计费一般按照原国家计委颁发的有关勘察设计的收费标准和有关规定进行计算，随着勘察设计招标投标活动的逐步推行，这项费用也应结合建筑市场的具体情况进行确定。

（3）研究试验费　它是指为建设项目提供和验证设计参数、数据、资料等进行必要试验所需的费用以及设计规定在施工中必须进行试验和验证所需的费用，主要包括自行或委托其他部门研究试验所需的人工费、材料费、试验设备及仪器使用费等。该项费用一般根据设计单位针对本建设项目需要所提出的研究试验内容和要求进行计算。

（4）建设单位临时设施费　它是指建设单位在项目建设期间所需的有关临时设施的搭设、维修、摊销或租赁费用。建设单位临时设施主要包括临时宿舍、文化福利和公用事业房屋、构筑物、仓库、办公室、加工厂、道路、水电管线等。该项费用，新建工程项目一般按照建筑安装工程费用的1%计算；改扩建工程项目一般可按小于建筑安装工程费用的0.6%计算。

（5）工程监理费　它是指建设单位委托监理单位对工程实施监理工作所需的各项费用。广泛推行建设工程监理制是我国工程建设领域管理体制的重大改革，主要有以下两种计费方法，一是按照监理工程概算或预算的0.03%～2.50%计算；二是按照监理人员的年度平均人数乘以3万～5万元/（人·年）计算。

（6）工程保险费　它是指建设项目在建设期间根据工程需要实施工程保险所需的费用，一般包括以各种建筑工程及其在施工过程中的物料、机器设备为保险标的的建筑工程一切险，以安装工程中的各种物料、机器设备为保险标的的安装工程一切险，以及机器损坏保险等所支出的保险费用。

该项费用一般根据不同的工程类别，按照其建筑安装工程费用乘以相应的建筑安装工程保险费率进行计算。

（7）引进技术和进口设备其他费用　它是指本建设项目因引进技术和进口设备而发生的相关费用，主要包括出国人员费用、国外工程技术人员来华费用、技术引进费、担保费、分期或延期付款利息、进口设备检验鉴定费六项费用。各项费用具体内容如下：

1）出国人员费用，是指为引进技术和进口设备派出人员在国外培训和进行设计联系，以及材料、设备检验等的差旅费、服装费、生活费等，一般按照设计规定的出国培训和工作的人数、时间、派往的国家，按财政部和外交部规定的临时出国人员费用开支标准进行计算。

2）国外工程技术人员来华费用，是指为引进国外技术和安装进口设备等聘用国外工程技术人员进行技术指导工作所发生的技术服务费、工资、生活补贴、差旅费、住宿费、招待费等，一般按照签订合同所规定的人数、期限和有关标准进行计算。

3）技术引进费，是指为引进国外先进技术而支付的专利费、专有技术费、国外设计及技术资料费等，一般按照合同规定的价格进行计算。

4）担保费，是指国内金融机构为买方出具保函的担保费，一般按照有关金融机构规定的担保费率进行计算。

5）分期或延期付款利息，是指利用出口信贷引进技术或进口设备采取分期或延期付款的办法所支付的利息。

6）进口设备检验鉴定费，是指进口设备按规定必须交纳给商品检验部门的进口设备检验鉴定费，一般按照进口设备货价的百分比计算。

（8）工程承包费　它是指具有工程总承包条件的公司对建设项目从开始到竣工投产全过程进行总承包所需要的管理费用，一般包括组织勘察设计、设备材料采购、非标设备设计制造与销售、施工招标、发包、工程预决算、项目管理、施工质量监督、隐蔽工程检查、工程验收和竣工投产等工作所发生的各项管理费用。该项费用一般按照国家主管部门或各地政府部门规定的工程承包费的取费标准，按照投资估算的百分比进行计算。不实行工程承包的项目不能计算本项费用。

3. 与未来企业生产经营有关的其他费用

与未来企业生产经营有关的其他费用包括以下几项费用：

（1）联合试运转费　它是指新建企业或新增加生产工艺过程的扩建企业在竣工验收前按照设计规定的工程质量标准，进行整个车间的负荷或无负荷联合试运转发生的费用中支出大于试运转收入的亏损部分。内容包括：试运转所需的原料、燃料、油料和动力的费用；机械使用费用；低值易耗品和其他物品的购置费用；施工单位参加联合试运转人员的工资等。

(2) 生产准备费的内容　生产准备费包括生产人员培训费（包括自行培训、委托其他单位培训的人员的工资、工资性补贴、职工福利费、差旅交通费、学习资料费、学习费、劳动保护费等）；生产单位提前进场参加施工、设备安装、调试等以及熟悉工艺流程及设备性能等人员的工资、工资性补贴、职工福利费、差旅交通费、劳动保护费等。

(3) 办公及生活家具购置费　它是指为保证新建、改建、扩建项目初期正常生产、使用和管理所必须购置的办公和生活家具、用具的费用。

(四) 预备费

按我国现行规定，预备费包括基本预备费和涨价预备费。

(1) 基本预备费　它是指在初步设计和概算中难以预料的费用。基本预备费的具体内容包括：进行技术设计、施工图设计和施工过程中，在批准的初步设计范围内所增加的工程及费用；由于一般自然灾害所造成的损失和预防自然灾害所采取的措施费用；工程竣工验收时，为鉴定工程质量，必须开挖和修复的隐蔽工程的费用。基本预备费一般按工程费用和其他费用之和为计算基数，乘以基本预备费率进行计算。

基本预备费 = (设备工器具购置费 + 建筑安装工程费用 + 工程建设其他费用)
×基本预备费率

基本预备费率的取值应执行国家及部门的有关规定。

(2) 涨价预备费　它是指从估算时到项目建成期间内因物价上涨而引起的工程造价变化的预测预留费用。涨价预备费一般根据国家规定的投资综合价格指数，以估算年份价格水平的投资额为基数，采用复利方法计算。计算公式为

$$PF = \sum_{t=1}^{n} I_t[(1+f)^t - 1)]$$

式中　PF——涨价预备费；

n——建设期年份数；

I_t——建设期中第 t 年的计划额，包括设备及工器具购置费、建筑安装费、工程建设其他费用及基本预备费；

f——年投资价格上涨率。

(五) 财务费用与建设期贷款利息

(1) 财务费用　为了筹措建设项目资金所发生的各项财务费用，包括工程建设期间投资贷款利息、企业债券发行费、国外借款手续费和承诺费、汇兑净损失及调整外汇手续费、金融机构手续费以及为筹措建设资金发生的其他财务费用等。其中最主要的是在工程项目建设期投资贷款而产生的利息。

（2）建设期贷款利息　建设期投资贷款利息是指建设项目使用银行或其他金融机构的贷款，在建设期应归还的借款的利息。建设项目筹建期间借款利息，按规定可以计入购建资产的价值或开办费。贷款机构在贷出款项时，一般都是按复利考虑的。作为投资者来说，在项目建设期间，投资项目一般没有还本付息的资金来源，即使按要求还款，其资金也可能是通过再申请借款来支付的。

当项目建设期长于一年时，为简化计算，可假定借款发生当年均在年中支用，按半年计息，年初欠款按全年计息，这样建设期投资贷款的利息可按下式计算：

$$q_j = \left(P_{j-1} + \frac{1}{2}A_j\right)i$$

式中　q_j——建设期第 j 年应计利息；

P_{j-1}——建设期第 $j-1$ 年末贷款累计金额与利息累计金额之和；

A_j——建设期第 j 年贷款金额；

i——年利率。

第四章　钢结构工程定额计价

第一节　定额的概念、特点、作用及分类

一、定额的概念

建设工程定额是指在正常的施工条件和合理劳动组织、合理使用材料及机械的条件下，完成单位合格产品所必须消耗资源的数量标准，其中的资源主要包括在建设生产过程中所投入的人工、机械、材料和资金等生产要素。建设工程定额反映了工程建设投入与产出的关系，它一般除了规定的数量标准以外，还规定了具体的工作内容、质量标准和安全要求等。同时，也反映一定时期社会生产力水平。

二、工程定额的特点

工程定额具有以下五个特点：

1. 科学性特点

工程建设定额的科学性包括两重含义：一重含义是指工程建设定额和生产力发展水平相适应，反映出工程建设中生产消费的客观规律；另一重含义是指工程建设定额管理在理论、方法和手段上适应现代科学技术和信息社会发展的需要。

工程建设定额的科学性，首先表现在用科学的态度制定定额，尊重客观实际，力求定额水平合理；其次表现在制定定额的技术方法上，利用现代科学管理的成就，形成一套系统的、完整的、在实践中行之有效的方法；再次，表现在定额制定和贯彻的一体化。制定是为了提供贯彻的依据，贯彻是为了实现管理的目标，也是对定额的信息反馈。

2. 系统性特点

工程建设定额是相对独立的系统。它是由多种定额结合而成的有机的整体。它的结构复杂，有鲜明的层次，有明确的目标。

工程建设定额的系统性是由工程建设的特点决定的。按照系统论的观点，工程建设就是庞大的实体系统。工程建设定额是为这个实体系统服务的。因而工程建设本身的多种类、多层次就决定了以它为服务对象的工程建设定额的多种类、多层次。从整个国民经济来看，进行固定资产生产和再生产的工程建设，是由多项工程集合的整体。其中包括农林水利、轻纺、机械、煤炭、电力、石油、冶金、化工、建材工业、交通运输、邮电工程，以及商业物资、科学教育文化、卫生体育、社会

福利和住宅工程等。这些工程的建设都有严格的项目划分，如建设项目、单项工程、单位工程、分部分项工程；在计划和实施过程中有严密的逻辑阶段，如规划、可行性研究、设计、施工、竣工交付使用以及投入使用后的维修。与此相适应，必然形成工程建设定额的多种类、多层次。

3. 统一性特点

工程建设定额的统一性，主要是由国家对经济发展的计划的宏观调控职能决定的。为了使国民经济按照既定的目标发展，就需要借助于某些标准、定额、参数等，对工程建设进行规划、组织、调节、控制。而这些标准、定额、参数必须在一定范围内是一种统一的尺度，才能实现上述职能，才能利用它对项目的决策、设计方案、投标报价、成本控制进行比较和评价。

工程建设定额的统一性按照其影响力和执行范围来看，有全国统一定额、地区统一定额和行业统一定额等；按照定额的制定、颁布和贯彻使用来看，有统一的程序、统一的原则、统一的要求和统一的用途。

在生产资料私有制的条件下，定额的统一性是很难想象的，充其量也只是工程量计算规则的统一和信息提供。我国工程建设定额的统一性和工程建设本身的巨大投入和巨大产出有关。它对国民经济的影响不仅表现在投资的总规模和全部建设项目的投资效益等方面，而且往往表现在具体建设项目的投资数额及其投资效益方面。因而需要借助统一的工程建设定额进行社会监督。这一点和工业生产、农业生产中的工时定额、原材料定额也是不同的。

4. 权威性特点

工程建设定额具有很强的权威性，这种权威性在一些情况下具有经济法规性质。权威性反映统一的意志和统一的要求，也反映信誉和信赖程度以及定额的严肃性。

工程建设定额的权威性的客观基础是定额的科学性。只有科学的定额才具有权威。但是在社会主义市场经济条件下，它必须涉及各有关方面的经济关系和利益关系。赋予工程建设定额一定的权威性，就意味着在规定的范围内，对于定额的使用者和执行者来说，不论主观上愿意还是不愿意，都必须按定额的规定执行。在当前市场不规范的情况下，赋予工程建设定额权威性是十分重要的。但在竞争机制引入工程建设的情况下，定额的水平必然会受市场供求状况的影响，从而在执行中可能产生定额水平的浮动。

应该提出的是，在社会主义市场经济条件下，对定额的权威性不应绝对化。定额的科学性会受到人们认识的局限，定额的权威性会受到限制。随着投资体制的改革和投资主体多元化格局的形成，随着企业经营机制的转换，它们都可以根据市场的变化和自身的情况，自主地调整自己的决策行为。一些与经营决策有关的工程建设定额的权威性特征，自然也就弱化了。但直接与施工生产相关的定额，在企业经营机制转换和增长方式的要求下，其权威性还必须进一步强化。

5. 稳定性和时效性

工程建设定额中的任何一种都是一定时期技术发展和管理水平的反映，因而在一段时间内必须处于相对稳定的状态。稳定的时间有长有短，一般在5～10年。保持定额的稳定性是维护定额的权威性所必需的，更是有效地贯彻定额所必需的。如果某种定额处于经常修改变动之中，那么必然造成执行中的困难和混乱，使人们感到没有必要去认真对待它，很容易导致定额权威性的丧失。工程建设定额的不稳定也会给定额的编制工作带来极大的困难。但是工程建设定额的稳定性是相对的。当生产力向前发展了，定额就会与已经发展了的生产力不相适应。这样，原有的作用就会逐步减弱以致消失，需要重新编制或修订。

三、工程定额的作用

建筑工程定额具有以下几方面作用：

1. 定额是编制工程计划、组织和管理施工的重要依据

为了更好地组织和管理施工生产，必须编制施工进度计划和施工作业计划。在编制计划和组织管理施工生产中，直接或间接地要以各种定额来作为计算人力、物力和资金需用量的依据。

2. 定额是确定建筑工程造价的依据

在有了设计文件规定的工程规模、工程数量及施工方法之后，即可依据相应定额所规定的人工、材料、机械台班的消耗量，以及单位预算价值和各种费用标准来确定建筑工程造价。

3. 定额是建筑企业实行经济责任制的重要环节

当前，全国建筑企业正在全面推行经济改革，而改革的关键是推行投资包干制和以招标、投标、承包为核心的经济责任制。其中签订投资包干协议、计算招标标底和投标报价、签订总包和分包合同协议等，通常都以建筑工程定额为主要依据。

4. 定额是总结先进生产方法的手段

定额是在平均先进合理的条件下，通过对施工生产过程的观察、分析综合制定的。它比较科学地反映出生产技术和劳动组织的先进合理程度。因此，我们可以以定额的标定方法为手段，对同一建筑产品在同一施工操作条件下的不同生产方式进行观察、分析和总结，从而得出一套比较完整的先进生产方法，在施工生产中推广应用，使劳动生产率得到普遍提高。

四、工程定额的分类

建设工程定额是工程建设中各类定额的总称。为对建设工程定额有一个全面的了解，可以按照不同的原则和方法对其进行科学的分类。

1. 按照反映的生产要素消耗内容分类

按照反映的生产要素消耗内容，可将建设工程定额分为劳动消耗定额、材料消耗定额和机械台班定额。

1）劳动消耗定额简称劳动定额，也称为人工定额，是指完成一定数量的合格产品（工程实体或劳务）规定活劳动消耗的数量标准。劳动定额大多采用工作时间消耗量来计算劳动消耗的数量。劳动定额的主要表现形式是时间定额，但同时也表现为产量定额。时间定额与产量定额互为倒数。

2）材料消耗定额简称材料定额，是指完成一定数量的合格产品所消耗材料的数量标准。

3）机械台班定额又称机械消耗定额，是以一台机械一个工作班为计量单位，机械消耗定额是指为完成一定数量的合格产品（工程实体或劳务）所规定的施工机械消耗的数量标准。机械消耗定额的主要表现形式是机械时间定额，同时也表现为产量定额。

2. 按照编制程序和用途分类

按照编制程序和用途，可将建设工程定额分为施工定额、预算定额（基础定额）、概算定额、概算指标、投资估算指标五种。

1）施工定额是以同一性质的施工过程或工序作为研究对象，表示生产产品数量与时间消耗综合关系的定额。施工定额是施工企业（建筑安装企业）为组织生产和加强管理在企业内部使用的一种定额，属于企业定额的性质。施工定额是工程建设定额中分项最细、定额子目最多的一种定额，也是工程建设定额中的基础性定额。施工定额主要直接用于工程的施工管理，同时也是编制预算定额的基础。

2）预算定额是以建筑物或构筑物各个分部分项工程为对象编制的定额。包括劳动定额、机械台班定额、材料消耗定额三个基本部分，是一种计价性定额。预算定额是以施工定额为基础综合扩大编制的，同时也是编制概算定额的基础。它是编制施工图预算的重要基础，同时它也可以用作编制施工组织设计、施工技术财务计划的参考。

3）概算定额是以扩大的分部分项工程为对象编制的，计算和确定劳动、机械台班、材料消耗量所使用的定额，也是一种计价性定额。概算定额一般是在预算定额的基础上综合扩大而成的，每一综合分项概算定额都包含了数项预算定额。它是编制扩大初步设计概算、确定建设项目投资额的依据。

4）概算指标是预算定额的扩大与合并，它是以整个建筑物和构筑物为对象，以更为扩大的计量单位来编制的，包括劳动、机械台班、材料定额三个基本部分，同时还列出了各结构分部的工程量及单位建筑工程（以体积计或面积计）的造价，是一种计价定额。概算指标的设定和初步设计的深度相适应，一般是在概算定额和预算定额的基础上编制的，是设计单位编制设计概算或建设单位编制年度投资计划的依据，也可作为编制估算指标的基础。

5）投资估算指标是计算投资需要量时使用的一种定额，是合理确定项目投资的基础。它非常概略，往往以独立的单项工程或完整的工程项目为计算对象，编制内容是所有项目费用之和。投资估算指标比其他各种计价定额具有更大的综合性和概括性，其主要作用是为项目决策和投资控制提供依据。

3. 按照专业性质分类

按照专业性质，可将建设工程定额分为全国通用定额、行业通用定额和专业专用定额。

1）全国通用定额是指在部门间和地区间都可以使用的定额。

2）行业通用定额是指具有专业特点在行业部门内可以通用的定额。

3）专业专用定额是特殊专业的定额，只能在指定的范围内使用。

4. 按照主编单位和管理权限分类

按照主编单位和管理权限，可将建设工程定额分为全国统一定额、行业统一定额、地区统一定额、企业定额、补充定额。

1）全国统一定额是由国家建设行政主管部门，综合全国工程建设中技术和施工组织管理的情况编制，并在全国范围内执行的定额。

2）行业统一定额是由行业建设行政主管部门，考虑到各行业部门专业工程技术特点以及施工生产和管理水平所编制的，一般只在本行业和相同专业性质的范围内使用。

3）地区统一定额是由地区建设行政主管部门，考虑地区性特点和全国统一定额水平作适当调整和补充而编制的，仅在本地区范围内使用。

4）企业定额是指由施工企业考虑本企业的具体情况，参照国家、部门或地区定额进行编制，只在本企业内部使用的定额。企业定额水平应高于国家现行定额，才能满足生产技术发展、企业管理和增强市场竞争能力的需要。

5）补充定额是指随着设计、施工技术的发展，在现行定额不能满足需要的情况下，为了补充缺陷所编制的定额。补充定额只能在指定的范围内使用，可以作为以后修订定额的基础。

第二节　基础定额编制内容及换算方法

一、基础定额编制内容

自 1995 年 12 月 15 日起，由原建设部发布在全国统一执行《全国统一建筑工程基础定额（土建工程）》（GJD 101—1995）。此基础定额内容包括：总说明、14 个分部工程的基础定额表及附表。其中 14 个分部工程分别为土石方、桩基础、脚手架、砌筑、混凝土及钢筋混凝土、构件运输及安装、门窗及木结构、楼地面、屋面及防水、防腐保温隔热、装饰、金属结构制作、建筑工程垂直运输、建筑物超高降效；分部工程基础定额表内容包括综合工日、材料耗用、机械台班定额。

（一）总说明

1. 基础定额的功能

基础定额是完成规定计量单位分项工程计价的人工、材料、施工机械台班消耗量标准；是统一全国建筑工程预算工程量计算规则、项目划分、计量单位的依据；是编制建筑工程（土建部分）地区单位估价表、确定工程造价、编制概算定额及投资估算指标的依据，也可作为制定招标工程标底、企业定额和投标报价的基础。

2. 基础定额的适用范围

基础定额适用于工业与民用建筑的新建、扩建、改建工程。

3. 基础定额编制遵循的施工条件及工艺

基础定额是按照正常的施工条件，目前多数建筑企业的施工机械装备程度，合理的施工工期、施工工艺、劳动组织为基础编制的，反映了社会平均消耗水平。

4. 基础定额编制依据

基础定额是依据现行有关国家产品标准、设计规范和施工质量验收规范、安全操作规程编制的，并参考了行业、地方标准以及有代表性的工程设计、施工资料和其他资料。

5. 人工工日消耗量的确定原则

1）基础定额人工工日不分工种、技术等级，一律以综合工日表示。内容包括基本用工、超运距用工、人工幅度差、辅助用工。其中基本用工以现行《全国建筑安装工程统一劳动定额》为基础计算，缺项部分，参考地区现行定额及实际调查资料计算。凡依据劳动定额计算的，均按规定计入人工幅度差；根据施工实际需要计算的，未计入人工幅度差。

2）机械土石方、桩基础、构件运输及安装等工程，人工随机械产量计算的，人工幅度差按机械幅度差计算。

3）现行劳动定额允许各省、自治区、直辖市调整的部分，基础定额未予考虑。

6. 材料消耗量的确定原则

1）基础定额中的材料消耗包括主要材料、辅助材料、零星材料等，凡能计量的材料、成品均按品种、规格逐一列出数量，并计入了相应损耗，其内容和范围包括：从工地仓库、现场集中堆放地点或现场加工地点至操作或安装地点的运输损耗、施工操作损耗、施工现场堆放损耗。其他材料费以该项目材料费之和的百分率表示。

2）混凝土、砌筑砂浆、抹灰砂浆及各种胶泥等均按半成品消耗量以体积（m^3）表示，其配合比是按现行规范规定计算的，各省、自治区、直辖市可按当地材料质量情况调整其配合比和材料用量。

3）施工措施性消耗部分，周转性材料按不同施工方法、不同材质分别列出一次使用量（在相应章后以附录列出）和一次摊销量。

4）施工工具用具性消耗材料，归入建筑安装工程费用定额中工具用具使用费项，不再列入定额消耗量之内。

7. 施工机械台班消耗量的确定原则

1）挖掘机械、打桩机械、吊装机械、运输机械（包括推土机、铲土及构件运输机械等）分别按机械、容量或性能及工作对象，按单机或主机与配合辅助机械，分别以台班消耗量表示。

2）随工人班组配备的中小型机械，其台班消耗量列入相应的定额项目内。

3）基础定额中的机械类型、规格是按常用机械类型确定的，各省、自治区、直辖市、国务院有关部门如需重新选用机型、规格时，可按选用的机型、规格调整台班消耗量。

4）基础定额中均已包括材料、成品、半成品从工地仓库、现场集中堆放地点或现场加工地点至操作安装地点的水平和垂直运输所需的人工和机械消耗量。如发生再次搬运的，应在建筑安装工程费用定额中二次搬运费项下列支。预制钢筋混凝土构件和钢构件安装是按机械回转半径15m以内运距考虑的。

8. 建筑物超高时人工、机械降效计算

基础定额除脚手架、垂直运输机械台班定额已注明其适用高度外，均是按建筑物檐口高度20m以下编制的；檐口高度超过20m时，另按基础定额建筑物超高增加人工、机械台班定额项目计算。

9. 基础定额适用的地区海拔及地震烈度规定

基础定额适用于海拔高程2000m以下，地震烈度7度以下地区，超过上述情况时，可结合高原地区的特殊情况和地震烈度要求，由各省、自治区、直辖市或国务院有关部门制定调整办法。

10. 各种材料、构配件检验试验开支

各种材料、构件及配件所需的检验试验开支应在建筑安装工程费用定额中的检验试验费项下列支，不计入基础定额。

11. 工程内容的范围

基础定额的工程内容中已说明了主要的施工工序，次要工序虽未说明，均已考虑在定额内。

12. 其他

基础定额中注有“×××以内”或“×××以下”者均包括×××本身，“×××以上”或“×××以外”者，则不包括×××本身。

（二）分章定额表

分章定额表包括说明及分项子目定额表等。

说明部分主要简述本章包括内容、定额换算、有关材料、施工等方面的规定。

分项子目定额表上列有分项工程名称、工作内容、计量单位；子目名称及编号；各子目的人工费、材料费、机械费；各子目的材料名称、机械名称等。无单价的材料所需费用，要从当地材料单价表中查出，再乘以数量，得出该材料所需费用后，加入定额表中的材料费内。

分项子目定额表可分为下列八项内容：

1）土石方工程定额。

2）桩基础定额。

3）砌筑工程定额。

4）混凝土及钢筋混凝土工程定额。

5）木窗及木结构工程定额。

6）屋面及防水工程定额。

7）防腐、保温、隔热工程定额。

8）金属结构制作工程定额。

各分项子目定额具体内容不再一一列出。

需要特别注意的是，在查取分项子目定额表时，必须仔细看清分项及子目名称、工作内容、计量单位、施工条件等，切不可乱查乱套。

二、基础定额各项内容换算方法

（一）土石方工程定额换算

1. 人工土石方

人工挖土方深度超过1.5m时，每挖100m³土方应按表4-1在原项目的综合工日额上增加工日。

表4-1　土方深度超过1.5m时增加工日

挖方深度	深1.5～2m	深2～4m	深4～6m
增加工日	5.55工日	17.6工日	26.16工日

挖湿土时，综合工日定额乘以系数1.18。地下水位以下的为湿土。

在有挡土板支撑下挖土方时，综合定额乘以系数1.43。

挖桩间土方时，综合工日定额乘以系数1.5。

人工挖孔桩，孔深在12～16m，按12m项目的综合工日定额乘以系数1.3；孔深16～20m时，按12m项目的综合工日定额乘以系数1.5。同一孔内土壤类别不同时，按定额加权平均计算。

石方爆破，如采用火雷管爆破时，雷管应换算，数量不变。扣除定额中的胶质导线，换为导火索，导火索的长度按每个雷管2.12m计算。

2. 机械土石方

机械挖土工程量，按机械挖土方90%，人工挖土方10%计算，人工挖土部分按相应综合工日定额乘以系数2。

土壤含水率大于25%时，相应综合工日定额、机械台班定额均乘以系数1.15。土壤含水率大于40%时另按补充定额执行。

推土机推土或铲运机铲土，土层平均厚度小于300mm时，推土机台班定额乘以系数1.25；铲运机台班定额乘以系数1.17。

挖掘机在垫板上进行作业时，综合工日定额、机械台班定额均乘以系数1.25。垫板铺设的人工、材料、机械消耗另计。

推土机、铲运机推、铲未经压实的积土时，综合工日定额、机械台班定额均乘以系数0.73。

土壤类别为一类、二类时，推土机、铲运机、挖掘机的台班定额均乘以系数0.84（自行铲运机的机械台班定额应乘以系数0.86）。土壤类别为四类时，推土机台班定额乘以系数1.18，铲运机台班系数乘以1.26，自行铲运机台班系数乘以1.09，挖掘机台班系数乘以1.14。

（二）桩基础定额换算

钢筋混凝土方桩工程量在150m³以内，钢筋混凝土管桩、板桩工程量在50m³以内，钢板桩工程量在50t以内，挖孔灌注混凝土桩、挖孔灌注砂石桩工程量在60 m³以内，钻孔灌注混凝土桩、潜水钻孔灌注混凝土桩工程量在100 m³以内，其相应项目的综合工日定额、机械台班定额均乘以系数1.25。

打试验桩按相应项目的综合工日定额、机械台班定额乘以系数2。

打桩、打孔，桩间净距小于4倍桩径（桩边长）的，按相应项目的综合工日定额、机械台班定额均乘以系数1.13。

打斜桩，桩斜度在1∶6以内者，按相应项目的综合工日定额、机械台班定额乘以系数1.25；如桩斜度大于1∶6者，按相应项目的综合工日定额、机械台班定额均乘以系数1.43。

在堤坡上（坡度大于15°）打桩时，按相应项目的综合工日定额、机械台班定额乘以系数1.15；如在基坑内（基坑深度大于1.5m）打桩或在地坪上坑槽内（坑槽深度大于1m）打桩时，按相应项目的综合工日定额、机械台班定额乘以系数1.11。

在桩间补桩或强夯后的地基上打桩时，按相应项目的综合工日定额、机械台班定额均乘以系数1.15。

打逆桩时，逆桩深度在2m以内的综合工日定额、机械台班定额均乘以系数1.25；逆桩深度在4m以内的综合工日定额、机械台班定额均乘以系数1.43；逆桩深度在4m以上的综合工日定额、机械台班定额均乘以系数1.67。

（三）砌筑工程定额换算

1. 砌砖、砌块

砌块、多孔砖的规格如与定额中所示规格不同时，可以换算。只换算材料耗用定额，其他不变。

硅酸盐砌块墙、加气混凝土砌块墙如使用水玻璃矿渣等为胶合料时，可以换算，即去掉定额表中水泥混合砂浆，换上水玻璃矿渣等胶合料，其耗用定额不变。

圆形烟囱基础按砖基础定额执行，其综合工日定额乘以系数1.2。

砖砌挡土墙，两砖厚以上执行砖基础定额；两砖厚以内执行砖墙定额。

砂浆品种、强度等级如与定额表中不同时，可以换算，只换砂浆品种或强度等级，砂浆耗用定额不变。

填充墙中如不填炉渣、炉渣混凝土；而改用其他材料时，可以换算。如填充轻质散料，则换算定额表上炉渣一项的材料，只换材料名称，不换其耗用定额；如填轻质混凝土，则换算定额表上轻质混凝土（炉渣混凝土）一项的材料，只换材料名称，不换其耗用定额。其他不变。

2. 砌石

毛石护坡高度超过4m时，综合工日定额乘以系数1.15。

砌筑圆弧形石基础、石墙（含砖石混合砌体），综合工日定额乘以系数1.1。

（四）混凝土及钢筋混凝土工程定额换算

1. 钢筋

预制构件钢筋，如用不同直径钢筋定位焊在一起时，按直径最小的定额项目计算。如粗细钢筋直径比在两倍以上时，其综合工日定额乘以系数1.25。

预制拱（梯）形尾架的钢筋，其综合工日定额、机械台班定额，均乘以系数1.16。托架梁的钢筋，其综合工日定额、机械台班定额均乘以系数1.05。

现浇小型构件的钢筋，其综合工日定额、机械台班定额均乘以系数2.00，小型池槽的钢筋，其综合工日定额、机械台班定额均乘以系数2.52。

烟囱、水塔的钢筋，其综合工日定额、机械台班定额均乘以系数1.70。

矩形贮仓的钢筋，其综合工日定额、机械台班定额均乘以系数1.70；圆形贮仓的钢筋，其综合工日定额、机械台班定额均乘以系数1.50。

2. 混凝土

混凝土的设计强度等级与定额表上所示强度等级不同时，可以换算，只换混凝土强度等级，其耗用定额不变。

毛石混凝土中毛石体积如不是20%，可以换算，只换算毛石及混凝土耗用定额。换算公式为

$$\text{换算毛石耗用定额}=2.72\times\frac{\text{设计毛石体积百分比}}{20\%}$$

$$换算混凝土耗用定额 = 8.63 \times \frac{设计混凝土体积百分比}{80\%}$$

（五）厂库房大门、特种门、木结构定额换算

木材如采用三、四类木种时，木门窗制作按相应项目的综合工日定额和机械台班定额乘以系数1.3；木门窗安装按相应项目的综合工日定额和机械台班定额乘以系数1.16；其他项目按相应项目的综合工日定额和机械台班定额乘系数1.35。

铝合金门窗、彩板组角门窗、塑料门窗和钢门窗成品安装，如每100m²门窗实际用量超过定额用量的1%时，可以换算，但综合工日定额、机械台班定额不变。

钢门的钢材用量与定额不同时，钢材用量可以换算，其他不变。

保温门的填充料与定额不同时，可以换算，只换填充料名称，其耗用定额不变。

（六）屋面及防水工程定额换算

水泥瓦、黏土瓦、小青瓦、石棉瓦的规格与定额不同时，瓦材数量可以换算，其他不变。

变形缝填缝定额中，建筑油膏、聚氯乙烯胶泥断面为30mm×20mm；油浸木丝板断面为25mm×150mm；纯铜板止水带厚度为2mm；展开宽度450mm；氯丁橡胶止水带厚度为2mm，展开宽度300mm；涂刷式氯丁胶贴玻璃纤维布宽度为350mm；预埋式橡胶、塑料止水带断面150mm×30mm。如设计断面或宽度不同时，用料可以换算，但综合工日定额不变。

变形缝盖缝定额中，木板盖缝断面为200mm×25mm，如设计断面不同时，用料可以换算，综合工日定额不变。

（七）防腐保温隔热工程定额换算

耐酸防腐块料面层砌立面者，按平面砌相应项目的综合工日定额乘以系数1.38，踢脚板综合工日定额乘以系数1.56，其他不变。

各种砂浆、胶泥、混凝土材料的种类、配合比及各种整体面层的厚度，如设计与定额不同时，可以换算，但各种块料面层的结合层砂浆或胶泥厚度不变。

花岗岩板以六面剁斧的板材为准。如底面为毛面者，每100m²花岗岩板，水玻璃耐酸砂浆增加0.387m³；耐酸沥青砂浆增加0.44m³。

稻壳中如需增加药物防虫时，材料另行计算，综合工日定额不变。

（八）金属结构制作工程定额换算

定额编号12-1至12-45项，其他材料费（用*表示）均由以下材料组成：木脚手板0.03m³；木垫板0.01m³；铁丝（8号）0.40kg；砂轮片0.2片；铁砂布0.07张；机油0.04kg；洗油0.03kg；铅油0.80kg；棉纱头0.11kg。

定额编号12-1至12-45项，其他机械费（用*表示）由下列机械组成：座式砂轮机0.56台班；手动砂轮机0.56台班；千斤顶0.56台班；手动葫芦0.56台班；手电钻0.56台班。

第三节　人工、材料、机械台班单价的组成及确定

一、人工单价的组成及确定

人工单价是指一个生产工人一个工作日在工程估价中应计入的全部人工费用。人工单价是指生产工人的人工费用，而企业经营管理人员的人工费用不属于人工单价的概念范围，人工单价一般是以工日来计量的。生产工人的工日单价由以下部分构成：

（1）基本工资　它是指发放给生产工人的基本工资。生产工人的基本工资应执行岗位工资和技能工资制度。基本工资公式为

$$\text{基本工资}（G_1）=\frac{\text{生产工人平均月工资}}{\text{年平均每月法定工作日}}$$

其中：年平均每月法定工作日 =（全年日历日 − 法定假日）/12

（2）工资性补贴　它是指为了补偿工人额外或特殊的劳动消耗及为了保证工人的工资水平不受特殊条件影响，而以补贴形式支付给工人的劳动报酬，它包括按规定标准发放的物价补贴，煤、燃气补贴，交通费补贴，住房补贴，流动施工津贴及地区津贴等。

工资性补贴公式为

$$\text{工资性补贴}（G_2）=\frac{\sum\text{年发放标准}}{\text{全年日历日}-\text{法定假日}}+\frac{\sum\text{月发放标准}}{\text{年平均每月法定工作日}}+\text{每工作日发放标准}$$

其中：法定假日指双休日和法定节日。

（3）辅助工资　它是指生产工人年有效施工天数以外非作业天数的工资，包括职工学习、培训期间的工资，调动工作、探亲、休假期间的工资，因气候影响的停工工资，女工哺乳期间的工资，病假在六个月以内的工资及产、婚、丧假期的工资。辅助工资公式为

$$\text{生产工人辅助工资}（G_3）=\frac{\text{全年无效工作日}\times(G_1+G_2)}{\text{全年日历日}-\text{法定假日}}$$

（4）职工福利费　它是指按规定标准计提的职工福利费。职工福利费公式为

$$\text{职工福利费}(G_4)=(G_1+G_2+G_3)\times\text{福利费计提比例}(\%)$$

（5）生产工人劳动保护费　它是指按规定标准发放的劳动保护用品等的购置费及修理费，徒工服装补贴，防暑降温费，在有碍身体健康环境中的施工保健费

用等。

$$生产工人劳动保护费(G_5)=\frac{生产工人年平均支出劳动保护费}{全年日历日-法定假日}$$

劳动保险、医疗保险、住房公积金、失业保险等社会保障的改革措施，新的工资标准会将上述内容逐步纳入人工预算单价之中。

影响人工单价的因素主要有以下三个：

(1) 政策因素　如政府指定的有关劳动工资制度、最低工资标准、有关保险的强制规定等。政府推行的社会保障和福利政策也会影响人工单价的变动。

(2) 市场因素　如市场供求关系对劳动力价格的影响、不同地区劳动力价格的差异、雇佣工人的不同方式（如当地临时雇佣与长期雇佣的人工单价可能不一样）以及不同的雇佣合同条款等。包括劳动力市场供需变化、生活消费指数及社会平均工资水平等。

(3) 管理因素　如生产效率与人工单价的关系、不同的支付系统等。包括人工单价的组成内容。例如，住房消费、养老保险、医疗保险、失业保险等列入人工单价，会提高人工单价。

二、材料单价的组成及确定

材料从其来源地（或交货地点、供应者仓库提货地点）到达施工工地仓库后出库的综合平均价格。材料包括构件、成品及半成品等。材料价格一般由材料原价(或供应价格)、材料运杂费、运输损耗费、采购及保管费组成，以上四项构成材料基价。此外计价时，材料费中还应包括单独列项计算的检验试验费。

(一) 材料基价

(1) 材料原价　它是指材料的出厂价格，或者是销售部门的批发牌价和市场采购价格（或信息价)。预算价格中，材料原价宜按出厂价、批发价、市场价综合考虑。

(2) 材料运杂费　它是指材料自来源地运至工地仓库或指定堆放地点所产生的全部费用。含外埠中转运输过程中所产生的一切费用和过境过桥费用，包括调车和驳船费、装卸费、运输费及附加工作费等。

(3) 运输损耗　它是指材料在运输装卸过程中应考虑不可避免的损耗费用。计算公式为

$$运输损耗=(材料原价+运杂费)\times相应材料损耗率$$

(4) 采购及保管费　它是指材料供应部门（包括工地仓库及其以上各级材料主管部门）在组织采购、供应和保管材料过程中所需的各项费用，包括采购费、仓储费、工地管理费和仓储损耗。计算公式为

$$采购及保管费=(材料原价+运杂费+运输损耗)\times采购及保管费率$$

（5）包装费　它是指为了便于材料运输或为了保护材料而进行包装所需要的费用。包括水运、陆运中的支撑、篷布等。凡由生产厂负责包装，若包装费已计入材料原价中者，不再另行计算，但包装有回收价值者则应扣回包装回收值。计算公式为：

简易包装包装费公式：

$$包装费=包装材料原价-包装材料回收价值$$

$$包装材料回收价值=包装材料原价\times回收量比例\times回收价值比例$$

容器包装包装费公式：

$$包装费=\frac{包装材料原价\times(1-回收量比例\times回收价值比例)+使用期间维修费用}{周转使用次数\times包装容器标准容量}$$

$$包装材料回收价值=\frac{包装材料原价\times回收量比例\times回收价值比例}{包装容器标准容量}$$

综上所述，一般材料基价的计算公式为

$$材料基价=(供应价格+运杂费+包装费)\times[1+运输损耗率(\%)]\times[1+采购及保管费率(\%)]$$

（二）检验试验费

检验试验费是指对建筑材料、构件和建筑安装物进行一般鉴定、检查所发生的费用，包括自设试验室进行试验所耗用的材料和化学药品等费用。不包括新结构、新材料的试验费和建设单位对具有出厂合格证明的材料进行检验，对构件做破坏性试验及其他特殊要求检验试验的费用。检验试验费计算公式为

$$检验试验费=\sum(单位材料量检验试验费\times材料消耗量)$$

材料单价的影响因素主要有：

1）市场供需变化。材料原价最基本的组成部分是材料价格。市场供大于求时，价格就会下降；反之，价格就会上升，从而就会影响材料价格的涨落。

2）材料生产成本对材料价格的波动有直接的影响。

3）流通环节的多少和材料供应体制也会影响材料价格。

4）运输距离和运输方法的改变影响运输费用的增减，从而影响材料价格。

5）国际市场行情影响进口材料价格。

三、机械台班单价的组成及确定

施工机械台班使用费是根据施工中耗用的机械台班数量和机械台班单价确定的。施工机械耗用量是按预算定额规定计算的；施工机械台班单价是指一台施工机械，在正常运转的条件下，一个工作班中所发生的全部费用，每台班按八小时工作制计算。

施工机械台班由以下七项费用组成：

1. 折旧费

折旧费是指机械在规定的寿命期（使用年限或耐用总台班）内，陆续收回其原值的费用及支付贷款利息的费用。折旧费的计算公式为

$$台班折旧费=\frac{机械预算价格\times(1-残值率)\times时间价值系数}{耐用总台班}$$

（1）机械预算价格　机械预算价格可分为国产机械预算价格和进口机械预算价格。

国产机械预算价格是指机械出厂价格加上从生产厂家（或销售单位）交货地点运至使用单位机械管理部门验收入库的全部费用。对于少量无法取到实际价格的机械，可用同类机械或相近机械的价格采用内插法和比例法取定。

进口机械预算价格是由进口机械到岸完税价格（包括机械出厂价格和到达我国口岸之前的运费、保险费等一切费用）加上关税、外贸部门手续费、银行财务费以及由口岸运至使用单位机械管理部门验收入库的全部费用。计算公式为

$$进口机械预算价格=[到岸价格\times(1+关税税率+增值税税率)]\times(1+购置附加费率+外贸部门手续费率+银行财务费率+国内一次运杂费费率)$$

（2）残值率　它是指机械报废时回收的残值占机械原值的百分比。根据目前有关规定，各类机械残值率：运输机械 2%，特大型机械 3%，中小型机械 4%，掘进机械 5%。

（3）贷款利息系数　它是为补偿企业贷款购置机械设备所支付的利息，从而合理反映资金的时间价值，以大于 1 的贷款利息系数，将贷款利息（单利）分摊在台班折旧费中。贷款利息系数计算公式为

$$贷款利息系数=1+\frac{(折旧年限+1)}{2}\times贷款年利率$$

（4）耐用总台班　它是指机械在正常施工作业条件下，从使用起到报废止达到的使用总台班数。耐用总台班计算公式为

$$耐用总台班=折旧年限\times年工作台班=大修间隔台班\times大修周期$$

上式中，年工作台班是根据有关部门对各类主要机械最近三年的统计资料分析确定的。

大修间隔台班是指机械自投入使用起至第一次大修止或自上一次大修后投入使用起至下一次大修止，应达到的使用台班数。

大修周期是指机械正常的施工作业条件下，将其寿命期（即耐用总台班）按规定的大修理次数划分为若干个周期。大修周期计算公式为

$$大修周期=寿命大修理次数+1$$

2. 大修理费

大修理费是指机械设备按规定大修间隔台班进行必要的大修理，以恢复机械正

常功能所需的全部费用。台班修理费则是机械寿命期内全部大修理费之和在台班费用中的分摊额。台班大修理费的计算公式为

$$台班大修理费=\frac{一次大修理费\times寿命期内大修理次数}{耐用总台班}$$

（1）一次大修理费　它是指机械设备按规定的大修范围和修理工作内容，进行一次全面修理所需消耗的工时、配件、辅助材料、油燃料以及送修运输等全部费用。

（2）寿命期大修理次数　它是指机械设备为恢复原机功能按规定在使用期限内需要进行的大修理次数。

3. 经常修理费

经常修理费是指机械设备除大修以外必须进行的各级保养（包括一、二、三级保养）以及临时故障排除和机械停置期间的维护保养等所需各项费用；为保障机械正常运转所需替换设备、随机工具附具的摊销及维护费用；机械运转及日常保养所需润滑、擦拭材料费用。

在机械寿命期内，上述各项费用之和分摊到台班费中，即为台班经常修理费。台班经常修理费计算公式为

$$台班经常修理费=\frac{\Sigma(各级保养一次费用\times寿命期各级保养总次数)+临时故障排除费用}{耐用总台班}+替换设备台班摊销费+工具附具台班摊销费+例保辅料费$$

上式可简化为

$$台班经常修理费=台班大修费\times K$$

$$K=\frac{机械台班经常修理费}{机械台班大修理费}$$

（1）各级保养一次费用　它是指机械在各个使用周期内为保证机械处于完好状况，必须按规定的各级保养间隔周期，保养范围和内容进行的一、二、三级保养或定期保养所消耗的工时、配件、辅料、油燃料等费用。应以《全国统一施工机械保养修理技术经济定额》为基础，结合编制期市场价格综合确定。

（2）寿命期内各级保养总次数　它指一、二、三级保养或定期保养在寿命期内各个使用周期中保养次数之和。应按照《全国统一施工机械保养修理技术经济定额》确定。

（3）临时故障排除费　它指机械除规定的大修理及各级保养以外，临时故障所需费用以及机械在工作日以外的保养维修所需润滑擦拭材料费。可按各级保养（不包括例保辅料费）费用之和的3%计算。

（4）替换设备及工具附具台班摊销费　它指轮胎、电缆、蓄电池、运输皮带、钢丝绳、胶皮管、履带板等消耗性设备和按规定随机配备的全套工具附具的台班摊

销费用。

(5) 例保辅料费　它指机械日常保养所需润滑擦拭材料的费用。替换设备及工具附具台班摊销费、例保辅料费的计算应以《全国统一施工机械保养修理技术经济定额》为基础，结合编制期市场价格综合确定。

4. 安拆费及场外运费

(1) 安拆费　它指机械在施工现场进行安装、拆卸所需人工、材料、机械和试运转费用，包括机械辅助设施（如：基础、底座、固定锚桩、行走轨道、枕木等）的折旧、搭设、拆除等费用。

(2) 场外运费　它指机械整体或分体自停置地点运至现场或自某一工地运至另一工地的运输、装卸、辅助材料以及架线等费用。

工地间移动较为频繁的小型机械及部分中型机械，其安拆费及场外运费应计入台班单价。台班安拆费及场外运费计算公式为

$$台班安拆费及场外运费=\frac{一次安拆费及场外运费\times 年平均安拆次数}{年工作台班}$$

上式中，一次安拆费应包括施工现场机械安装和拆卸一次所需的人工费、材料费、机械费及试运转费；一次场外运费应包括运输、装卸、辅助材料和架线等费用；年平均安拆次数应以《全国统一施工机械保养修理技术经济定额》为基础，各地区结合具体情况来确定；运输距离均应按25km计算。

对于移动有一定难度的特、大型（包括少数中型）机械，其安拆费及场外运费应单独计算。单独计算的安拆费及场外运费除应计算安拆费、场外运费外，还应计算辅助设施（如：基础、底座、固定锚桩、行走轨道、枕木等）折旧、搭设、拆除等费用。计算公式为

$$台班辅助设施费=\frac{(一次运输及装卸费+辅助材料一次摊销费+一次架线费)\times 年运输次数}{年工作台班}$$

对于机械不需要安装、拆卸自身又能开行的和固定在车间不需安装、拆卸及运输的，其安拆费及场外运费不计算。

对于塔式起重机安装、拆卸费用的超高起点及其增加费，各地区（部门）可根据具体情况进行确定。

5. 燃料动力费

燃料动力费是指机械设备在运转施工作业中所耗用的固体燃料（煤炭、木材等）、液体燃料（汽油、柴油等）、电力、水和风力等费用。台班燃料动力费的计算公式为

$$台班燃料动力费=台班燃料动力消耗量\times 各省、市、自治区规定的相应单价$$

确定燃料动力消耗量的方法有实测法、现行定额燃料动力消耗量平均法、调查数据平均法。在实际工作中，通常将三种方法结合起来，取得各种数据，再取其平

均值。这样可以更准确地确定施工机械台班燃料动力的消耗量。《全国统一施工机械台班费用定额》的燃料动力消耗量的确定采用的就是这种方法。计算公式为

$$燃料动力消耗量=\frac{实测数\times 4+定额平均值+调查平均值}{6}$$

6. 人工费

施工机械台班费中的人工费，是指机上司机、司炉和其他操作人员的工作日工资以及上述人员在机械规定的年工作台班以外的基本工资和工资性质的津贴。台班人工费的计算公式为

$$台班人工费=人工消耗量\times\left(1+\frac{年制度工作日-年工作台班}{年工作台班}\right)\times 人工单价$$

上式中，人工消耗量指机上司机（司炉）和其他操作人员工日消耗量；年制度工作日应执行编制期国家有关规定；人工单价应执行编制期工程造价管理部门的有关规定。

7. 车船使用税

车船使用税指按照国家有关规定应交纳的车船使用税，按各省、自治区、直辖市规定标准计算后列入定额。台班车船使用税计算公式为

$$台班车船使用税=\frac{年车船使用税+年保险费+年检费用}{年工作台班}$$

上式中，年车船使用税、年检费用应执行编制期有关部门规定；年保险费执行编制期有关部门强制性保险的规定，非强制性保险不应计算在内。

第四节　人工、材料、机械台班定额消耗量的计算

一、人工定额消耗量的确定

（一）工作时间分类

工作时间是指工作班延续时间。工作时间消耗可分为工人工作时间的消耗和工人所使用的机器工作时间的消耗。研究施工工作时间最主要的目的是确定施工的时间定额和产量定额。

1. 工人工作时间消耗分类

工人在工作班内消耗的工作时间，按其消耗的性质可分为定额时间和非定额时间两大类。

（1）定额时间　它是指工人在正常施工条件下，为完成一定产品必须消耗的时间。定额时间由有效工作时间、休息时间及不可避免的中断时间组成。

有效工作时间是从生产效果来看与产品生产直接有关的时间消耗。包括基本工作时间、辅助工作时间、准备与结束工作时间的消耗。基本工作时间是工人直接完

成一定产品的施工工艺过程所消耗的时间，包括这一施工过程所有工序的工作时间，也就是劳动者借助于劳动手段，直接改变劳动对象的性质、形状、位置、外表、结构等所消耗的时间；辅助工作时间是为了保证基本工作的正常进行所必需的辅助性工作的消耗时间。在辅助工作时间内，劳动者不能使产品的性质、形状、位置、外表、结构等发生变化；准备与结束工作时间是执行任务前和任务完成后所消耗的工作时间。准备和结束工作时间的长短与所担负的工作量大小无关，和工作内容有关。这项时间消耗又可以分为班内的准备与结束工作时间和任务的准备与结束工作时间。

休息时间是工人在工作过程中为恢复体力所必需的短暂休息和生理需要的时间消耗，是为了保证工人精力充沛地进行工作，所以在定额时间中必须进行计算。休息时间长短和劳动条件有关，劳动条件越差、劳动越紧张繁重，则休息时间越长。

不可避免的中断时间是由于施工工艺特点引起的工作中断所必需的时间。与施工过程工艺特点有关的工作中断时间，应包括在定额时间内，但应尽量缩短此项时间消耗。与工艺特点无关的工作中断所占用的时间，是由于劳动组织不合理引起的，属于损失时间，不能计入定额时间。

（2）非定额时间　它是指非生产所必需的工作时间，它与产品生产无关，而和施工组织及技术上的缺点有关，与工人在施工过程中的过失或某些偶然因素有关。

非定额时间即损失的时间，它由多余和偶然的工作时间、停工时间及违反劳动纪律损失的时间组成。

多余和偶然的工作时间是指在正常施工条件下不应发生或因意外因素所造成的时间消耗。例如：对不合格产品的返工所消耗的时间。

停工时间是指在工作班内停止工作所造成的工时损失。停工时间按其性质可分为施工本身造成和非施工本身造成的停工时间。例如：由于施工组织不当，材料供应不及时等引起的停工时间属于施工本身造成的停工时间；由于天气原因及水、电中断引起的停工时间属非施工本身造成的停工时间。

违反劳动纪律损失的时间，是指工人不遵守劳动纪律损失的时间。例如迟到、早退、聊天、擅自离开工作岗位等所造成的时间损失。

2. 机器工作时间消耗分类

在机械化施工过程中，对工作时间消耗的分析和研究，除了要对工人工作时间的消耗进行分类研究之外，还需要分类研究机器工作时间的消耗。机器工作时间也分为定额时间和非定额时间两大类。

（1）定额时间　定额时间包括有效工作、不可避免的无负荷工作和不可避免的中断三项时间消耗。而在有效工作的时间消耗中又包括正常负荷下和有根据地降低负荷下工作的工时消耗。

正常负荷下的工作时间，是指机器在与机器说明书规定的计算负荷相符的情况下的工作时间；有根据地降低负荷下的工作时间，是在个别情况下由于技术上的原因，机器在低于其计算负荷的情况下的工作时间。

不可避免的无负荷工作时间，是由施工过程的特点和机械结构的特点造成的机械无负荷工作时间。例如，筑路机在工作区末端调头等，都属于此项工作时间的消耗。

不可避免的中断工作时间，是与工艺过程的特点、机器的使用和保养、工人休息有关的中断时间。

（2）非定额时间　非定额时间包括多余工作、停工、违反劳动纪律所消耗的工作时间和低负荷下的工作时间。

机器多余工作时间，是机器完成任务内和工艺过程内未包括的工作而延续的时间。

机器的停工时间按其性质可分为施工本身造成和非施工本身造成的停工时间。前者是由于施工组织不合理而引起的停工现象，后者是由于天气原因所引起的停工现象。

违反劳动纪律引起的机器的时间损失，是指由于工人迟到、早退或擅自离岗等原因引起的机器停工时间。

低负荷下的工作时间，是由于工人或技术人员的过错所造成的施工机械在降低负荷情况下的工作时间。

工时消耗的影响因素主要有以下四个：

根据施工过程影响因素的产生和特点，可分为技术因素和组织因素。

（1）技术因素　它包括完成产品的类别；材料、构配件的种类和型号等级，机械和机具的种类、型号和尺寸，产品质量等。

（2）组织因素　它包括操作方法和施工的管理与组织、工作地点的组织、人员组成和分工、工资与奖励制度、原材料和构配件的质量及供应的组织、气候条件等。

根据施工过程影响因素对工时消耗数值的影响程度和性质，可分为系统性因素和偶然性因素。

（3）系统性因素　它是指对工时消耗数值引起单一方面的（只是降低或增高）重大影响的因素。这类因素在定额的测定中应该加以控制。

（4）偶然性因素　它是指对工时消耗数值可能引起双向的（可能降低也可能增高）微小影响的因素。

（二）人工消耗量的确定方法及计算

1. 人工定额消耗量的确定方法

人工定额有时间定额和产量定额两种表现形式。时间定额是在拟定基本工作时间、辅助工作时间、不可避免的中断时间、准备与结束的工作时间，以及休息时间的基础上制定的。拟定出时间定额就可以计算出产量定额，产量定额是时间定额的倒数。

(1) 拟定基本工作时间　基本工作时间在必须消耗的工作时间中占比重最大。基本工作时间消耗一般应根据计时观察资料来确定，若组成部分的产品计量单位和工作过程的产品计量单位相符，首先确定工作过程每一组成部分的工时消耗，然后再综合出工作过程的工时消耗。反之，则需先求出不同计量单位的换算系数，进行产品计量单位换算，然后再相加，求得工作过程的工时消耗。

(2) 拟定辅助工作时间和准备与结束的工作时间　它的确定方法与基本工作时间相同。但是，如果这两项工作时间在整个工作班工作时间消耗中所占比重不超过6%，则可归纳为一项，以工作过程的计量单位表示，确定出工作过程的工时消耗。如果在计时观察时不能取足够的资料，也可采用工时规范或经验数据来确定。如具有现行的工时规范，可以直接利用工时规范中规定的辅助和准备与结束工作时间的百分比来计算。

(3) 拟定不可避免的中断时间　确定不可避免的中断时间的定额时，只有由工艺特点引起的不可避免中断才可列入工作过程的时间定额，不可避免中断时间需要根据测时资料通过整理分析获得，也可以采用经验数据或工时规范来确定，以占工作日的百分比表示此项工时消耗的时间定额。

(4) 拟定休息时间　休息时间的确定，应根据工作班作息制度、经验资料、计时观察资料以及对工作的疲劳程度作全面分析。同时，也要考虑尽可能利用不可避免的中断时间作为休息时间。

从事不同工种、不同工作的工人，疲劳程度有很大差别。为了合理确定休息时间，往往要对从事各种工作的工人进行观察、测定以及进行生理和心理方面的测试，以便确定其疲劳程度。划分出疲劳程度的等级，就可以合理规定需要休息的时间。疲劳程度等级的划分与休息时间占工作日比重的关系见表4-2。

表4-2　疲劳程度等级的划分与休息时间占工作日比重的关系

疲劳程度	轻便	较轻	中等	较重	沉重	最沉重
等级	1	2	3	4	5	6
占工作日比重（%）	4. 16	6. 25	8. 33	11. 45	16. 7	22. 9

(5) 拟定定额时间　劳动定额的时间是基本工作时间、辅助工作时间、准备与结束工作时间、不可避免中断时间、休息时间之和。根据工序作业时间能够计算劳动定额，计算公式为

$$工序作业时间=基本工作时间+辅助工作时间$$

$$规范时间 = 准备与结束工作时间 + 不可避免中断时间 + 休息时间$$

$$工序作业时间 = 基本工作时间 + 辅助工作时间 = \frac{基本工作时间}{1 - 辅助工作时间比例}$$

$$定额时间 = \frac{工序作业时间}{1 - 规范时间比例}$$

2. 测定时间消耗的基本方法

测定时间消耗的基本方法是计时观察法，其主要内容和要求是对施工过程进行观察、测时，计算实物和劳务产量，记录施工过程所处的施工条件和确定影响工时消耗的因素。测定时间消耗定额是一个用科学的方法观察、记录、整理、分析的过程，为制定工程定额提供可靠依据。

（1）计时观察前的准备工作　确定进行计时观察的施工过程，编写出详细的目录，拟定工作进度计划，制定组织技术措施；对已确定的施工过程的性质进行充分的研究，采用全面地对各个施工过程及其所处的技术组织条件进行实际调查和分析的方法，以便设计正常施工条件和分析研究测时数据；选择施工的正常条件，即绝大多数企业和施工队、组在合理组织施工的条件下所处的施工条件，它是技术测定中的一项重要内容，也是确定定额的依据；选择观察对象（是对其进行计时观察的施工过程和完成该施工过程的工人），观察对象必须完全符合正常施工条件，以及所选择的建筑安装工人应具有与技术等级相符的工作技能和熟练程度；调查所测定施工过程的影响因素（包括技术、组织和自然因素）。

（2）计时观察法的分类　主要可分为三种：测时法、写实记录法和工作日写实法。

测时法主要适用于测定定时重复的循环工作的工时消耗，是精确度比较高的一种计时观察法。测时法有选择法和接续法两种。选择测时法也称为间隔测时法，它是间隔选择施工过程中非紧密连接的组成部分（工序和操作）测定工时。接续法测时也称作连续法测时。它是连续测定一个施工过程各工序或操作的延续时间。接续法测时每次要记录各工序或操作的终止时间，并计算出本工序的延续时间。持续法测时比选择法测时准确、完善，但观察技术相对复杂。

写实记录法是一种研究各种性质的工作时间消耗的方法。采取这种方法可以获得分析工作时间消耗的全部资料，是一种值得提倡的方法。它的观察对象可以是一个工人，也可以是一个工人小组。测时用普通表进行，详细记录在一段时间内观察对象的各种活动及其时间消耗（起止时间），以及完成的产品数量。

工作日写实法是一种研究整个工作班内的各种工时消耗的方法，是利用写实记录表记录观察资料。记录时不需要将有效工作时间分为各个组成部分，只需划分适合于技术水平和不适合于技术水平两类，但工时消耗还需按性质分类记录。

（3）计时观察法的作用　为编制施工劳动定额和机械定额提供所需情报基础

资料和技术根据；研究先进工作法和先进技术操作对提高劳动生产率的具体影响，并应用和推广先进工作法及先进技术操作；研究减少工时消耗的潜力；研究定额执行情况，包括研究大面积、大幅度超额和达不到定额的原因，做到积累资料，反馈信息。

3. 人工工日消耗量的计算

预算定额中人工工日消耗量是指在正常施工生产条件下，生产单位合格产品必须消耗的人工工日数量，是由分项工程所综合的各个工序劳动定额包括的基本用工、其他用工以及劳动定额与预算定额工日消耗量的幅度差三部分组成的。

（1）基本用工　基本用工是指完成单位合格产品所必须消耗的技术工种用工。包括完成定额计量单位的主要用工和按劳动定额规定应增加计算的用工量（例如砖基础埋深超过2m，超过部分要增加用工）。前者按综合取定的工程量和相应劳动定额进行计算。计算公式为

$$基本用工=\sum（综合取定的工程量\times劳动定额）$$

（2）其他用工　包括辅助用工、超运距用工和人工幅度差。

辅助用工是指劳动定额中未包括的各种辅助工序用工，如材料的零星加工用工、土建工程的筛砂子、淋石膏、洗石子等增加的用工量用工。辅助用工计算公式为

$$辅助用工=\sum（材料加工的数量\times相应的时间定额）$$

超运距用工是指预算定额中材料或半成品的运输距离，超过劳动定额基本用工中规定的运距应增加的工日。超运距用工计算公式为

$$超运距用工=\sum（超运距材料的数量\times相应的时间定额）$$

$$超运距=预算定额取定运距-劳动定额已包括的运距$$

人工幅度差是指预算定额对在劳动定额中未包括而在正常施工情况下不可避免的一些零星用工，常以百分率计算。一般在确定预算定额用工量时，按基本用工、超运距用工、辅助用工之和的10%～15%范围取定，一般土建为10%，安装为12%。计算公式为

$$人工幅度差（工日）=（基本用工+超运距用工+辅助用工）\times人工幅度差百分率$$

综上可知，人工消耗量计算公式为

$$人工消耗量=（基本用工+超运距用工+辅助用工）\times（1+人工幅度差百分率）$$

二、材料定额消耗量的确定

（一）材料消耗量的计算

合理确定材料消耗定额，必须研究和区分材料在施工过程中消耗的性质。材料消耗定额（总消耗量）包括直接消耗在建筑产品实体上的净用量和在施工现场内运输及操作过程中不可避免的损耗量（不包括二次搬运、场外运输等损耗）。计算

公式为

$$材料总消耗量 = 材料净用量 + 材料损耗量$$

$$材料损耗量 = 材料净用量 \times 材料损耗率$$

综上可得：

$$材料总消耗量 = 材料净用量 \times （1 + 材料损耗率）$$

预算定额中材料消耗量的确定方法与施工定额中材料消耗量的确定方法一样。但有一点必须注意，即预算定额中材料的损耗率与施工定额中材料的损耗率不同，预算定额中材料损耗率的损耗范围比施工定额中材料损耗率的损耗范围更广，它必须考虑整个施工现场范围内材料堆放、运输、制备、制作及施工操作过程中的损耗。

（二）确定材料消耗量的基本方法

确定材料净用量定额和材料损耗定额的计算数据，是通过现场技术测定、实验室试验、现场统计和理论计算等方法获得的。

（1）利用现场技术测定法　主要是编制材料损耗定额，也可以提供编制材料净用量定额的参考数据。其优点是能通过现场观察、测定，取得产品产量和材料消耗的情况的数据，为编制材料定额提供技术根据。

（2）利用实验室试验法　主要是编制材料净用量定额。通过试验，能够对材料的结构、化学成分和物理性能以及按强度等级控制的混凝土、砂浆配比做出科学的结论，给编制材料消耗定额提供有技术根据的、比较精确的计算数据。

（3）现场统计法　通过对现场进料、用料的大量统计资料进行分析计算，获得材料消耗的数据。

（4）理论计算法　运用一定的数学公式计算材料消耗定额。一般砌砖工程中砖和砂浆净用量均采用此种方法计算。

三、机械台班定额消耗量的确定

机械台班消耗定额，是指在正常施工条件、合理劳动组织和使用机械的条件下，完成单位合格产品或某项工作所必须消耗机械台班数量的标准，简称机械台班定额。机械台班定额按其表现形式不同，可分为机械时间定额和机械产量定额。

机械时间定额是指在合理劳动组织与合理使用机械条件下，完成单位合格产品所必需的工作时间，包括有效工作时间（正常负荷下的工作时间和降低负荷下的工作时间）、不可避免的中断时间、不可避免的无负荷工作时间。机械时间定额以“台班”表示，即一台机械工作一个作业班的时间，一个作业班为8h。计算公式为

$$单位产品机械时间定额 = \frac{1}{台班产量}$$

机械产量定额是指在合理劳动组织与合理使用机械条件下，机械在每个台班时间内应完成合格产品的数量。机械产量定额和机械时间定额互为倒数。计算公式为

$$机械产量定额 = \frac{1}{机械时间定额}$$

确定机械台班定额消耗量，必须确定以下几项内容：

（1）确定正常的施工条件　拟定机械工作正常条件，主要是拟定工作地点的合理组织和合理的工人编制。

工作地点的合理组织，就是对施工地点机械和材料的放置位置、工人从事操作的场所，做出科学合理的平面布置和空间安排。要求施工机械和操纵机械的工人在最小范围内移动，但又不阻碍机械运转和工人操作；应使机械的开关和操纵装置尽可能集中地装置在操纵工人的近旁，以节省工作时间和减轻劳动强度；应最大限度发挥机械的效能，减少工人的手工操作。

拟定合理的工人编制，就是根据施工机械的性能和设计能力，工人的专业分工和劳动工效，合理确定操纵机械的工人和直接参加机械化施工过程的工人的编制人数。

（2）确定机械1h纯工作正常生产率　确定机械正常生产率时，须首先确定出机械纯工作1h的正常生产效率。

机械纯工作时间指机械的必需消耗时间。机械1h纯工作正常生产率就是在正常施工组织条件下，具有必需的知识和技能的技术工人操纵机械1h的生产率。

根据机械工作特点的不同，机械1h纯工作正常生产率的确定方法，也有所不同。

对于循环动作机械，确定机械纯工作1h正常生产率的计算公式为

$$机械一次循环的正常延续时间 = \sum(循环各组成部分正常延续时间) - 交叠时间$$

$$机械纯工作1h循环次数 = \frac{60 \times 60s}{一次循环的正常延续时间}$$

$$机械纯工作1h正常生产率 = 机械纯工作1h正常循环次数 \times 一次循环生产的产品数量$$

对于连续动作机械，确定机械纯工作1h正常生产率要根据机械的类型和结构特征，以及工作过程的特点来进行。计算公式为

$$连续动作机械纯工作1h正常生产率 = \frac{工作时间内生产的产品数量}{工作时间}$$

（3）确定施工机械的正常利用系数　施工机械的正常利用系数是指机械在工作班内对工作时间的利用率。机械的利用系数和机械在工作班内的工作时间有着密切的关系，因此要确定机械的正常利用系数，首先要拟定机械工作班的正常工作状况，保证合理利用工时。

确定机械的正常利用系数，要计算工作班正常状况下准备与结束工作，机械起动、机械维护等工作所必须消耗的时间，以及机械有效工作的开始与结束时间。从而进一步计算出机械在工作班内的纯工作时间和机械正常利用系数。机械正常利用系数的计算公式为

$$机械正常利用系数=\frac{机械在一个工作班内纯工作时间}{一个工作班延续时间（8h）}$$

（4）施工机械台班定额的计算　确定了机械正常施工条件、机械1h纯工作生产率和机械正常利用系数之后，就可以计算出施工机械的产量定额。计算公式为

施工机械台班产量定额 = 机械1h纯工作正常生产率 × 工作班纯工作时间

或

施工机械台班产量定额 = 机械1h纯工作正常生产率 × 工作班延续时间 × 机械正常利用系数

$$施工机械时间定额=\frac{1}{机械台班产量定额指标}$$

（5）机械台班消耗量的计算　机械台班消耗量指施工定额或劳动定额机械台班产量加机械幅度差。

机械台班幅度差包括：正常施工组织条件下不可避免的机械空转时间、施工技术原因的中断及合理停滞时间、因供电供水故障及水电线路移动检修而发生的运转中断时间、因气候变化或机械本身故障影响工时利用的时间、施工机械转移及配套机械相互影响损失的时间、配合机械施工的工人因与其他工种交叉造成的间歇时间、因检查工程质量造成的机械停歇的时间、工程收尾和工作量不饱满造成的机械停歇时间。

大型机械幅度差系数为：土方机械25%，打桩机械33%，吊装机械30%。砂浆、混凝土搅拌机由于按小组配用，以小组产量计算机械台班产量，不另增加机械幅度差。其他分部工程中如钢筋加工、木材、水磨石等各项专用机械的幅度差为10%。

综上所述，预算定额的机械台班消耗量计算公式为

预算定额机械耗用台班 = 施工定额机械耗用台班 ×（1 + 机械幅度差系数）

第五节　工程单价和单位估价表

一、工程单价

1. 工程单价概念及作用

工程单价，是指单位假定建筑安装产品的不完全价格。通常是指建筑安装工程的预算单价和概算单价。

工程单价与完整的建筑产品（单位产品、最终产品）价值在概念上是完全不同的一种单价。完整的建筑产品价值，是建筑物或构筑物在真实意义上的全部价值，即完全成本加利税。单位假定建筑安装产品单价，不仅不是可以独立发挥建筑物或构筑物价值的价格，甚至也不是单位假定建筑产品的完整价格，因为这种工程单价仅仅是某一单位工程直接费中的直接工程费，即由人工、材料、机械费构成。

工程单价有以下几方面的作用：

1）确定和控制工程造价。工程单价是确定和控制概（预）算造价的基本依据。由于它的编制依据和编制方法规范，在确定和控制工程造价方面有不可忽视的作用。

2）利用工程单价编制统一性地区工程单价。简化编制预算和概预算的工作量和缩短工作周期。同时也为投标报价提供依据。

3）利用工程单价可以对结构方案进行经济比较，优选设计方案。

4）利用工程单价进行工程款的期中结算。

2. 工程单价的编制依据

（1）预算定额和概算定额　编制预算单价或概算单价的主要依据之一是预算定额和概算定额。首先，工程单价的分项是根据定额的分项划分的，所以工程单价的编号、名称、计量单位的确定均以相应的定额为依据。其次，分部分项工程的人工、材料和机械台班消耗的种类和数量，也依据相应的定额。

（2）人工单价、材料预算价格和机械台班单价　工程单价除了要依据概（预）算定额确定分部分项工程的工、料、机的消耗数量外，还必须依据上述三项“价”的因素，才能计算出分部分项工程的人工费、材料费和机械费，进而计算出工程单价。

（3）措施费和间接费的取费标准　这是计算综合单价的必要依据。

3. 工程单价的种类

工程单价按适用对象可分为建筑工程单价和安装工程单价。

工程单价按用途划分可分为预算单价和概算单价。预算单价是通过编制单位估价表、地区单位估价表及设备安装价目表所确定的单价，用于编制施工图预算。概算单价是通过编制单位附加指标所确定的单价，用于编制设计概算。

工程单价按适用范围可分为地区单价和个别单价。地区单价编制的意义，主要是简化工程造价的计算，同时也有利于工程造价的正确计算和控制。因为一个建设工程，所包括的分部分项工程多达数千项，为确定预算单价所编制的单位估价表就要数千张。要套用不同的定额和预算价格，要经过多次运算。不仅需要大量的人力、物力，也不能保证预算编制的及时性和准确性。所以，编制地区单价很有必要，也很有意义。个别单价是为适应个别工程编制概算或预算的需要而计算出的工程单价。

工程单价按单价的综合程度可划分为工料单价和综合单价。工料单价又称直接工程费单价，即预算定额中的“基价”，只包括人工费、材料费和机械使用费。综合单价根据《建设工程工程量清单计价规范》（GB 50500—2013）的规定，由人工费、材料费、机械费、管理费和利润组成，并考虑风险费用。

4. 工程单价的编制方法

工程单价的编制方法，就是工、料、机的消耗量和工、料、机单价的结合过程。计算公式为：

分部分项工程基本直接费单价（基价）的计算公式：

分部分项工程基本直接费单价（基价）= 单位分部分项工程人工费 + 材料费 + 机械使用费

其中　人工费 = Σ（人工工日用量 × 人工工日工资单价）

材料费 = Σ（各种材料耗用量 × 材料预算价格）

机械使用费 = Σ（机械台班用量 × 机械台班单价）

分部分项工程全费用单价的计算公式：

分部分项工程全费用单价 = 单位分部分项工程直接工程费 + 措施费 + 间接费

其中，措施费和间接费一般按规定的费率及其计算基础计算，或按综合费率计算。

二、单位估价表

1. 单位估价表概念及作用

单位估价表又称工程预算单价表，是以货币形式确定定额计量单位某分部分项工程或结构构件直接工程费用的文件。它是根据预算定额所确定的人工、材料和机械台班消耗量乘以人工工资单价、材料价格和机械台班单价汇总而成的。

单位估价表有以下几个方面的作用：

1）单位估价表是确定工程预算造价的基本依据之一，即按设计图样计算出分项工程量后，分别乘以相应的定额单价（单位估价表）得出分项直接费，汇总各分部分项直接费，按规定计取各项费用，即得出单位工程全部预算造价。

2）单位估价表是对设计方案进行技术经济分析的基础资料，即每个分项工程，如各墙体、地面、装修等，同部位选择什么样的设计方案，除考虑生产、功能、坚固、美观等条件外，还必须考虑经济条件。这就需要采用单位估价表进行衡量、比较。在相同条件下，当然要选择一种经济合理的方案。

3）单位估价表是进行已完工程结算的依据，即建设单位和施工企业，按单位估价表核对已完工程的单价是否正确，以便进行分部分项工程结算。

4）单位估价表是施工企业进行经济分析的依据，即企业为了考核成本情况，必须按单位估价表中所定的单价和实际成本进行比较。通过对两者的比较，算出降低成本的多少并找出原因。

总之，单位估价表的作用很大，合理地确定单价，正确使用单位估价表，是准确确定工程造价，促进企业加强经济核算，提高投资效益的重要环节。

2. 单位估价表的种类

单位估价表是在预算定额的基础上编制的，定额种类繁多。

按工程定额性质可划分为建筑工程单位估价表、设备工程估价表。前者适用于一般建筑工程，后者适用于机械、电气设备安装工程、给水排水工程、电气照明工程、采暖工程、通风工程等。

按使用范围可划分为全国统一单位估价表、地区单位估价表、专业工程单位估价表。全国统一单位估价表适用于各地区、各部门的建筑及设备安装工程。地区单位估价表是在地方统一预算定额的基础上，按本地区的工资标准、地区材料预算价格、建筑机械台班费用及本地区建设的需要而编制的，只适用于本地区范围使用。专业工程单位估价表适用于专业工程建筑及设备安装工程的单位估价表。

按编制的依据不同划分为定额单位估价表和补充单位估价表。

3. 单位估价表的编制方法

单位估价表的内容由两大部分组成：一是预算定额规定的工、料、机数量，即合计用工量、各种材料消耗量、施工机械台班消耗量；二是地区预算价格，即与上述三种“量”相适应的人工工资单价、材料预算价格和机械台班预算价格。

编制单位估价表就是把三种“量”与三种“价”分别结合起来，得出各分项工程人工费、材料费和施工机械使用费，三者汇总起来就是工程预算单价。

为了使用方便，在单位估价表的基础上，应编制单位估价汇总表。单位估价汇总表的项目划分与预算定额和单位估价表是相互对应的，为了简化预算的编制，单位估价汇总表已纳入预算定额中的一些常用的分部分项工程和定额中需要调整换算的项目。单位估价汇总表略去了人工、材料和机械台班的消耗数量（即“三量”），保留了单位估价表中的人工费、材料费、机械费（即“三费”）和预算价值。

单位估价表的表格及内容见表4-3。

表4-3　单位估价表

序号	项目	单位	单价	数量	合计
1	综合人工	工日	×××	12.45	××××
2	水泥混合砂浆	m^3	×××	1.39	××××
3	普通黏土砖	千块	×××	4.34	××××
4	水	m^3	×××	0.87	××××
5	灰浆搅拌机	台班	×××	0.23	××××
6	合计	—	—	—	××××

单位估价汇总表的表格及内容见表4-4。

表4-4　单位估价汇总表

定额编号	工程名称	计量单位	单位价值	其中			附注
				工资	材料费	机械费	
4-23	空斗一眠一斗	$10m^3$	××××				
4-24	空斗一眠二斗	$10m^3$	××××				
4-25	空斗一眠三斗	$10m^3$	××××				

注：表格内容摘自《全国统一建筑工程基础定额》上册。

第五章　钢结构工程工程量清单计价

第一节　工程量清单计价基础知识

一、工程量清单计价的概念

工程量清单是由具有编制能力的招标人或受其委托，具有相应资质的工程造价咨询人编制的，表现拟建工程的分部分项工程项目、措施项目、其他项目名称和相应数量的明细清单。它体现的核心内容为分项工程项目名称及其相应数量。

工程量清单是招标文件的组成部分，是招标投标活动的重要依据，一经中标且签订合同，即成为合同的组成部分，同时也是工程量清单计价的基础，也是作为编制招标控制价、投标报价、计算工程量、支付工程款、调整合同价款、办理竣工结算以及工程索赔等的依据之一。

工程量清单计价是指投标人完成由招标人提供的工程量清单所需的全部费用，包括分部分项工程费、措施项目费、其他项目费、规费和税金。

二、工程量清单计价的方法及特点

工程量清单的计价方法，是在建设工程招标投标中，招标人或委托具有资质的工程造价咨询人编制反映工程实体消耗和措施性消耗的工程量清单，并作为招标文件的一部分提供给投标人，由投标人依据工程量清单自主报价的计价方式。在工程招标投标中采用工程量清单计价是国际上较为通行的做法。

工程量清单计价办法的主旨就是在全国范围内，统一项目编码、统一项目名称、统一计量单位、统一工程量计算规则。在这“四统一”的前提下，由国家主管职能部门统一编制《建设工程工程量清单计价规范》，作为强制性标准，在全国统一实施。

在工程量清单计价方法的招标方式下，由业主或招标单位根据统一的工程量清单项目设置规则和工程量清单计量规则编制工程量清单，鼓励企业自主报价，业主根据其报价，结合质量、工期等因素综合评定，选择最佳的投标企业中标。在这种模式下，标底不再成为评标的主要依据，甚至可以不编标底。从而在工程价格的形成过程中摆脱了长期以来的计划管理色彩，而由市场的参与双方主体自主定价，符合价格形成的基本原理。

工程量清单计价真实反映了工程实际，为把定价自主权交给市场参与方提供了可能。在工程招标过程中，投标企业在投标报价时必须考虑工程本身的内容、范围、技术特点以及招标文件的有关规定、工程现场情况等因素；同时还必须充分考虑许多其他方面的因素，如投标单位自己制订的工程总进度计划、施工方案、分包计划、资源安排计划等。这些因素对投标报价有着直接而重大的影响，而且对每一项招标工程来讲都具有其特殊性的一面，所以应该允许投标单位针对这些方面灵活机动地调整报价，以使报价能够比较准确地与工程实际相吻合。而只有这样才能把投标定价自主权真正交给招标和投标单位，投标单位才会对自己的报价承担相应的风险与责任，从而建立起真正的风险制约和竞争机制，避免合同实施过程中的推诿和扯皮现象的发生，为工程管理提供方便。

在招标投标过程中采用工程量清单计价方法具有以下特点：

1. 满足竞争的需要

投标过程本身就是一个竞争的过程，招标人给出工程量清单，投标人去填单价（此单价一般包括成本、利润），填高了中不了标，填低了又要赔本，这时候就体现出了企业技术、管理水平的重要，形成了企业整体实力的竞争。

2. 提供平等的竞争条件

采用施工图来投标报价，由于设计图样的缺陷，不同投标企业的人员理解不同，计算出的工程量也不同，报价相去甚远，容易产生纠纷。而工程量清单报价为投标者提供一个平等竞争的条件，相同的工程量，由企业根据自身的实力来填不同的单价，符合商品交换的一般性原则。

3. 利于工程款的拨付和工程造价的最终确定

中标后，业主要与中标施工企业签订施工合同，工程量清单报价基础上的中标价就成了合同价的基础。投标清单上的单价也就成了拨付工程款的依据。业主根据施工企业完成的工程量，可以很容易确定进度款的拨付额。工程竣工后，再根据设计变更、工程量的增减乘以相应单价，业主很容易确定工程的最终造价。

4. 利于实现风险的合理分担

采用工程量清单报价方式后，投标单位只对自己所报的成本、单价等负责，而对工程量的变更或计算错误等不负责任，对于这一部分风险则应由业主承担，这种格局符合风险合理分担与责权利关系对等的一般原则。

5. 利于业主对投资的控制

采用现在的施工图预算形式，业主对因设计变更、工程量的增减所引起的工程造价变化不敏感，往往等竣工结算时才知道这些对项目投资的影响有多大，但此时为时已晚，而采用工程量清单计价的方式则一目了然，在要进行设计变更时，能马上知道它对工程造价的影响，这样业主就能根据投资情况来决定是否变更或进行方案比较，以决定最恰当的处理方法。

工程量清单计价的特点具体体现在以下几个方面：

1. 统一性

通过制定统一的建设工程工程量清单计价方法、统一的工程量计量规则、统一的工程量清单项目设置规则，达到规范计价行为的目的。

2. 有效性

通过由政府发布统一的社会平均消耗量指导标准，为企业提供一个社会平均尺度，避免企业盲目或随意大幅度减少或扩大消耗量，从而达到保证工程质量的目的。

3. 开放性

将工程消耗量定额中的工、料、机价格和利润、管理费全面放开，由市场的供求关系自行确定价格。

4. 自主性

投标企业根据自身的技术专长、材料采购渠道和管理水平等，制定企业自己的报价定额，自主报价。企业尚无报价定额的，可参考使用造价管理部门颁布的《建设工程消耗量定额》。

5. 竞争性

通过建立与国际惯例接轨的工程量清单计价模式，引入充分竞争形成价格的机制，制定衡量投标报价合理性的基础标准。在投标过程中，有效引入竞争机制，淡化标底的作用，在保证质量、工期的前提下，按《中华人民共和国招标投标法》及有关条款规定，最终以“不低于成本”的合理低价者中标。

6. 适用性

全部使用国有资金（含国家融资资金）投资或国有资金投资为主的工程建设项目应执行工程量清单计价方式确定和计算工程造价。

三、工程量清单计价的基本原理

工程量清单计价的基本原理就是以招标人提供的工程量清单为平台，投标人根据自身的技术、财务、管理能力进行投标报价，招标人根据具体的评标细则进行优选，这种计价方式是市场定价体系的具体表现形式。

工程量清单计价的基本过程可以描述为：在统一的工程量计算规则基础上，制定工程量清单项目设置规则，根据具体工程的施工图样计算出各个清单项目的工程量，再根据从各种渠道所获得的工程造价信息和经验数据计算得到工程造价。这一基本的计算过程如图 5-1 所示。

从工程量清单计价过程的示意图中可以看出，其编制过程可以分为两个阶段：工程量清单格式的编制和利用工程量清单来编制投标报价。投标报价是在业主提供的工程量清单计算结果的基础上，根据企业自身所掌握的各种信息、资料，结合企业定额编制出的。

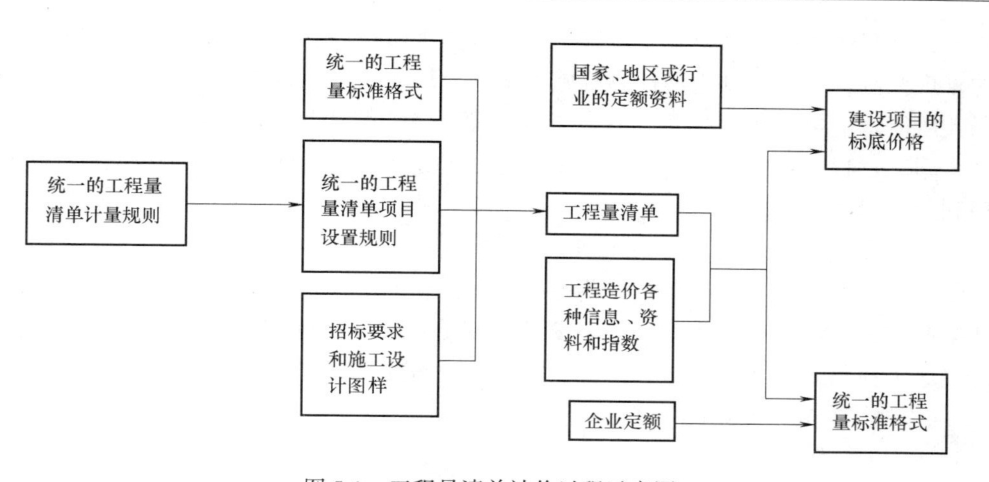

图 5-1　工程量清单计价过程示意图

四、影响工程量清单计价的因素

工程量清单报价中中标的工程，无论采用何种计价方法，在正常情况下，基本说明工程造价已确定，只是当出现设计变更或工程量变动时，通过签证再结算调整另行计算。工程量清单工程成本要素的管理重点，是在既定收入的前提下，如何控制成本支出。

1. 对用工批量的有效管理

人工费支出约占建筑产品成本的 17%，且随市场价格波动而不断变化。对人工单价在整个施工期间做出切合实际的预测，是控制人工费用支出的前提条件。

2. 材料费用的管理

材料费用开支约占建筑产品成本的 63%，是成本要素控制的重点。材料费用因工程量清单报价形式不同，材料供应方式不同而有所不同。如业主限价的材料价格可从施工企业采购过程降低材料单价来把握。

3. 机械费用的管理

机械费的开支约占建筑产品成本的 7%，其控制指标主要是根据工程量清单计算出使用的机械控制台班数。在施工过程中，每天做详细台班记录，是否存在维修、待班的台班现场签证记录，月末将实际使用台班同控制台班的绝对数进行对比，分析量差发生的原因。对机械费价格一般采取租赁协议，合同一般在结算期内不变动，所以控制实际用量是关键。依据现场情况做到设备合理布局，充分利用，特别是要合理安排大型设备进出场时间，以降低费用。

4. 施工中水电费的管理

在以往的工程施工中，水电费的管理一直被忽视。水作为人类赖以生存的宝贵资源，越来越短缺。因此施工过程中必须加强水电费的管理。为便于施工过程支出的管理控制，应把控制用量计算到施工子项，以便于水电费用控制。月末依据完成子项所需水电量同实际用量对比，找出差距，分析原因，以便制定改正措施。总之，施工过程中对水电用量控制不仅仅是一个经济效益的问题，更重要的是一个合理利用宝贵资源的问题。

5. 对设计变更和工程签证的管理

施工过程中，经常会遇到一些原设计未预料的实际情况或业主单位提出要求改变某些施工做法、材料代用等，引发设计变更；同样对施工图以外的内容及停水、停电或因材料供应不及时造成停工、窝工等都需要办理工程签证。

6. 对其他成本要素的管理

成本要素除工料单价法包含的以外，还有管理费用、利润、临设费、税金、保险费等。这部分收入已分散在工程量清单的子项之中，中标后已成既定的数。因此，在施工过程中应注意节约管理费用，依据施工的工期及现场情况合理布局临设，依据施工进度及时拨付工程款，确保国家规定的税金及时上缴。

以上是六个方面施工企业的成本要素，针对工程量清单形式带来的风险性，施工企业要从加强过程控制的管理入手，才能将风险降低到最低点。积累各种结构形式下成本要素的资料，逐步形成科学的、合理的，具有代表人力、财力、技术力量的企业定额体系。通过企业定额，使报价不再盲目，避免一味过低或过高报价所形成的亏损、废标，以应付复杂激烈的市场竞争。

五、工程量清单计价与定额计价的区别

工程量清单计价与定额计价的区别主要有以下几个方面：

1. 反映计价阶段不同

清单计价模式反映了市场定价阶段。在该阶段中，在国家有关部门间接调控和监督下，由工程发、承包双方根据工程市场中建筑产品供求关系变化自主确定工程价格。其价格的形成是根据市场的具体情况，有竞争形成、自发波动和自发调节的特点。

定额计价模式则更多地反映了国家定价或国家指导价阶段。在这种模式下，工程价格或直接由国家决定，或是由国家给出一定的指导性标准，承包人可以在该标准的允许幅度内实现有限竞争。例如，在我国的招标投标制度中，一度严格限定投标人的报价必须在限定标底的一定范围内波动，超出此范围即为废标。这一阶段的工程招标投标价格即属于国家指导性价格，体现出在国家宏观计划控制下的市场有限竞争。

2. 编制依据不同

清单计价的主要计价依据为《建设工程工程量清单计价规范》，其性质是含有

强制性条文的国家标准，清单的项目划分一般是按“综合实体”进行分项的，每个分项工程一般包含多项工程内容。

定额计价的主要计价依据为国家、省、有关专业部门制定的各种定额，其性质为指导性，定额的项目划分一般按施工工序分项，每个分项工程项目所含的工程内容一般是单一的。

3. 编制工程量的单位不同

工程量清单计价是由招标单位统一计算或委托有相应资质的工程造价咨询人统一计算，“工程量清单”是招标文件的重要组成部分，各投标单位根据招标人提供的“工程量清单”，根据自身的技术装备、施工经验、企业成本、企业定额、管理水平自主填报单价。

传统定额预算计价办法是：建设工程的工程量分别由招标单位和投标单位按图计算。

4. 单价与报价的组成不同

传统定额计价法的单价包括人工费、材料费、机械台班费，而清单计价法采用综合单价形式，综合单价包括人工费、材料费、机械使用费、管理费、利润，并考虑风险因素。工程量清单计价法的报价除包括定额计价法的报价外，还包括暂列金额、暂估价等。

5. 合同价调整方式不同

传统的定额预算计价合同价调整方式有：变更签证、定额解释、政策性调整。工程量清单计价法合同价调整方式主要是索赔。工程量清单的综合单价一般通过招标中报价的形式体现，一旦中标，报价作为签证施工合同的依据相对固定下来，工程结算按承包人实际完成工程量乘以清单中相应的单价计算，减少了调整活口。采用传统的预算定额经常有定额解释及定额规定，结算中又有政策性文件调整。工程量清单计价单价不能随意调整。

6. 费用组成不同

传统预算定额计价法的工程造价由直接工程费、措施费、间接费、利润、税金组成。工程量清单计价法工程造价包括分部分项工程费、措施项目费、其他项目费、规费、税金；包括完成每项工程包含的全部工程内容的费用；包括完成每项工程内容所需的费用（规费、税金除外）；包括工程量清单中没有体现的，施工中又必须发生的工程内容所需费用；包括风险因素增加的费用。

7. 项目编码不同

采用传统的预算定额项目编码，全国各省（市、区）采用不同的定额子目；采用工程量清单计价全国实行统一编码，项目编码采用十二位阿拉伯数字表示，前九位码不能变动，后三位码由清单编制人根据项目设置的清单项目编制。

8. 工程量计算时间不同

工程量清单在招标前由招标人编制。也可能业主为了缩短建设周期，通常在初步设计完成后就开始施工招标，在不影响施工进度的前提下，陆续发放施工图样，因此承包人据以报价的工程量清单中各项工作内容下的工程量一般为概算工程量。

第二节　工程量清单计价费用组成及计算

建筑工程项目费用由分部分项工程费用、措施项目费用、其他项目费用、规费和税金组成。建筑工程量清单计价模式下的建筑工程费用组成，如图 5-2 所示。

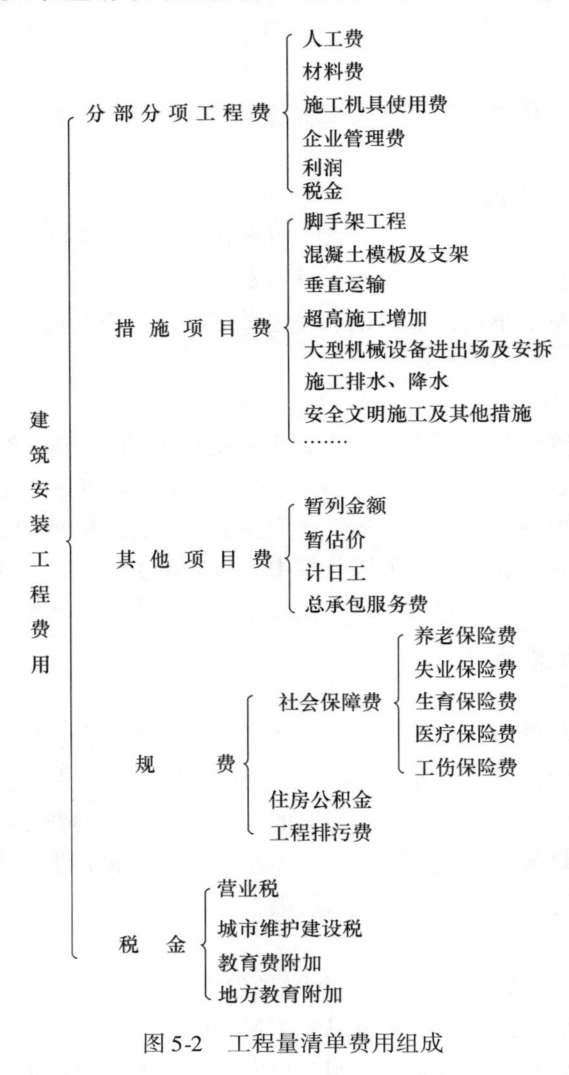

图 5-2　工程量清单费用组成

一、分部分项工程费用的组成及计算

分部分项工程费用由人工费、材料费、施工机具使用费、企业管理费、利润和税金组成。

1. 人工费组成及计算

人工费是指按工资总额构成规定，支付给从事建筑安装工程施工的生产工人和附属生产单位工人的各项费用。内容包括：

（1）计时工资或计件工资　它是指按计时工资标准和工作时间或对已做工作按计件单价支付给个人的劳动报酬。

（2）奖金　它是指对超额劳动和增收节支支付给个人的劳动报酬。如节约奖、劳动竞赛奖等。

（3）津贴补贴　它是指为了补偿职工特殊或额外的劳动消耗和因其他特殊原因支付给个人的津贴，以及为了保证职工工资水平不受物价影响支付给个人的物价补贴。如流动施工津贴、特殊地区施工津贴、高温（寒）作业临时津贴、高空津贴等。

（4）加班加点工资　它是指按规定支付的在法定节假日工作的加班工资和在法定日工作时间外延时工作的加点工资。

（5）特殊情况下支付的工资　它是指根据国家法律、法规和政策规定，因病、工伤、产假、计划生育假、婚丧假、事假、探亲假、定期休假、停工学习、执行国家或社会义务等原因，按计时工资标准或计时工资标准的一定比例支付的工资。

人工费的计算公式如下：

公式1：人工费 = $\sum$（工日消耗量 × 日工资单价）

日工资单价 = 生产工人月平均工资（计时、计件）+ 平均月奖金 + 津贴补贴 + 特殊情况下支付的工资（年平均每月法定工作日）

注：公式1主要适用于施工企业投标报价时自主确定人工费。

公式2：人工费 = $\sum$（工程工日消耗量 × 日工资单价）

日工资单价是指施工企业平均技术熟练程度的生产工人在每工作日（国家法定工作时间内）按规定从事施工作业应得的日工资总额。

工程造价管理机构确定日工资单价应通过市场调查，根据工程项目的技术要求，参考实物工程量人工单价综合分析确定，最低日工资单价不得低于工程所在地人力资源和社会保障部门所发布的最低工资标准的：普工1.3倍、一般技工2倍、高级技工3倍。

工程计价定额不可只列一个综合工日单价，应根据工程项目技术要求和工种差别适当划分多种日人工单价，确保各分部工程人工费的合理构成。

注：公式2适用于工程造价管理机构编制计价定额时确定定额人工费，是施工

企业投标报价的参考依据。

2. 材料费组成及计算

材料费是指施工过程中耗费的原材料、辅助材料、构配件、零件、半成品或成品、工程设备的费用。内容包括：

（1）材料原价　它是指材料、工程设备的出厂价格或商家供应价格。

（2）运杂费　它是指材料、工程设备自来源地运至工地仓库或指定堆放地点所发生的全部费用。

（3）运输损耗费　它是指材料在运输装卸过程中不可避免的损耗。

（4）采购及保管费　它是指为组织采购、供应和保管材料、工程设备的过程中所需要的各项费用。包括采购费、仓储费、工地保管费、仓储损耗。

工程设备是指构成或计划构成永久工程一部分的机电设备、金属结构设备、仪器装置及其他类似的设备和装置。

材料费的计算公式如下：

材料费 = Σ(材料消耗量 × 材料单价)

材料单价 = [(材料原价 + 运杂费) × (1 + 运输损耗率(%))] × [1 + 采购保管费率(%)]

工程设备费 = Σ(工程设备量 × 工程设备单价)

工程设备单价 = (设备原价 + 运杂费) × [1 + 采购保管费率(%)]

3. 施工机具使用费组成及计算

施工机具使用费是指施工作业所发生的施工机械、仪器仪表使用费或其租赁费。

（1）施工机械使用费　施工机械使用费以施工机械台班耗用量乘以施工机械台班单价表示。施工机械台班单价应由下列七项费用组成：

1）折旧费　它指施工机械在规定的使用年限内，陆续收回其原值的费用。

2）大修理费　它指施工机械按规定的大修理间隔台班进行必要的大修理，以恢复其正常功能所需的费用。

3）经常修理费　它指施工机械除大修理以外的各级保养和临时故障排除所需的费用。包括为保障机械正常运转所需替换设备与随机配备工具附具的摊销和维护费用，机械运转中日常保养所需润滑与擦拭的材料费用及机械停滞期间的维护和保养费用等。

4）安拆费及场外运费　安拆费指施工机械（大型机械除外）在现场进行安装与拆卸所需的人工、材料、机械和试运转费用以及机械辅助设施的折旧、搭设、拆除等费用；场外运费指施工机械整体或分体自停放地点运至施工现场或由一施工地点运至另一施工地点的运输、装卸、辅助材料及架线等费用。

5）人工费　它是指机上司机（司炉）和其他操作人员的人工费。

6）燃料动力费　它是指施工机械在运转作业中所消耗的各种燃料及水、电等费用。

7）税费　指施工机械按照国家规定应缴纳的车船使用税、保险费及年检费等。

（2）仪器仪表使用费　它是指工程施工所需使用的仪器仪表的摊销及维修费用。

其计算公式如下：

施工机械使用费 = Σ（施工机械台班消耗量 × 机械台班单价）

机械台班单价 = 台班折旧费 + 台班大修费 + 台班经常修理费 + 台班安拆费及场外运费 + 台班人工费 + 台班燃料动力费 + 台班车船税费

仪器仪表使用费 = 工程使用的仪器仪表摊销费 + 维修费

注：工程造价管理机构在确定计价定额中的施工机械使用费时，应根据《建筑施工机械台班费用计算规则》结合市场调查编制施工机械台班单价。施工企业可以参考工程造价管理机构发布的台班单价，自主确定施工机械使用费的报价，如租赁施工机械，公式为

施工机械使用费 = Σ（施工机械台班消耗量 × 机械台班租赁单价）

4. 企业管理费

企业管理费是指建筑安装企业组织施工生产和经营管理所需的费用。内容包括：

（1）管理人员工资　它是指按规定支付给管理人员的计时工资、奖金、津贴补贴、加班加点工资及特殊情况下支付的工资等。

（2）办公费　它是指企业管理办公用的文具、纸张、账表、印刷、邮电、书报、办公软件、现场监控、会议、水电、烧水和集体取暖降温（包括现场临时宿舍取暖降温）等费用。

（3）差旅交通费　它是指职工因公出差、调动工作的差旅费、住勤补助费，市内交通费和误餐补助费，职工探亲路费，劳动力招募费，职工退休、退职一次性路费，工伤人员就医路费，工地转移费以及管理部门使用的交通工具的油料、燃料等费用。

（4）固定资产使用费　它是指管理和试验部门及附属生产单位使用的属于固定资产的房屋、设备、仪器等的折旧、大修、维修或租赁费。

（5）工具用具使用费　它是指企业施工生产和管理使用的不属于固定资产的工具、器具、家具、交通工具和检验、试验、测绘、消防用具等的购置、维修和摊销费。

（6）劳动保险和职工福利费　它是指由企业支付的职工退职金、按规定支付给离休干部的经费，集体福利费、夏季防暑降温费、冬季取暖补贴、上下班交通补

贴等。

(7) 劳动保护费　它是企业按规定发放的劳动保护用品的支出。如工作服、手套、防暑降温饮料以及在有碍身体健康的环境中施工的保健费用等。

(8) 检验试验费　它是指施工企业按照有关标准规定，对建筑以及材料、构件和建筑安装物进行一般鉴定、检查所发生的费用，包括自设试验室进行试验所耗用的材料等费用。不包括新结构、新材料的试验费，对构件做破坏性试验及其他特殊要求检验试验的费用和建设单位委托检测机构进行检测的费用，对此类检测发生的费用，由建设单位在工程建设其他费用中列支。但对施工企业提供的具有合格证明的材料进行检测不合格的，该检测费用由施工企业支付。

(9) 工会经费　它是指企业按《中华人民共和国工会法》规定的全部职工工资总额比例计提的工会经费。

(10) 职工教育经费　它是指按职工工资总额的规定比例计提，企业为职工进行专业技术和职业技能培训，专业技术人员继续教育、职工职业技能鉴定、职业资格认定以及根据需要对职工进行各类文化教育所发生的费用。

(11) 财产保险费　它是指施工管理用财产、车辆等的保险费用。

(12) 财务费　它是指企业为施工生产筹集资金或提供预付款担保、履约担保、职工工资支付担保等所发生的各种费用。

(13) 税金　它是指企业按规定缴纳的房产税、车船使用税、土地使用税、印花税等。

(14) 其他　它包括技术转让费、技术开发费、投标费、业务招待费、绿化费、广告费、公证费、法律顾问费、审计费、咨询费、保险费等。

企业管理费费率计算公式如下：

以分部分项工程费为计算基础：

$$管理费率(\%)=\frac{生产工人年平均管理费}{年有效施工天数\times人工单价}\times人工费占分部分项工程费比例(\%)$$

人工费和机械费合计为计算基础：

$$管理费率(\%)=\frac{生产工人年平均管理费}{年有效施工天数\times(人工单价\times每一工日机械使用费)}\times100\%$$

以人工费为计算基础：

$$管理费率(\%)=\frac{生产工人年平均管理费}{年有效施工天数\times人工单价}\times100\%$$

注：上述公式适用于施工企业投标报价时自主确定管理费，是工程造价管理机构编制计价定额确定企业管理费的参考依据。

工程造价管理机构在确定计价定额中企业管理费时，应以定额人工费或（定额人工费 + 定额机械费）作为计算基数，其费率根据历年工程造价积累的资料，辅以调查数据确定，列入分部分项工程和措施项目中。

5. 利润

利润是指施工企业完成所承包工程获得的盈利。可按下列规定计算：

1）施工企业根据企业自身需求并结合建筑市场实际自主确定，列入报价中。

2）工程造价管理机构在确定计价定额中利润时，应以定额人工费或（定额人工费＋定额机械费）作为计算基数，其费率根据历年工程造价积累的资料，并结合建筑市场实际确定，以单位（单项）工程测算，利润在税前建筑安装工程费的比重可按不低于5%且不高于7%的费率计算。利润应列入分部分项工程和措施项目中。

6. 税金组成及计算

税金是指国家税法规定的应计入建筑安装工程造价内的营业税、城市维护建设税、教育费附加以及地方教育附加。其计算公式如下：

$$税金=税前造价\times综合税率（\%）$$

综合税率：

纳税地点在市区的企业：

$$综合税率=\frac{1}{1-3\%-3\%\times7\%-3\%\times3\%-3\%\times2\%}-1$$

纳税地点在县城、镇的企业：

$$综合税率=\frac{1}{1-3\%-3\%\times5\%-3\%\times3\%-3\%\times2\%}-1$$

纳税地点不在市区、县城、镇的企业：

$$综合税率=\frac{1}{1-3\%-3\%\times1\%-3\%\times3\%-3\%\times2\%}-1$$

实行营业税改增值税的，按纳税地点现行税率计算。

二、措施项目费组成及计算

措施项目费是指为完成工程项目施工，发生于该工程施工前和施工过程中的技术、生活、安全、环境保护等方面的项目。《房屋建筑与装饰工程工程量计算规范》（GB 50854—2013）列支的措施项目费包括：

（1）安全文明施工费

1）环境保护费。它是指施工现场为达到环保部门要求所需要的各项费用。

2）文明施工费。它是指施工现场文明施工所需要的各项费用。

3）安全施工费。它是指施工现场安全施工所需要的各项费用。

4）临时设施费。它是指施工企业为进行建设工程施工所必须搭设的生活和生产用的临时建筑物、构筑物和其他临时设施费用。包括临时设施的搭设、维修、拆除、清理费或摊销费等。

(2) 夜间施工增加费　它是指因夜间施工所发生的夜班补助费、夜间施工降效、夜间施工照明设备摊销及照明用电等费用。

(3) 二次搬运费　它是指因施工场地条件限制而发生的材料、构配件、半成品等一次运输不能到达堆放地点，必须进行二次或多次搬运所发生的费用。

(4) 冬雨期施工增加费　它是指在冬期或雨期施工需增加的临时设施、防滑、排除雨雪，人工及施工机械效率降低等费用。

(5) 已完工程及设备保护费　它是指竣工验收前，对已完工程及设备采取的必要保护措施所发生的费用。

(6) 工程定位复测费　它是指工程施工过程中进行全部施工测量放线和复测工作的费用。

(7) 特殊地区施工增加费　它是指工程在沙漠或其边缘地区、高海拔、高寒、原始森林等特殊地区施工增加的费用。

(8) 大型机械设备进出场及安拆费　它是指机械整体或分体自停放场地运至施工现场或由一个施工地点运至另一个施工地点，所发生的机械进出场运输及转移费用及机械在施工现场进行安装、拆卸所需的人工费、材料费、机械费、试运转费和安装所需的辅助设施的费用。

(9) 脚手架工程费　它是指施工需要的各种脚手架搭、拆、运输费用以及脚手架购置费的摊销（或租赁）费用。

措施项目及其包含的内容详见各类专业工程的现行国家或行业计量规范。

措施项目费各项费用计算如下：

国家计量规范规定应予计量的措施项目，其计算公式为

$$\text{措施项目费} = \sum(\text{措施项目工程量} \times \text{综合单价})$$

国家计量规范规定不宜计量的措施项目计算方法如下：

$$\text{安全文明施工费} = \text{计算基数} \times \text{安全文明施工费费率}(\%)$$

计算基数应为定额基价(定额分部分项工程费 + 定额中可以计量的措施项目费)、定额人工费或(定额人工费 + 定额机械费)，其费率由工程造价管理机构根据各专业工程的特点综合确定。

夜间施工增加费 = 计算基数 × 夜间施工增加费费率(%)

二次搬运费 = 计算基数 × 二次搬运费费率(%)

冬雨期施工增加费 = 计算基数 × 冬雨期施工增加费费率(%)

已完工程及设备保护费 = 计算基数 × 已完工程及设备保护费费率(%)

上述夜间施工增加费、二次搬运费、冬雨期施工增加费和已完工程及设备保护费，措施项目的计费基数应为定额人工费或(定额人工费 + 定额机械费)，其费率按工程造价管理机构确定的费率。

三、其他项目费用组成及计算

（1）暂列金额　它是指建设单位在工程量清单中暂定并包括在工程合同价款中的一笔款项。用于施工合同签订时，尚未确定或者不可预见的所需材料、工程设备、服务的采购，施工中可能发生的工程变更、合同约定调整因素出现时的工程价款调整以及发生的索赔、现场签证确认等的费用。暂列金额由建设单位根据工程特点，按有关计价规定估算，施工过程中由建设单位掌握使用、扣除合同价款调整后如有余额，归建设单位。

（2）计日工　它是指在施工过程中，施工企业完成建设单位提出的施工图样以外的零星项目或工作所需的费用。计日工由建设单位和施工企业按施工过程中的签证计价。

（3）总承包服务费　它是指总承包人为配合、协调建设单位进行的专业工程发包，对建设单位自行采购的材料、工程设备等进行保管以及施工现场管理、竣工资料汇总整理等服务所需的费用。总承包服务费由建设单位在招标控制价中根据总包服务范围和有关计价规定编制，施工企业投标时自主报价，施工过程中按签约合同价执行。

四、规费的组成及计算

规费是指按国家法律、法规规定，由省级政府和省级有关权力部门规定必须缴纳或计取的费用。包括：

（1）社会保险费　它包括养老保险费、失业保险费、医疗保险费、生育保险费和工伤保险费，这五项费用是指企业按照规定标准为职工缴纳的费用。

（2）住房公积金　它是指企业按规定标准为职工缴纳的住房公积金。

（3）工程排污费　它是指按规定缴纳的施工现场工程排污费。其他应列而未列入的规费，按实际发生计取。

社会保险费和住房公积金应以定额人工费为计算基础，根据工程所在地省、自治区、直辖市或行业建设主管部门规定费率计算。

其计算公式如下：

社会保险费和住房公积金 = Σ（工程定额人工费 × 社会保险费和住房公积金费率）

式中：社会保险费和住房公积金费率可以每万元发承包价的生产工人人工费和管理人员工资含量与工程所在地规定的缴纳标准综合分析取定。

工程排污费等其他应列而未列入的规费，应按工程所在地环境保护等部门规定的标准缴纳，按实计取列入。

建设单位和施工企业均应按照省、自治区、直辖市或行业建设主管部门发布标准计算规费和税金，不得作为竞争性费用。

五、税金的组成及计算

同上，在此不再重复讲述。

第三节 工程量清单及标准格式

工程量清单是招标文件的组成部分，它是由有编制招标文件能力的招标人或受其委托具有相应资质的工程造价咨询人依据有关计价办法、招标文件的有关要求、设计文件和施工现场实际情况进行编制的。

一、工程量清单的编制

(一) 工程量清单的编制依据

工程量清单的编制依据主要有：

1）《建设工程工程量清单计价规范》（GB 50500—2013）。

2）国家或省级、行业建设主管部门颁发的计价依据和办法。

3）建设工程设计文件。

4）与建设工程项目有关的标准、规范、技术资料。

5）招标文件及其补充通知、答疑纪要。

6）施工现场情况、工程特点及规范施工方案。

7）其他相关资料。

(二) 工程量清单的编制程序

工程量清单的编制程序：

1）熟悉图样和招标文件。

2）了解施工现场的有关情况。

3）划分项目、确定分部分项清单项目名称、编码。

4）确定分部分项清单项目特征。

5）计算分部分项清单主体项目工程量。

6）编制清单（分部分项清单与计价表、措施项目清单与计价表、其他项目清单与计价表）。

7）复核、编写总说明。

8）装订。

(三) 工程量清单的项目设置

工程量清单的项目设置规则是为了统一工程量清单项目名称、项目编码、计量单位和工程量计算而制定的，是编制工程量清单的依据。在《建设工程工程量清单计价规范》（GB 50500—2013）中，对工程量清单项目作了明确规定。

1. 项目编码

分部分项工程量清单项目编码以五级编码设置，各级编码设置如下：

1）第一级表示分类码（分两位，第一、二位）；建筑工程为01、装饰工程为02、安装工程为03、市政工程为04、园林绿化工程为05。

2）第二级表示专业工程顺序码（分两位，第三、四位）。

3）第三级表示分部工程顺序码（分两位，第五、六位）。

4）第四级表示分项工程顺序码（分三位，第七、八、九位）。

5）第五级表示工程量清单项目顺序码（分三位，第十、十一、十二位）。

建筑工程项目编码结构如图5-3所示。

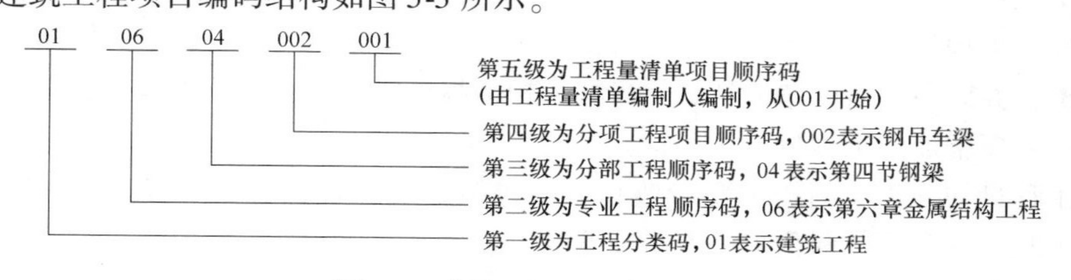

图5-3　建筑工程项目编码结构

当同一标段（或合同段）的一份工程量清单中含有多个单位工程量清单是以单位工程为编制对象时，在编制工程量清单时应特别注意对项目编码十至十二位的设置不得有重码的规定。

2. 项目名称

项目名称一般以形成工程实体而命名。项目名称如有缺项，招标人可按相应的原则进行补充，并报当地工程造价管理部门备案。

3. 项目特征

工程量清单的项目特征是确定一个清单项目综合单价不可缺少的重要依据，它通常按不同的工程部位、施工工艺或材料品种、规格等分别列项。在编制工程量清单时，必须对项目特征进行准确和全面的描述。凡项目特征中未描述到的其他独有的特征，由清单编制人视项目具体情况确定，以准确描述清单项目为准。

4. 计量单位

除各专业另有特殊规定外，计量单位应采用基本单位，均按以下单位计量：

以质量计算的项目：吨或千克（t或kg），保留三位小数。

以体积计算的项目：立方米（m^3），保留两位小数。

以面积计算的项目：平方米（m^2），保留两位小数

以长度计算的项目：米（m），保留两位小数。

以自然计量单位计算的项目：个、套、块、樘、组、台等，取整数。

没有具体数量的项目：宗、项等，取整数。

各专业有特殊计量单位的，另加以说明。

5. 工程内容

工程内容是指完成该清单项目可能发生的具体工程，可供招标人确定清单项目和投标人投标报价参考。以建筑工程的砖墙为例，可能发生的具体工程搭拆内墙脚手架、运输、砌砖、勾缝等。

凡工程内容中未列全的其他工程，由投标人按照招标文件或图样要求编制，以完成清单项目为准，综合考虑到报价中。

6. 工程数量

工程数量的计算主要通过工程量计算规则计算得到。工程量的计算规则是指对清单项目工程量的计算规定。除另有说明外，所有清单项目的工程量应以实体工程量为准，并以完成后的净值计算，投标人投标报价时，应在单价中考虑施工的各种损耗和需要增加的工程量。

工程量的计算规则按主要专业划分，包括建筑工程、装饰装修工程、安装工程、市政工程和园林绿化工程五个专业部分。

1）建筑工程：包括土石方工程，地基与桩基础工程，砌筑工程，混凝土及钢筋混凝土工程，厂库房大门、特种门、木结构工程，金属结构工程，屋面及防水工程，防腐、隔热、保温工程。

2）装饰装修工程：包括楼地面工程，墙柱面工程，天棚工程，门窗工程，油漆、涂料、裱糊工程，其他装饰工程。

3）安装工程：包括机械设备安装工程，电气设备安装工程，炉窑砌筑工程，静置设备与工艺金属结构制作安装工程，工业管道工程，消防工程，给水排水、采暖、燃气工程，通风空调工程，自动化控制仪表安装工程，通信设备及线路工程，建筑智能化系统设备安装工程，长距离输送管道工程。

4）市政工程：包括土石方工程，道路工程，桥涵护岸工程，隧道工程，市政管网工程，地铁工程，钢筋工程，拆除工程，厂区、小区道路工程。

5）园林绿化工程：包括绿化工程，园路、道桥、假山工程，园林景观工程。

二、工程量清单的标准格式

工程量清单的编制应采用统一格式，通常应由下列内容组成：

1. 封面

（1）工程量清单（封一）　招标人自行编制工程量清单时，由招标人单位注册的造价人员编制。招标人盖单位公章，法定代表人或其授权人签字或盖章；编制人是造价工程师的，由其签字盖执业专用章；编制人是造价员的，在编制人栏签字盖专用章，应由造价工程师复核，并在复核人栏签字盖执业专用章。

招标人委托工程造价咨询人编制工程量清单时，由工程造价咨询人单位注册的造价员编制。工程造价咨询人盖单位资质专用章，法定代表人或其授权人签字或盖章；编制人是造价工程师的，由其签字盖执业专用章；编制人是造价员的，在编制人栏签字盖专用章，应由造价工程师复核，并在复核人栏签字盖执业专用章。

工程量清单（封一）格式见表5-1。

表5-1　工程量清单（封一）

________________工程

工程量清单

招标人：________________ （单位盖章）	工程造价咨询人：________________ （单位资质专用章）
法定代表人 或其授权人：________________ （签字或盖章）	法定代表人 或其授权人：________________ （签字或盖章）
编制人：________________ （造价人员签字盖专用章）	复核人：________________ （造价工程师签字盖专用章）
编制时间：　　年　月　日	复核时间：　　年　月　日

（2）招标控制价（封二）　招标控制价应由具有编制能力的招标人，或受其委托具有相应资质的工程造价咨询人编制。招标人盖单位公章，法定代表人或其授权人签字或盖章；编制人是造价工程师的，由其签字盖执业专用章；编制人是造价员的，由其在编制人栏签字盖专用章，应由造价工程师复核，并在复核人栏签字盖执业专用章。

招标人委托工程造价咨询人编制招标控制价时，由工程造价咨询人单位注册的造价人员编制。工程造价咨询人盖单位资质专用章，法定代表人或其授权人签字或盖章；编制人是造价工程师的，由其签字盖执业专用章；编制人是造价员的，由其在编制人栏签字盖专用章，应由造价工程师复核，并在复核人栏签字盖执业专用章。

招标控制价应在招标时公布，不应上调或下浮，招标人应将招标控制价及有关资料报送工程所在地工程造价管理机构备查。当招标控制价超过批准的概算时，招标人应将其报原概算审批部门审核。

招标控制价的编制依据有：《建设工程工程量清单计价规范》（GB 50500—2013）；国家或省级、行业建设主管部门颁发的计价定额和计价办法；建设工程设计文件及相关资料；招标文件中的工程量清单及有关要求；与建设项目相关的标准、规范、技术资料；工程造价管理机构发布的工程造价信息，工程造价信息没有的参照市场价；其他相关资料。

招标控制价（封二）格式见表5-2。

表 5-2　招标控制价（封二）

________________工程

招标控制价

招标控制价（小写）：____________________

（大写）：____________________

招标人：____________　　　　工程造价咨询人：____________

（单位盖章）　　　　（单位资质专用章）

法定代表人　　　　法定代表人

或其授权人：____________　　　　或其授权人：____________

（签字或盖章）　　　　（签字或盖章）

编制人：____________　　　　复核人：____________

（造价人员签字盖专用章）　　　　（造价工程师签字盖专用章）

编制时间：　年　月　日　　　　复核时间：　年　月　日

（3）投标总价（封三）　投标人编制投标报价时，由投标人单位注册的造价人员编制。投标人盖单位公章，法定代表人或其授权人签字或盖章；编制的造价人员（造价工程师或造价员）签字盖执业专用章。投标人的投标报价高于招标控制价的，其投标应予以拒绝。

投标报价的编制依据有：《建设工程工程量清单计价规范》（GB 50500—2013）；国家或省级、行业建设主管部门颁发的计价定额和计价办法；建设工程设计文件及相关资料；招标文件中的工程量清单及有关要求；与建设项目相关的标准、规范、技术资料；工程造价管理机构发布的工程造价信息，工程造价信息没有的参照市场价；其他相关资料。

投标总价（封三）格式见表 5-3。

表 5-3　投标总价（封三）

投标总价

招标人：________________________

工程名称：________________________

投标总价（小写）：____________________

（大写）：____________________

投标人：________________________

（单位盖章）

法定代表人

或其授权人：________________________

（签字或盖章）

编制人：________________________

（造价人员签字盖专用章）

编制时间：　年　月　日

（4）竣工结算总价（封四）　承包人自行编制竣工结算总价时，由承包人单位注册的造价人员编制。承包人盖单位公章，法定代表人或其授权人签字或盖章；编制的造价人员（造价工程师或造价员）在编制人栏签字盖执业专用章。

发包人自行核对竣工结算时，由发包人单位注册的造价工程师核对。发包人盖单位公章，法定代表人或其授权人签字或盖章，造价工程师在核对人栏签字盖执业专用章。

发包人委托工程造价咨询人核对竣工结算时，由工程造价咨询人单位注册的造价工程师核对。发包人盖单位公章，法定代表人或其授权人签字或盖章；工程造价咨询人盖单位资质专用章，法定代表人或其授权人签字或盖章，造价工程师在核对人栏签字盖执业专用章。

除非出现发包人拒绝或不答复承包人竣工结算书的特殊情况，竣工结算办理完毕后，竣工结算总价封面发、承包双方的签字、盖章应当齐全。

竣工结算总价（封四）格式见表5-4。

表5-4　竣工结算总价（封四）

________________工程

竣工结算总价

中标价（小写）：________________　（大写）：________________

结算价（小写）：________________　（大写）：________________

工程造价

发包人：__________（单位盖章）	承包人：__________（单位盖章）	咨询人：__________（单位资质专用章）
法定代表人或其授权人：__________（签字或盖章）	法定代表人或其授权人：__________（签字或盖章）	法定代表人或其授权人：__________（签字或盖章）

编制人：______________（造价人员签字盖专用章）　　核对人：______________（造价工程师签字盖专用章）

编制时间：　年　月　日　　核对时间：　年　月　日

2. 总说明

总说明应按下列内容填写：

1）工程量清单总说明的内容。工程概况（如建设地址、建设规模、工程特征、交通状况、环保要求等）；工程发分包范围；工程量清单编制依据（如采用的标准、施工图样、标准图集等）；使用材料设备、施工的特殊要求等；其他需要说明的问题。

2）招标控制价总说明的内容。采用的计价依据；采用的施工组织设计；采用的材料价格来源；综合单价中风险因素、风险范围；其他等。

3）投标报价总说明的内容。采用的计价依据；采用的施工组织设计；综合单价中包含的风险因素、风险范围；措施项目依据；其他有关内容说明等。

4）竣工结算总说明的内容。工程概况；编制依据；工程变更；工程价款调整；索赔；其他等。

总说明格式见表5-5。

表5-5　总说明

工程名称：　　　　　　　　　　　　　　　　第　页　共　页

3. 汇总表

汇总表包括工程项目招标控制价/投标报价汇总表、单项工程招标控制价/投标报价汇总表、单位工程招标控制价/投标报价汇总表、工程项目竣工结算汇总表、单项工程竣工结算汇总表、单位工程竣工结算汇总表，表格格式见表5-6～表5-11。

1）招标控制价使用表5-6、表5-7、表5-8。由于编制招标控制价和投标报价包括的内容相同，只是对价格的处理不同，因此，对招标控制价和投标报价汇总表的设计使用同一表格。实践中，对招标控制价或投标报价应分别印制该表格。

表5-6　工程项目招标控制价/投标报价汇总表

工程名称：　　　　　　　　　　　　　　　　第　页　共　页

序　号	单项工程名称	金额/元	其　中		
			暂估价/元	安全文明施工/元	规费/元
合计					

表5-7　单项工程招标控制价/投标报价汇总表

工程名称：　　　　　　　　　　　　　　　　第　页　共　页

序　号	单项工程名称	金额/元	其　中		
			暂估价/元	安全文明施工/元	规费/元
合计					

注：暂估价包括分部分项工程中的暂估价和专业工程暂估价

表 5-8　单项工程招标控制价/投标报价汇总表

工程名称：　　　　　　　　　　标段：　　　　　　　　　　第　页　共　页

序号	汇总内容	金额/元	其中：暂估价/元
1	分部分项工程		
1.1			
1.2			
1.3			
1.4			
1.5			
2	措施项目		
2.1	安全文明施工费		
3	其他项目		
3.1	暂列金额		
3.2	专业工程暂估价		
3.3	计日工		
3.4	总承包服务费		
4	规费		
5	税金		
招标控制价合计 =1 +2 +3 +4 +5			

注：如无单位工程划分，单项工程也使用本表汇总。

2）投标报价使用表 5-6、表 5-7、表 5-8。与招标控制价的表格一致，此处需要说明的是，投标报价汇总表与投标函中投标报价金额应当一致。就投标文件的各个组成部分而言，投标函是最重要的文件，其他组成部分都是投标函的支持文件，投标函是必须经过投标人签字画押，并且在开标会上必须当众宣读的文件。如果投标报价汇总表的投标总价与投标函填报的总价不一致，应当以投标函中填写的大写金额为准。实践中，对该原则一直缺少一个明确的依据，为了避免出现争议，可以在“投标人须知”中给予明确表示，用在招标文件中预先给予明示约定的方式来弥补法律、法规依据的不足。

3）竣工结算汇总使用表 5-9、表 5-10、表 5-11。

表 5-9　工程项目竣工结算汇总表

工程名称：　　　　　　　　　　　　　　　　　　　　第　页　共　页

<table>
<tr><th rowspan="2">序　　号</th><th rowspan="2">单项工程名称</th><th rowspan="2">金额
/元</th><th colspan="3">其　　中</th></tr>
<tr><th colspan="2">安全文明施工费/元</th><th>规费/元</th></tr>
<tr><td></td><td></td><td></td><td></td><td></td><td></td></tr>
<tr><td colspan="2">合　　计</td><td></td><td></td><td></td><td></td></tr>
</table>

表 5-10　工程项目竣工结算汇总表

工程名称：　　　　　　　　　　　　　　　　　　　　第　页　共　页

<table>
<tr><th rowspan="2">序　　号</th><th rowspan="2">单项工程名称</th><th rowspan="2">金额
/元</th><th colspan="3">其　　中</th></tr>
<tr><th colspan="2">安全文明施工费/元</th><th>规费/元</th></tr>
<tr><td></td><td></td><td></td><td></td><td></td><td></td></tr>
<tr><td colspan="2">合　　计</td><td></td><td></td><td></td><td></td></tr>
</table>

表 5-11　单位工程竣工结算汇总表

工程名称：　　　　　　　　标段：　　　　　　　　　第　页　共　页

序号	汇总内容	金额/元
1	分部分项工程	
1.1		
1.2		
1.3		
1.4		
1.5		
2	措施项目	
2.1	安全文明施工费	
3	其他项目	
3.1	专业工程结算价	
3.2	计日工	
3.3	总承包服务费	
3.4	索赔与现场签证	
4	规费	
5	税金	
竣工结算总价合计 = 1 + 2 + 3 + 4 + 5		

注：如无单位工程划分，单项工程也使用本表汇总。

4. 分部分项工程量清单

分部分项工程量清单包括分部分项工程量清单与计价表和工程量清单综合单价分析表，表格格式见表5-12、表5-13。

表5-12　分部分项工程量清单与计价表

工程名称：　　　　　　标段：　　　　　　第　页　共　页

序号	项目编码	项目名称	项目特征描述	计量单位	工程量	金额/元		
						综合单价	合价	其中：暂估价
本页小计								
合　计								

注：根据住房城乡建设部、财政部发布的《建筑安装工程费用项目组成》（建标［2013］44号）的规定，为计取规费等使用，可在表中增设："直接费""人工费"或"人工费＋机械费"。

表5-13　工程量清单综合单价分析表

工程名称：　　　　　　标段：　　　　　　第　页　共　页

项目编码		项目名称		计量单位							
清单综合单价组成明细											
定额编号	定额名称	定额单位	数量	单价				合价			
				人工费	材料费	机械费	管理费和利润	人工费	材料费	机械费	管理费和利润
人工单价	小计										
元/工日	未计价材料										
清单项目综合单价											
材料费明细	主要材料名称、规格、型号					单位	数量	单价/元	合价/元	暂估单价	暂估合价
	其他材料费							—		—	
	材料费小计							—		—	

注：1. 如不使用省级或行业建设主管部门发布的计价依据，可不填定额项目、编号等。

2. 招标文件提供了暂估单价的材料，按暂估的单价填入表内"暂估单价"栏及"暂估合价"栏。

1）分部分项工程量清单与计价表编制要求：

①编制招标控制价时，使用本表"综合单价""合价"以及"其中：暂估价"

按《建设工程工程量清单计价规范》（GB 50500—2013）规定填写。

②编制投标报价时，投标人对表中的“项目编码”、“项目名称”“项目特征描述”“计量单位”“工程量”均不应做改动。“综合单价”“合价”自主决定填写，对其中的“暂估价”栏，投标人应将招标文件中提供了暂估材料单价的暂估价计入综合单价，并应计算出暂估价的材料在“综合单价”及其“合价”中的具体数额。

③编制竣工结算时，使用本表可取消“暂估价”。按照本表的注示：为了计取规费等的使用，可在表中增设：“直接费”“人工费”或“人工费＋机械费”，由于各省、自治区、直辖市以及行业建设主管部门对规费计取基础的不同设置，可灵活处理。

2）工程量清单分析表。该分析表一般随投标文件一同提交，作为竞标的工程量清单的组成部分，以便中标后，作为合同文件的附属文件。投标人须知中就该分析表提交的方式做出了规定，该规定需要考虑是否有必要对该分析表的合同地位给予定义。

编制分部分项工程量清单时需注意以下两点：

①工程量清单计价格式中列明的所有需要填报的单价和合价，投标人均应填报，未填报的单价和合价，视为此项费用已包含在工程量清单的其他单价和合价中。

②明确金额的表示币种。

5. 措施项目清单

措施项目清单与计价表格式见表5-14、表5-15。

表5-14　措施项目清单与计价表（一）

工程名称：　　　　　　　　　　　　标段：　　　　　　　　　　　　第　页　共　页

序号	项目名称	计算基础	费率（%）	金额/元
1	安全文明施工费			
2	夜间施工增加费			
3	二次搬运费			
4	冬雨期施工增加费			
5	大型机械设备进出场及安拆费			
6	施工排水			
7	施工降水			
8	地上、地下设施、建筑物的临时保护设施			
9	已完工程及设备保护			
10	各专业工程的措施项目			
合　计				

注：1. 本表适用于以“项”计价的措施项目。

2. 根据住房城乡建设部、财政部发布的《建筑安装工程费用项目组成》（建标［2013］44号）的规定，为计取规费等使用，可在表中增设：“直接费”“人工费”或“人工费＋机械费”。

表 5-15　措施项目清单与计价表（二）

工程名称：　　　　　　　　　　标段：　　　　　　　　　　第　页　共　页

序号	项目编码	项目名称	项目特征描述	计量单位	工程量	金　额	
						综合单价	合价
本页小计							
合　计							

注：本表适用于以综合单价形式计价的措施项目。

编制工程量清单时，表中的项目可根据工程实际情况进行增减；编制招标控制价时，计费基础、费率应按省级或行业建设主管部门的规定计取；编制投标报价时，除“安全文明施工费”必须按《建设工程工程量清单计价规范》（GB 50500—2013）的强制性规定，省级、行业建设主管部门的规定计取外，其他措施项目均可根据投标施工组织设计自主报价。

6. 其他项目清单

其他项目清单表包括：其他项目清单与计价汇总表、暂列金额明细表、材料暂估单价表、专业工程暂估价表、计日工表、总承包服务费计价表、索赔与现场签证计价汇总表、费用索赔申请（核准）表、现场签证表。

（1）其他项目清单与计价汇总表（表 5-16）　使用表 5-16 时，由于计价阶段的差异，需注意以下几点：

1）编制工程量清单，应汇总“暂列金额”和“专业工程暂估价”，以提供给投标人报价。

表 5-16　其他项目清单与计价汇总表

工程名称：　　　　　　　　　　标段：　　　　　　　　　　第　页　共　页

序号	项目名称	计量单位	金额/元	备　注
1	暂列金额			
2	暂估价			
2.1	材料暂估价		—	
2.2	专业工程暂估价			
3	计日工			
4	总承包服务费			
合计				

注：材料暂估价计入清单项目综合单价，此处不汇总。

2）编制招标控制价，应按有关计价规定估算“计日工”和“总承包服务费”。如工程量清单未列“暂列金额”和“专业工程暂估价”，应按有关规定编列。

3）编制投标报价，应按招标文件工程量清单提供的“暂列金额”和“专业工程暂估价”填写金额，不得变动。“计日工”“总承包服务费”自主确定报价。

4）编制或核对竣工结算，“专业工程暂估价”按实际分包结算价填写，“计日工”“总承包服务费”按双方认可的费用填写，如出现“索赔”或“现场签证”费用，按双方认可的金额计入该表。

（2）暂列金额明细表（表5-17）　“暂列金额”在《建设工程工程量清单计价规范》（GB 50500—2013）的定义中已经明确。在实际履约过程中可能发生，也可能不发生。表5-17要求招标人能将暂列金额与拟用项目列出明细，但如确实不能详列也可只列暂定总额，投标人应将上述暂列金额计入投标总价中。

表5-17　暂列金额明细表

工程名称：　　　　　　　　　　标段：　　　　　　　　　　第　页　共　页

序号	项目名称	计量单位	暂定金额/元	备注
1				
2				
3				
4				
5				
合计				

注：此表由招标人填写，如不能详列，也可只列暂定金额总额，投标人应将上述暂列金额计入投标总价中。

（3）材料暂估单价表（表5-18）

表5-18　材料暂估单价表

工程名称：　　　　　　　　　　标段：　　　　　　　　　　第　页　共　页

序号	材料名称、规格、型号	计量单位	单价/元	备　注

注：1. 此表由招标人填写，并在备注栏说明暂估价的材料拟用在哪些清单项目上，投标人应将上述材料暂估价计入工程量清单综合单价报价中。

2. 材料包括原材料、燃料、构配件以及按规定应计入建设安装工程造价的设备。

（4）专业工程暂估价表（表5-19）

表5-19　专业工程暂估价表

工程名称：　　　　　　　　　　标段：　　　　　　　　　　第　页　共　页

序号	工程名称	工程内容	金额/元	备　注
合　计				

注：此表由招标人填写，投标人应将上述专业工程暂估价计入投标总价中。

（5）计日工表（表5-20）

表5-20　计日工表

工程名称：　　　　　　　　　　标段：　　　　　　　　　　第　页　共　页

编号	项目名称	单位	暂定数量	综合单价	合　价
一					
1					
2					
3					
二	材料				
1					
2					
3					
材料小计					
三	施工机械				
1					
2					
3					
施工机械小计					
总　计					

注：此表项目名称、数量由招标人填写，编制招标控制价时，单价由招标人按有关计价规定确定，投标时，单价由投标人自主报价，计入投标总价中。

（6）总承包服务费计价表（表5-21）

表5-21　总承包服务费计价表

工程名称：　　标段：　　第　页　共　页

序号	项目名称	项目价值/元	服务内容	费率（%）	金额/元
1	发包人发包专业工程				
2	发包人供应材料				
合　计					

（7）索赔与现场签证计价汇总表（表5-22）

表5-22　索赔与现场签证计价汇总表

工程名称：　　标段：　　第　页　共　页

序号	签证及索赔项目名称	计量单位	数量	单价/元	合价/元	签证及索赔依据
本页小计						—
合　计						—

注：签证及索赔依据是指经发、承包双方认可的签证单和索赔依据的编号。

（8）费用索赔申请（核准）表（表5-23）　使用费用索赔申请（核准）表时，承包人代表应按合同条款的约定，简述原因，附上索赔证据、费用计算报发包人，经监理工程师复核（按照发包人的授权不论是监理工程师还是发包人现场代表均可），经造价工程师（此处造价工程师可以是发包人现场管理人员，也可以是发包人委托的工程造价咨询企业的人员）复核具体费用，经发包人审核后生效，在该表选择栏中“□”内作标识“√”。

表5-23　费用索赔申请（核准）表

工程名称：　　　　　　　　标段：　　　　　　　　第　页　共　页

致：________________________________（发包人全称）

根据施工合同条款第________条的约定，由于__________原因，我方要求索赔金额（大写）______________元，（小写）____________元，请予以核准。

附：1. 费用索赔的详细理由和依据。

2. 索赔金额的计算。

3. 证明材料。

承包人（章）

承包人代表____

日　　期____

复核意见： 根据施工合同条款第______条的约定，你方提出的费用索赔申请经复核： □不同意此项索赔，具体意见见附件。 □同意此项索赔，索赔金额的计算，由造价工程师复核。 监理工程师________ 日　　期________	复核意见： 根据施工合同条款第______条的约定，你方提出的费用索赔申请经复核，索赔金额为（大写）______元，（小写）______元。 造价工程师________ 日　　期________

审核意见：

□不同意此项索赔。

□同意此项索赔，价款与本期进度款同期支付。

发包人（章）

发包人代表________

日　　期________

(9) 现场签证表（表5-24）

表5-24　现场签证表

工程名称：　　　　　　　　　标段：　　　　　　　　　第　页　共　页

施工部位		日期	

致：____（发包人全称）

根据______（指令人姓名）　年　月　日的口头指令或你方________（或监理人）年　月　日的书面通知，我方要求完成此项工作应支付价款金额为（大写）__________元，（小写）__________元，请予以核准。

附：1. 签证事由及原因。

2. 附图及计算式。

承包人（章）

承包人代表____

日　　期____

复核意见： 你方提出的费用索赔申请经复核： □不同意此项签证，具体意见见附件。 □同意此项签证，签证金额的计算，由造价工程师复核。 监理工程师____ 日　　期____	复核意见： □此项签证按承包人中标的计日工单价计算，金额为（大写）______元，（小写）______元。 □此项签证因无计日工单价，金额为（大写）______元，（小写）______元。 监理工程师____ 日　　期____

审核意见：

□不同意此项签证。

□同意此项索赔，价款与本期进度款同期支付。

发包人（章）

发包人代表________

日　　期________

注：1. 在选择栏中的“□”内作标识“√”。

2. 本表一式四份，由承包人在收到发包人（监理人）的口头或书面通知后填写，发包人、监理人、造价咨询人、承包人各存一份。

7. 规费、税金项目清单

根据住房城乡建设部、财政部发布的《建筑安装工程费用项目组成》（建标［2013］44号）的规定，规费包括工程排污费、社会保障费（养老保险费、失业保险费、医疗保险费、生育保险费、工伤保险费）、住房公积金。编制人对《建筑安装工程费用项目组成》未包括的规费项目，在编制规费项目清单时应根据省级政府或省级有关权力部门的规定列项。

根据我国税法规定，目前应计入建设安装工程造价的税种包括营业税、城市建设维护税，教育费附加及地方教育附加。如国家税法发生变化，税务部门依据职权增加了税种，应对税金项目清单进行补充。

规费、税金项目清单与计价表见表5-25。

表5-25　规费、税金项目清单与计价表

工程名称：　　　　　　　　　　　　标段：　　　　　　　　　　第　页　共　页

序号	项目名称	计算基础	费率（%）	金额/元
1	规费			
1.1	工程排污费			
1.2	社会保障费			
(1)	养老保险费			
(2)	失业保险费			
(3)	医疗保险费			
(4)	生育保险费			
(5)	工伤保险费			
1.3	住房公积金			
2	税金	分部分项工程费＋措施项目费＋其他项目费＋规费		
合　计				

注：根据住房城乡建设部、财政部发布的《建筑安装工程费用项目组成》（建标［2013］44号）的规定，“计算基础”可为“直接费”“人工费”或“人工费＋机械费”。

8. 工程支付申请（核准）表（表5-26）

本表由承包人代表在每个计量周期结束后，向发包人提出，由发包人授权的现场代表复核工程量（本表中设置为监理工程师），由发包人授权的造价工程师（可以是委托的造价咨询企业）复核应付款项，经发包人批准实施。

工程量清单计价表宜采用统一格式，但由于行业、地区的一些特殊情况，省级或行业建设主管部门可在《建设工程工程量清单计价规范》（GB 50500—2013）提供的计价格式的基础上予以补充。

表 5-26　工程支付申请（核准）表

工程名称：　　　　　　　　　　标段：　　　　　　　　　　第　页　共　页

致：________________________（发包人全称）

我方于______至______期间已完成了________工作，根据施工合同的约定，现申请支付本期的工程款额（大写）________，（小写）________元，请予以核准。

序号	名称	金额/元	备　注
1	累计已完成的工程价款		
2	累计已实际支付的工程价款		
3	本周期已完成的工程价款		
4	本周期完成的计日工金额		
5	本周期应增加和扣减的变更金额		
6	本周期应增加和扣减的索赔金额		
7	本周期应抵扣的预付款		
8	本周期应扣减的质保金		
9	本周期应增加或扣减的其他金额		
10	本周期实际应支付的工程价款		

承包人（章）
承包人代表______
日　　期______

复核意见：

□与实际施工情况不相符，修改意见见附件。

□与实际施工情况不相符，具体金额由造价工程师复核。

监理工程师______
日　　期______

复核意见：

你方提出的支付申请经复核，本周期已完成工程款额为（大写）__________，（小写）__________元，本周期应支付金额为（大写）__________，（小写）__________元。

造价工程师______
日　　期______

审核意见：

□不同意。

□同意，支付时间为本表签发后的 15 天内。

发包人（章）
发包人代表______
日　　期______

注：1. 在选择栏中的“□”内作标识“√”。

2. 本表一式四份，由承包人填报，发包人、监理人、造价咨询人、承包人各存一份。

第六章　钢结构工程工程量计算

第一节　建筑面积计算

《建筑工程建筑面积计算规范》（GB/T 50353—2013），自 2014 年 7 月 1 日起开始实施，新规范的实施对建筑工程建筑面积的计算做出了新的规定和要求。

一、应计算建筑面积的范围

1）建筑物的建筑面积应按自然层外墙结构外围水平面积之和计算。结构层高在 2. 20m 及以上的，应计算全面积；结构层高在 2. 20m 以下的，应计算 1/2 面积。并应符合以下规定：

建筑面积计算，在主体结构内形成的建筑空间，满足计算面积结构层高要求的均应按本条计算建筑面积。主体结构外的室外阳台、雨篷、檐廊、室外走廊、室外楼梯等按规范相应条款计算建筑面积。当外墙结构本身在一个层高范围内不等厚时，以楼地面结构标高处的外围水平面积计算。

2）建筑物内设有局部楼层时，对于局部楼层的二层及以上楼层，有围护结构的应按其围护结构外围水平面积计算，无围护结构的应按其结构底板水平面积计算，且结构层高在 2. 20m 及以上的，应计算全面积，结构层高在 2. 20m 以下的，应计算 1/2 面积。

建筑物内的局部楼层如图 6-1 所示。

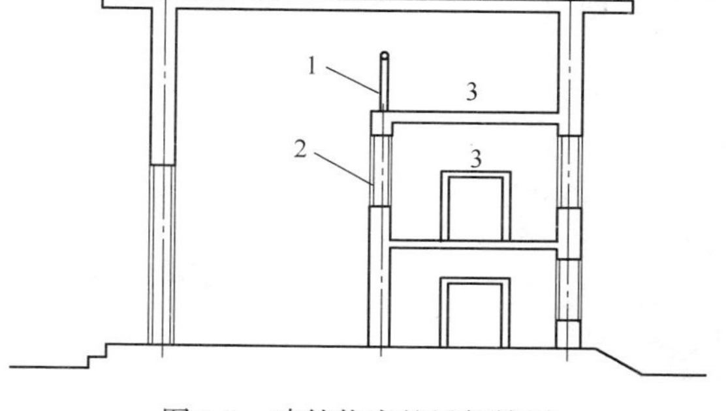

图 6-1　建筑物内的局部楼层

1—围护设施　2—围护结构　3—局部楼层

3）对于形成建筑空间的坡屋顶，结构净高在 2. 10m 及以上的部位应计算全面积；结构净高在 1. 20m 及以上至 2. 10m 以下的部位应计算 1/2 面积；结构净高在 1. 20m 以下的部位不应计算建筑面积。

4）对于场馆看台下的建筑空间，结构净高在 2. 10m 及以上的部位应计算全面积；结构净高在 1. 20m 及以上至 2. 10m 以下的部位应计算 1/2 面积；结构净高在 1. 20m 以下的部位不应计算建筑面积。室内单独设置的有围护设施的悬挑看台，应按看台结构底板水平投影面积计算建筑面积。有顶盖无围护结构的场馆看台应按其顶盖水平投影面积的1/2计算面积。

场馆看台下的建筑空间因其上部结构多为斜板，所以采用净高的尺寸划定建筑面积的计算范围和对应规则。室内单独设置的有围护设施的悬挑看台，因其看台上部设有顶盖且可供人使用，所以按看台板的结构底板水平投影计算建筑面积。“有顶盖无围护结构的场馆看台”中所称的“场馆”为专业术语，指各种“场”类建筑，如体育场、足球场、网球场、带看台的风雨操场等。

5）地下室、半地下室应按其结构外围水平面积计算。结构层高在2.20m及以上的，应计算全面积；结构层高在2.20m以下的，应计算1/2面积。

地下室作为设备、管道层按第26）条执行；地下室的各种竖向井道按第19）条执行；地下室的围护结构不垂直于水平面的按第18）条执行。

6）出入口外墙外侧坡道有顶盖的部位，应按其外墙结构外围水平面积的1/2计算面积。

出入口坡道分有顶盖出入口坡道和无顶盖出入口坡道，出入口坡道顶盖的挑出长度，为顶盖结构外边线至外墙结构外边线的长度；顶盖以设计图样为准，对后增加及建设单位自行增加的顶盖等，不计算建筑面积。顶盖不分材料种类（如钢筋混凝土顶盖、彩钢板顶盖、阳光板顶盖等）。地下室出入口如图6-2所示。

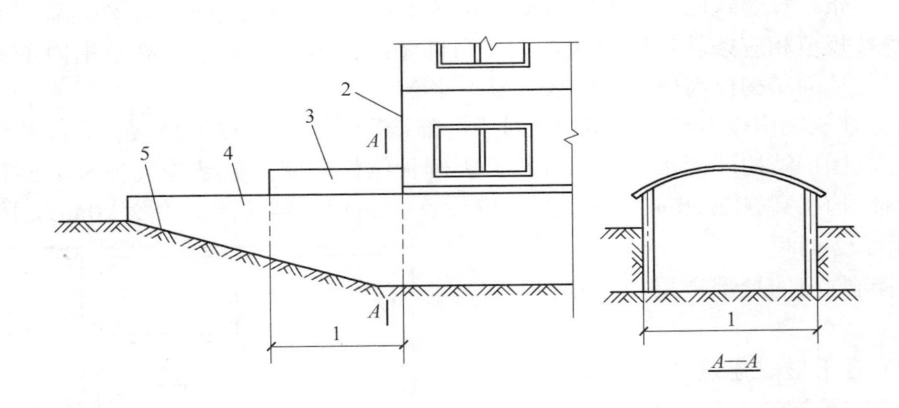

图6-2　地下室出入口

1—计算1/2投影面积部位　2—主体建筑　3—出入口顶盖

4—封闭出入口侧墙　5—出入口坡道

7）建筑物架空层及坡地建筑物吊脚架空层，应按其顶板水平投影计算建筑面积。结构层高在2.20m及以上的，应计算全面积；结构层高在2.20m以下的，应计算1/2面积。

以上规定适用于建筑物吊脚架空层、深基础架空层建筑面积的计算，也适用于目前部分住宅、学校教学楼等工程在底层架空或在二楼或以上某个甚至多个楼层架空，作为公共活动、停车、绿化等空间的建筑面积的计算。架空层中有围护结构的建筑空间按相关规定计算。建筑物吊脚架空层如图 6-3 所示。

8）建筑物的门厅、大厅应按一层计算建筑面积，门厅、大厅内设置的走廊应按走廊结构底板水平投影面积计算建筑面积。结构层高在 2.20m 及以上的，应计算全面积；结构层高在 2.20m 以下的，应计算 1/2 面积。

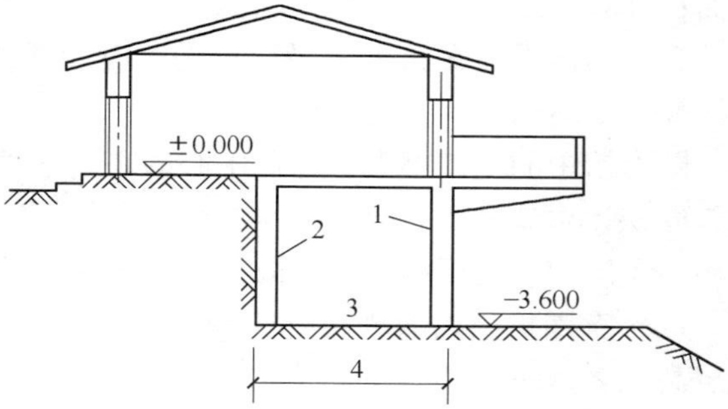

9）对于建筑物间的架空走廊，有顶盖和围护设施的，应按其围护结构外围水平面积计算全面积；无围护结构、有围护设施的，应按其结构底板水平投影面积计算 1/2 面积。

图 6-3　建筑物吊脚架空层

1—柱　2—墙　3—吊脚架空层

4—计算建筑面积部位

无围护结构的架空走廊如图 6-4 所示，有围护结构的架空走廊如图 6-5 所示。

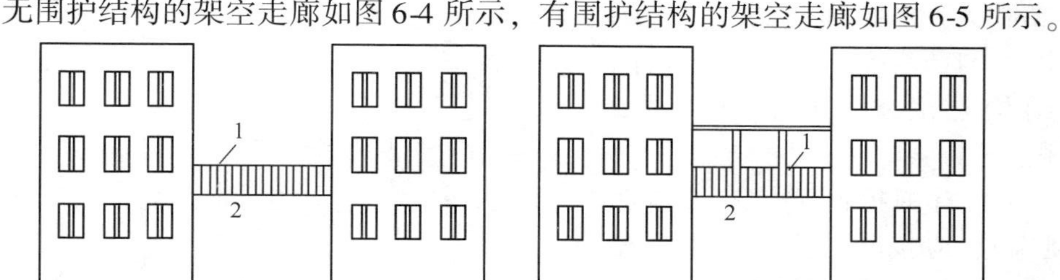

图 6-4　无围护结构的架空走廊

1—栏杆　2—架空走廊

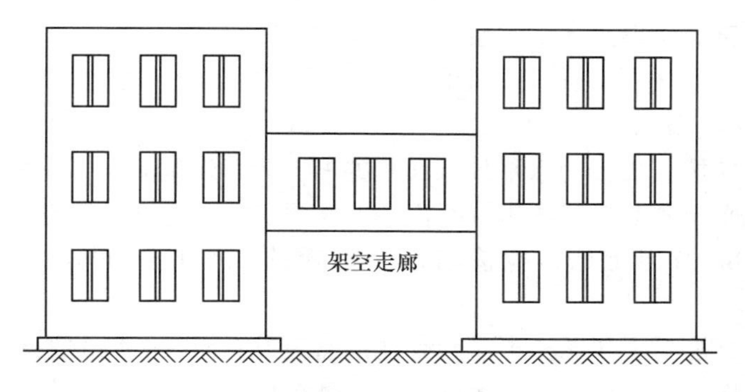

图 6-5　有围护结构的架空走廊

10）对于立体书库、立体仓库、立体车库，有围护结构的，应按其围护结构外围水平面积计算建筑面积；无围护结构、有围护设施的，应按其结构底板水平投影面积计算建筑面积。无结构层的应按一层计算，有结构层的应按其结构层面积分别计算。结构层高在 2. 20m 及以上的，应计算全面积；结构层高在 2. 20m 以下的，应计算 1/2 面积。

图书馆中的立体书库、仓储中心的立体仓库、大型停车场的立体车库等建筑的建筑面积计算规则：起局部分隔、存储等作用的书架层、货架层或可升降的立体钢结构停车层均不属于结构层，故该部分分层不计算建筑面积。

11）有围护结构的舞台灯光控制室，应按其围护结构外围水平面积计算。结构层高在 2. 20m 及以上的，应计算全面积；结构层高在 2. 20m 以下的，应计算 1/2 面积。

12）附属在建筑物外墙的落地橱窗，应按其围护结构外围水平面积计算。结构层高在 2. 20m 及以上的，应计算全面积；结构层高在 2. 20m 以下的，应计算 1/2 面积。

13）窗台与室内楼地面高差在 0. 45m 以下且结构净高在 2. 10m 及以上的凸（飘）窗，应按其围护结构外围水平面积计算 1/2 面积。

14）有围护设施的室外走廊（挑廊），应按其结构底板水平投影面积计算 1/2 面积；有围护设施（或柱）的檐廊，应按其围护设施（或柱）外围水平面积计算 1/2 面积。檐廊如图 6-6 所示。

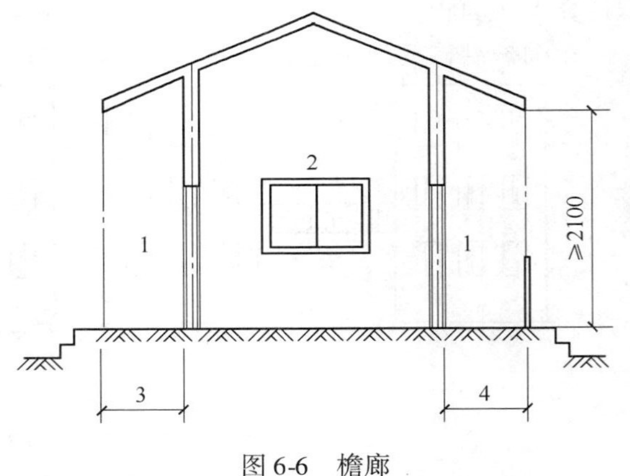

图 6-6　檐廊

1—檐廊　2—室内　3—计算建筑面积部位

4—计算 1/2 建筑面积部位

15）门斗应按其围护结构外围水平面积计算建筑面积，且结构层高在 2. 20m 及以上的，应计算全面积；结构层高在 2. 20m 以下的，应计算 1/2 面积。门斗如图 6-7 所示。

16）门廊应按其顶板的水平投影面积的 1/2 计算建筑面积；有柱雨篷应按其结构板水平投影面积的 1/2 计算建筑面积；无柱雨篷的结构外边线至外墙结构外边线的宽度在 2. 10m 及以上的，应按雨篷结构板的水平投影面积的 1/2 计算建筑面积。

雨篷分为有柱雨篷和无柱雨篷。有柱雨篷，没有出挑宽度的限制，也不受跨越层数的限制，均计算建筑面积。无柱雨篷，其结构板不能跨层，并受出挑宽度的限制，设计出挑宽度大于或等于 2. 1m 时才计算建筑面积。出挑宽度，指雨篷结构外

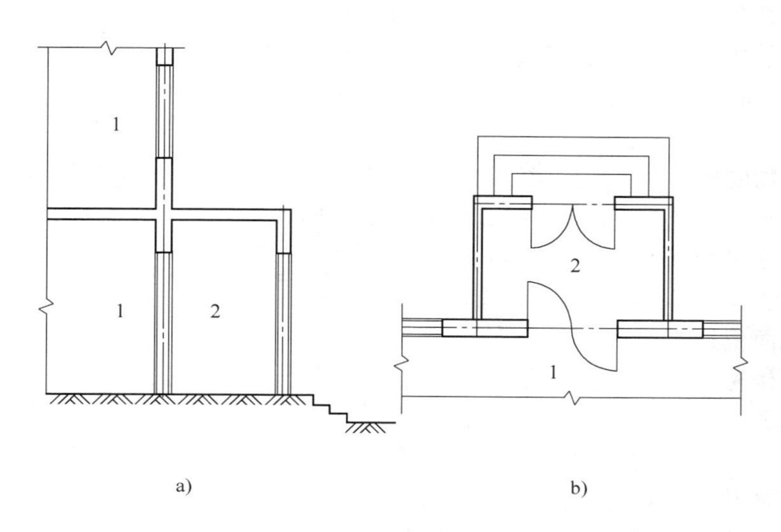

图6-7　门斗
1—室内　2—门斗

边线至外墙结构外边线的宽度，弧形或异形时，取最大宽度。

17）设在建筑物顶部的、有围护结构的楼梯间、水箱间、电梯机房等，结构层高在2.20m及以上的应计算全面积；结构层高在2.20m以下的，应计算1/2面积。

18）围护结构不垂直于水平面的楼层，应按其底板面的外墙外围水平面积计算。结构净高在2.10m及以上的部位，应计算全面积；结构净高在1.20m及以上至2.10m以下的部位，应计算1/2面积；结构净高在1.20m以下的部位，不应计算建筑面积。

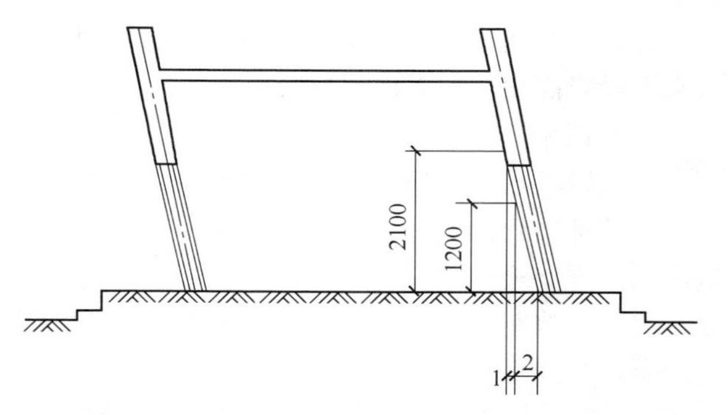

图6-8　斜围护结构
1—计算1/2建筑面积部位　2—不计算建筑面积部位

上述规定对于围护结构向内、向外倾斜均适用。在划分高度上，使用的是结构净高，与其他正常平楼层按层高划分不同，但与斜屋面的划分原则一致。因此对于斜围护结构与斜屋顶采用相同的计算规则，即只要外壳倾斜，就按结构净高划段，分别计算建筑面积。斜围护结构如图6-8所示。

19）建筑物的室内楼梯、电梯井、提物井、管道井、通风排气竖井、烟道，应并入建筑物的自然层计算建筑面积。有顶盖的采光井应按一层计算面积，且结构净高在 2.10m 及以上的，应计算全面积；结构净高在 2.10m 以下的，应计算 1/2 面积。

建筑物的楼梯间层数按建筑物的层数计算。有顶盖的采光井包括建筑物中的采光井和地下室采光井。地下室采光井如图 6-9 所示。

20）室外楼梯应并入所依附建筑物自然层，并应按其水平投影面积的 1/2 计算建筑面积。

室外楼梯作为连接该建筑物层与层之间交通不可缺少的基本部件，无论从其功能还是工程计价的要求来说，均需计算建筑面积。层数为室外楼梯所依附的楼层数，即梯段部分投影到建筑物范围的层数。利用室外楼梯下部的建筑空间不得重复计算建筑面积；利用地势砌筑的为室外踏步，不计算建筑面积。

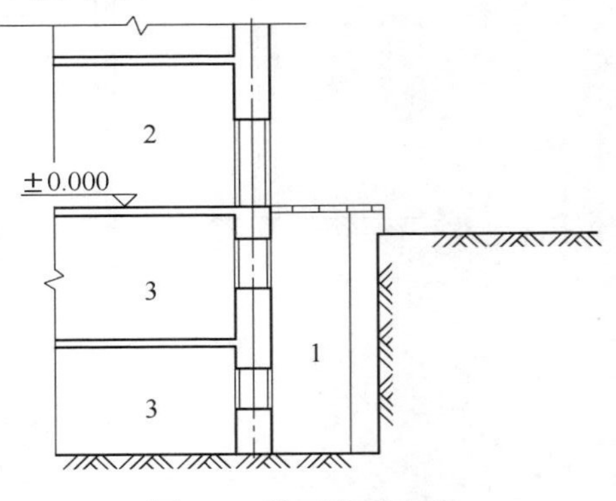

图 6-9　地下室采光井

1—采光井　2—室内　3—地下室

21）在主体结构内的阳台，应按其结构外围水平面积计算全面积；在主体结构外的阳台，应按其结构底板水平投影面积计算 1/2 面积。

建筑物的阳台，不论其形式如何，均以建筑物主体结构为界分别计算建筑面积。

22）有顶盖无围护结构的车棚、货棚、站台、加油站、收费站等，应按其顶盖水平投影面积的 1/2 计算建筑面积。

23）以幕墙作为围护结构的建筑物，应按幕墙外边线计算建筑面积。

幕墙以其在建筑物中所起的作用和功能来区分。直接作为外墙起围护作用的幕墙，按其外边线计算建筑面积；设置在建筑物墙体外起装饰作用的幕墙，不计算建筑面积。

24）建筑物的外墙外保温层，应按其保温材料的水平截面面积计算，并计入自然层建筑面积。其计算方法如下：

建筑物外墙外侧有保温隔热层的，保温隔热层以保温材料的净厚度乘以外墙结构外边线长度，按建筑物的自然层计算建筑面积，其外墙外边线长度不扣除门窗和建筑物外已计算建筑面积构件（如阳台、室外走廊、门斗、落地橱窗等部件）所占长度。当建筑物外已计算建筑面积的构件（如阳台、室外走廊、门斗、落地橱窗等部件）有保温隔热层时，其保温隔热层也不再计算建筑面积。外墙是斜面者按楼面楼板处的外墙外边线长度乘以保温材料的净厚度计算。外墙外保温以沿高度方向满铺为准，某层外墙外保温铺设高度未达到全部高度时（不包括阳台、室外走廊、门斗、落地橱窗、雨篷、飘窗等），不计算建筑面积。保温隔热层的建筑面积是以保温隔热材料的厚度来计算的，不包含抹灰层、防潮层、保护层（墙）的厚度。外墙外保温如图6-10所示。

25）与室内相通的变形缝，应按其自然层合并在建筑物建筑面积内计算。对于高低联跨的建筑物，当高低跨内部连通时，其变形缝应计算在低跨面积内。

与室内相通的变形缝，是指暴露在建筑物内，在建筑物内可以看得见的变形缝。

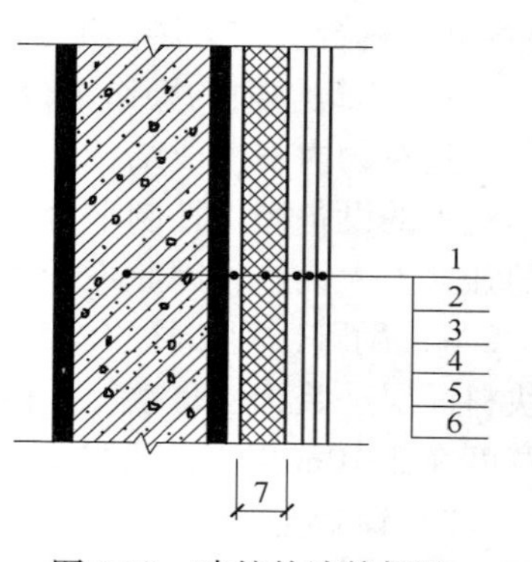

图6-10　建筑外墙外保温

1—墙体　2—黏结胶浆　3—保温材料　4—标准网　5—加强网　6—抹面胶浆　7—计算建筑面积部位

26）对于建筑物内的设备层、管道层、避难层等有结构层的楼层，结构层高在2.20m及以上的，应计算全面积；结构层高在2.20m以下的，应计算1/2面积。

设备层、管道层虽然其具体功能与普通楼层不同，但在结构上及施工消耗上并无本质区别，且规范定义自然层为“楼地面结构分层的楼层”，因此设备、管道楼层归为自然层，其计算规则与普通楼层相同。在吊顶空间内设置管道的，则吊顶空间部分不能被视为设备层、管道层。

二、不应计算建筑面积的范围

1）与建筑物内不相连通的建筑部件。

指的是依附于建筑物外墙外不与户室开门连通，起装饰作用的敞开式挑台（廊）、平台，以及不与阳台相通的空调室外机搁板（箱）等设备平台部件。

2）骑楼、过街楼底层的开放公共空间和建筑物通道。

骑楼如图6-11所示，过街楼如图6-12所示。

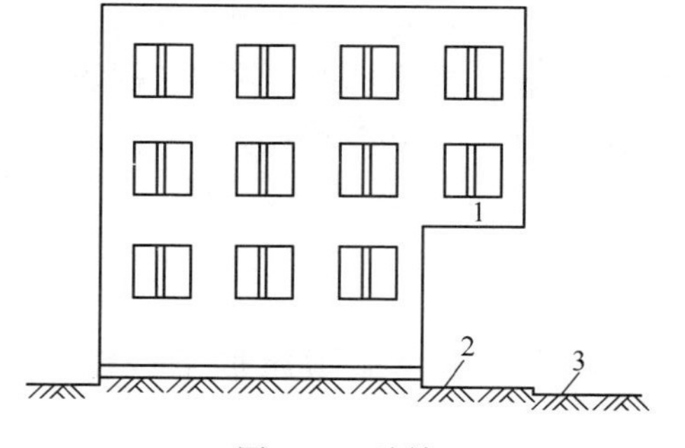

图6-11　骑楼

1—骑楼　2—人行道　3—街道

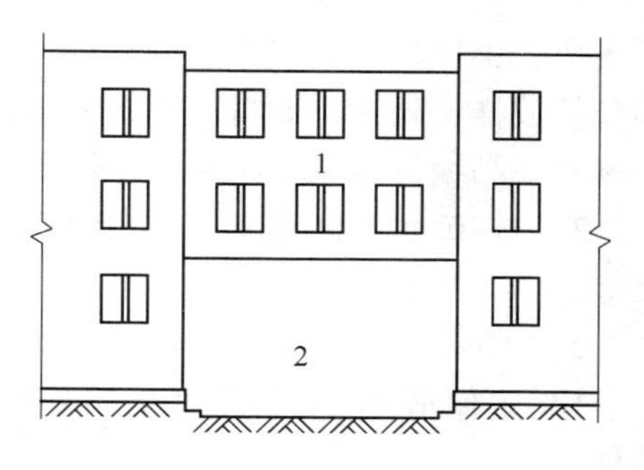

图6-12　过街楼

1—过街楼　2—建筑物通道

3）舞台及后台悬挂幕布和布景的天桥、挑台等。

指的是影剧院的舞台及为舞台服务的可供上人维修、悬挂幕布、布置灯光及布景等搭设的天桥和挑台等构件设施。

4）露台、露天游泳池、花架、屋顶的水箱及装饰性结构构件。

5）建筑物内的操作平台、上料平台、安装箱和罐体的平台。

建筑物内不构成结构层的操作平台、上料平台（工业厂房、搅拌站和料仓等建筑中的设备操作控制平台、上料平台等），其主要作用为室内构筑物或设备服务的独立上人设施，因此不计算建筑面积。

6）勒脚、附墙柱（非结构性装饰柱）、垛、台阶、墙面抹灰、装饰面、镶贴块料面层、装饰性幕墙，主体结构外的空调室外机搁板（箱）、构件、配件，挑出宽度在 2. 10m 以下的无柱雨篷和顶盖高度达到或超过两个楼层的无柱雨篷。

7）窗台与室内地面高差在 0. 45m 以下且结构净高在 2. 10m 以下的凸（飘）窗，窗台与室内地面高差在 0. 45m 及以上的凸（飘）窗。

8）室外爬梯、室外专用消防钢楼梯。

室外钢楼梯需要分具体用途，如专用于消防的楼梯，则不计算建筑面积，如果是建筑物唯一通道，兼用于消防，则需要按以上应计算建筑面积的范围第 20）条计算建筑面积。

9）无围护结构的观光电梯。

10）建筑物以外的地下人防通道，独立的烟囱、烟道、地沟、油（水）罐、气柜、水塔、贮油（水）池、贮仓、栈桥等构筑物。

第二节　钢构件加工制作工程量的计算

一、基础定额内容及有关规定

1. 定额工作内容

1）钢柱、钢屋架、钢托架、钢网架、钢吊车梁、钢制动梁、钢起重机轨道、钢支撑、钢檩条、钢墙架、钢平台、钢梯子、钢栏杆、钢漏斗、H 型钢等制作项目均包括放样、划线、截料、平直、钻孔、拼装、焊接、成品矫正、除锈、刷防锈漆一遍及成品编号堆放。H 型钢项目未包括超声波探伤及 X 射线拍片。

2）球节点钢网架制作包括定位、放样、放线、搬运材料、制作拼装、涂装等。

2. 定额的一般规定

1）定额适用于现场加工制作的构件，亦适用于企业附属加工厂制作的构件。

2）定额的制作均是按焊接编制的。

3）构件制作，包括分段制作和整体预装配的人工材料及机械台班用量，整体预装配用的螺栓及锚固杆件用的螺栓，已包括在定额内。

4）定额除注明者外，均包括现场内（工厂内）的材料运输、号料、加工、组装及成品堆放、装车出厂等全部工序。

5）定额未包括加工点至安装点的构件运输，应另按构件运输定额相应项目计算。

6）定额构件制作项目中，均已包括刷一遍防锈漆工料。

7）钢筋混凝土组合屋架钢拉杆，按屋架支撑计算。

8）定额编号12-1至12-45项，其他材料费（以＊表示）均以下列材料组成：木脚手板0.03m^3；木垫块0.01m^3；钢丝8号0.40kg；砂轮片0.28片；铁砂布0.07张；机油0.04 kg；汽油0.03kg；铅油0.80kg；棉纱头0.11kg；其他机械费（以＊表示）由下列机械组成；座式砂轮机0.56台班；手动砂轮机0.56台班；千斤顶0.56台班；手动葫芦0.56台班；手电钻0.56台班。各部门、地区编制价格表时以此计入。

二、工程量计算规则

1. 基础定额工程量计算规则

1）金属结构制作按图示钢材尺寸以t计算，不扣除孔眼、切边的重量，焊条、铆钉、螺栓等重量已包括在定额内不另计算。在计算不规则或多边形钢板重量时均以其最大对角线乘最大宽度的矩形面积计算。

2）实腹柱、吊车梁、H型钢按图示尺寸计算，其中腹板及翼板宽度按每边增加25mm计算。

3）制动梁的制作工程量包括制动梁、制动桁梁、制动板重量；墙架的制作工程量包括墙架柱、墙架梁及连接柱杆重量；钢柱制作工程量包括依附于柱上的牛腿及悬臂梁重量。

4）轨道制作工程量，只计算轨道本身重量，不包括轨道垫板、压板、斜垫、夹板及连接角钢等重量。

5）铁栏杆制作，仅适用于工业厂房中平台、操作台的钢栏杆。民用建筑中铁栏杆等按定额其他章节有关项目计算。

6）钢漏斗制作工程量，矩形按图标分片，圆形按图示展开尺寸，并依钢板宽度分段计算，每段均以其上口长度（圆形以分段展开上口长度）与钢板宽度，按矩形计算，依附漏斗的型钢并入漏斗重量内计算。

2. 工程量清单项目设置及工程量计算规则

依据《房屋建筑与装饰工程工程量计算规范》（GB 50854—2013）金属结构工程工程量清单项目设置及工程量计算规则，钢结构工程工程量清单项目设置及工程量计算规则见表6-1～表6-7。

1）钢网架。钢网架工程量清单项目设置及工程量计算规则见表6-1。

表 6-1　钢网架（编码：010601）

项目编码	项目名称	项目特征	计量单位	工程量计算规则	工程内容
010601001	钢网架	1. 钢材品种、规格 2. 网架节点形式、连接方式 3. 网架跨度、安装高度 4. 探伤要求 5. 油漆品种、刷漆遍数	t	按设计图示尺寸以质量计算。不扣除孔眼的质量，焊条、铆钉等不另增加质量	1. 拼装 2. 安装 3. 探伤 4. 补刷油漆

注：以榀计量，按标准图设计的应注明标准图代号，按非标准图设计的项目特征必须描述单榀屋架的质量。

2）钢屋架、钢托架、钢桁架、钢架桥。钢屋架、钢托架、钢桁架、钢架桥工程量清单项目设置及工程量计算规则见表 6-2。

表 6-2　钢屋架、钢托架、钢桁架、钢架桥（编码：010602）

<table>
<tr><th>项目编码</th><th>项目名称</th><th>项目特征</th><th>计量单位</th><th>工程量计算规则</th><th>工程内容</th></tr>
<tr><td>010602001</td><td>钢屋架</td><td>1. 钢材品种、规格
2. 单榀质量
3. 屋架跨度、安装高度
4. 螺栓种类
5. 探伤要求
6. 防火要求</td><td>1. 榀
2. t</td><td>1. 以榀计算，按图示数量计算
2. 以 t 计量，按图示尺寸以质量计算。不扣除孔眼的质量，焊条、铆钉、栓钉等不另加质量</td><td rowspan="4">1. 拼装
2. 安装
3. 探伤
4. 补刷油漆</td></tr>
<tr><td>010602002</td><td>钢托架</td><td rowspan="2">1. 钢材品种、规格
2. 单榀质量
3. 安装高度
4. 螺栓种类
5. 探伤要求
6. 防火要求</td><td rowspan="2">t</td><td rowspan="2">按设计图示尺寸以质量计算。不扣除孔眼的质量，焊条、铆钉、螺栓等不另加质量</td></tr>
<tr><td>010602003</td><td>钢桁架</td></tr>
<tr><td>010602004</td><td>钢架桥</td><td>1. 桥类型
2. 钢材品种、规格
3. 单榀质量
4. 安装高度
5. 螺栓种类
6. 探伤要求</td><td>t</td><td>按设计图示尺寸以质量计算。不扣除孔眼的质量，焊条、铆钉、螺栓等不另加质量</td></tr>
</table>

3）钢柱。钢柱工程量清单项目设置及工程量计算规则见表 6-3。

表6-3　钢柱（编码：010603）

项目编码	项目名称	项目特征	计量单位	工程量计算规则	工程内容
010603001	实腹钢柱	1. 柱类型 2. 钢材品种、规格 3. 单根柱质量 4. 螺栓种类 5. 探伤要求 6. 防火要求	t	按设计图示尺寸以质量计算。不扣除孔眼的质量，焊条、铆钉、螺栓等不另加质量，依附在钢柱上的牛腿及悬臂梁等并入钢柱工程量内	1. 拼装 2. 安装 3. 探伤 4. 补刷油漆
010603002	空腹钢柱				
010603003	钢管柱	1. 钢材品种、规格 2. 单根柱质量 3. 螺栓种类 4. 探伤要求 5. 防火要求		按设计图示尺寸以质量计算。不扣除孔眼的质量，焊条、铆钉、螺栓等不另加质量，钢管柱上的节点板、加强环、内衬管、牛腿等并入钢管柱工程量内	

注：1. 实腹钢柱类型指十字柱、T、L、H形等。
2. 空腹钢柱类型指箱形、格构等。
3. 型钢混凝土柱浇筑钢筋混凝土，其混凝土和钢筋应按《房屋建筑与装饰工程工程量计算规范》（GB 50854—2013）附录E混凝土及钢筋混凝土工程中相关项目编码列项。

4）钢梁。钢梁工程量清单项目设置及工程量计算规则见表6-4。

表6-4　钢梁（编码：010604）

项目编码	项目名称	项目特征	计量单位	工程量计算规则	工程内容
010604001	钢梁	1. 梁类型 2. 钢材品种、规格 3. 单根质量 4. 螺栓种类 5. 安装高度 6. 探伤要求 7. 防火要求	t	按设计图示尺寸以质量计算。不扣除孔眼的质量，焊条、铆钉、螺栓等不另加质量，制动梁、制动板、制动桁架、车挡并入钢吊车梁工程量内	1. 拼装 2. 安装 3. 探伤 4. 补刷油漆
010604002	钢吊车梁	1. 钢材品种、规格 2. 单根质量 3. 螺栓种类 4. 安装高度 5. 探伤要求 6. 防火要求			

注：1. 梁类型指T、L、H、箱形、格构式等。
2. 型钢混凝土梁浇筑钢筋混凝土，其混凝土和钢筋应按《房屋建筑与装饰工程工程量计算规范》（GB 50854—2013）附录E混凝土及钢筋混凝土工程中相关项目编码列项。

5）钢板楼板、墙板。钢板楼板、墙板工程量清单项目设置及工程量计算规则见表6-5。

表6-5　钢板楼板、墙板（编码：010605）

项目编码	项目名称	项目特征	计量单位	工程量计算规则	工程内容
010605001	钢板楼板	1. 钢材品种、规格 2. 钢板厚度 3. 螺栓种类 4. 防火要求	m^2	按设计图示尺寸以铺设水平投影面积计算。不扣除单个0.3 m^2以内的柱、垛及孔洞所占面积	1. 拼装 2. 安装 3. 探伤 4. 补刷油漆
010605002	钢板墙板	1. 钢材品种、规格 2. 钢板厚度、复合板厚度 3. 螺栓种类 4. 复合板夹芯材料种类、层数、型号、规格 5. 防火要求		按设计图示尺寸以铺挂面积计算。不扣除单个0.3 m^2以内的孔洞所占面积，包角、包边、窗台泛水等不另增加面积	

注：1. 钢板楼板上浇筑钢筋混凝土，其混凝土和钢筋应按《房屋建筑与装饰工程工程量计算规范》（GB 50854—2013）附录E混凝土及钢筋混凝土工程中相关项目编码列项。

2. 压型钢楼板按本表中钢板楼板项目编码列项。

6）钢构件。钢构件工程量清单项目设置及工程量计算规则见表6-6。

表6-6　钢构件（编码：010606）

项目编码	项目名称	项目特征	计量单位	工程量计算规则	工程内容
010606001	钢支撑、钢拉条	1. 钢材品种、规格 2. 构件类型 3. 安装高度 4. 螺栓种类 5. 探伤要求 6. 防火要求	t	按设计图示尺寸以质量计算。不扣除孔眼的质量，焊条、铆钉、螺栓等不另增加质量	1. 拼装 2. 安装 3. 探伤 4. 刷油漆
010606002	钢檩条	1. 钢材品种、规格 2. 构件类型 3. 单根质量 4. 安装高度 5. 螺栓种类 6. 探伤要求 7. 防火要求			

（续）

项目编码	项目名称	项目特征	计量单位	工程量计算规则	工程内容
010606003	钢天窗架	1. 钢材品种、规格 2. 单榀质量 3. 安装高度 4. 螺栓种类 5. 探伤要求 6. 防火要求	t	按设计图示尺寸以质量计算。不扣除孔眼的质量，焊条、铆钉、螺栓等不另增加质量	1. 拼装 2. 安装 3. 探伤 4. 刷油漆
010606004	钢挡风架	1. 钢材品种、规格 2. 单榀质量 3. 螺栓种类 4. 探伤要求 5. 防火要求			
010606005	钢墙架				
010606006	钢平台	1. 钢材品种、规格 2. 螺栓要求 3. 防火要求			
010606007	钢走道				
010606008	钢梯	1. 钢材品种、规格 2. 钢梯形式 3. 螺栓种类 4. 探伤要求			
010606009	钢护栏	1. 钢材品种、规格 2. 防火要求			
010606010	钢漏斗	1. 钢材品种、规格 2. 漏斗、天沟形式 3. 安装高度 4. 探伤要求		按设计图示尺寸以质量计算。不扣除孔眼、切边、切肢的质量，焊条、铆钉、螺栓等不另增加质量，依附漏斗的型钢并入漏斗工程量内	
010606011	钢板天沟				
010606012	钢支架	1. 钢材品种、规格 2. 安装高度 3. 防火要求		按设计图示尺寸以质量计算。不扣除孔眼的质量，焊条、铆钉、螺栓等不另增加质量	
010606013	零星钢构件	1. 构件名称 2. 钢材品种、规格			

7）金属制品。金属制品工程量清单项目设置及工程量计算规则见表6-7。

8）金属结构工程工程量清单编制其他相关问题应按下列规定处理：

①金属构件的切边，不规则及多边形钢板发生的损耗在综合单价中考虑。

②防火要求指耐火极限。

表 6-7 金属制品（编码：010607）

项目编码	项目名称	项目特征	计量单位	工程量计算规则	工程内容
010607001	成品空调金属百叶护栏	1. 材料品种、规格 2. 材料材质	m^2	按设计图示尺寸以框外围展开面积计算	1. 安装 2. 校正 3. 预埋铁件及安螺栓
010607002	成品栅栏	1. 材料品种、规格 2. 边框及立柱型钢品种、规格			1. 安装 2. 校正 3. 预埋铁件 4. 安螺栓及金属立柱
010607003	成品雨篷	1. 材料品种、规格 2. 雨篷宽度 3. 晾衣杆品种、规格	1. m 2. m^2	1. 以米计算，按设计图示接触边以米计算 2. 以平方米计算，按设计图示尺寸以展开面积计算	1. 安装 2. 校正 3. 预埋铁件及安螺栓
010607004	金属网栏	1. 材料品种、规格 2. 边框及立柱型钢品种、规格	m^2	按设计图示尺寸以框外围展开面积计算	1. 安装 2. 校正 3. 安螺栓及金属立柱
010607005	砌块墙钢丝网加固	1. 材料品种、规格 2. 加固方式	m^2	按设计图示尺寸以面积计算	1. 铺贴 2. 铆固
010607006	后浇带金属网				

第三节　钢构件运输及安装工程工程量的计算

一、基础定额及有关规定

1. 定额的工作内容

（1）构件运输　钢构件运输工作内容包括：按技术要求装车、绑扎、运输，按指定地点卸车、堆放。

（2）钢屋架、钢网架、钢托架等拼装　钢屋架、钢网架、钢托架等拼装工作内容包括：搭拆拼装台，将工厂制作的榀段拼装成整体、校正、焊接或螺栓固定。

（3）钢屋架、钢网架、钢托架等安装　钢屋架、钢网架、钢托架等安装工作内容包括：构件加固、吊装校正、拧紧螺栓、电焊固定、翻身就位。

（4）其他钢构件安装　其他钢构件安装工作内容包括：构件加固、吊装校正、拧紧螺栓、电焊固定、翻身就位。

2. 定额的一般规定

（1）构件运输　钢构件定额按构件的类型和外形尺寸可划分为三类，见表6-8。

表6-8　钢构件分类

类别	项　目
1	钢柱、屋架、托架梁、防风桁架
2	吊车梁、制动梁、型钢檩条、钢支撑、上下档、钢拉杆栏杆、盖板、垃圾出灰门、倒灰门、箅子、爬梯、零星构件平台、操作台、走道休息台、扶梯、钢起重机梯台、烟囱紧固箍
3	墙架、挡风架、天窗架、组合檩条、轻型屋架、滚动支架、悬挂支架、管道支架

（2）构件安装

1）定额是按单机作业制定的。

2）定额是按机械起吊中心回转半径15mm以内的距离计算的。如超出15mm时，应另按构件1km运输定额项目执行。

3）每一工作循环中，均包括机械的必要位移。

4）定额是按履带式起重机、轮胎式起重机、塔式起重机分别编制的。如使用汽车式起重机时，按轮胎式起重机相应定额项目计算，乘以系数1.05。

5）定额不包括起重机械、运输机械行驶道路的修整、铺垫工作的人工、材料和机械。

6）柱接柱定额未包括钢筋焊接。

7）小型构件安装指单体小于$0.1m^3$的构件安装。

8）定额内未包括金属构件拼接和安装所需的连接螺栓。

9）钢屋架单榀重量在1t以下者，按轻钢屋架定额计算。

10）钢柱、钢屋架、天窗架安装定额中，不包括拼装工序，如需拼装时，按拼装定额项目计算。

11）凡单位一栏中注有“%”者均指该项费用占本项定额总价的百分数。

12）定额中的塔式起重机台班均已包括在垂直运输机械费定额中。

13）单层房屋盖系统构件必须在跨外安装时，按相应的构件安装定额的人工、机械台班乘系数1.18，用塔式起重机、卷扬机时，不乘此系数。

14）定额综合工日不包括机械驾驶人工工日。

15）钢柱安装在混凝土柱上，其人工、机械乘以系数1.43。

16）钢构件的安装螺栓均为普通螺栓，若使用其他螺栓时，应按有关规定进行调整。

17）预制混凝土构件、钢构件，若需跨外安装时，其人工、机械乘以系数1.18。

18）钢网架拼装定额不包括拼装台所用材料，使用本定额时，可按实际施工方案进行补充。

19）钢网架定额是按焊接考虑的，安装是按分体吊装考虑的，若施工方法与定额不同时，可另行补充。

二、工程量计算规则

（1）构件运输　钢构件按构件设计图示尺寸以吨计算，所需螺栓、焊条等重量不另计算。

（2）金属构件安装

1）钢筋构件安装按图示构件钢材重量以吨计算。

2）依附于钢柱上的牛腿及悬臂梁等，并入柱身主材重量计算。

3）金属结构中所用钢板，设计为多边形者，按矩形计算，矩形的边长以设计尺寸中互相垂直的最大尺寸为准。

第四节　钢构件垂直运输工程工程量的计算

一、定额内容及有关规定

1. 定额工作内容

1）20m（6层）以内卷扬机施工包括单位工程在合理工期内完成全部工程项目所需的卷扬机台班。

2）20m（6层）以内塔式起重机施工包括单位工程在合理工期内完成全部工程项目所需的塔式起重机、卷扬机台班。

3）20m（6层）以上塔式起重机施工包括单位工程在合理工期内完成全部工程项目所需的塔式起重机、卷扬机、外用电梯和通信用步话机以及通信联络配备的人工。

4）构筑物垂直运输包括单位工程在合理工期内完成全部工程项目所需的塔式起重机、卷扬机。

2. 定额一般规定

（1）建筑物垂直运输

1）檐高是指设计室外地坪至檐口的高度，突出主体建筑屋顶的电梯间、水箱间等不计入檐口高度之内。

2）定额工作内容，包括单位工程在合理工期内完成全部工程项目所需的垂直运输机械台班，不包括机械的场外往返运输，一次安拆及路基铺垫和轨道铺拆等的费用。

3）同一建筑物多种用途（或多种结构），按不同用途或结构分别计算后的建筑物檐高均应以建筑物总檐高为准。

4）定额中现浇框架指柱、梁全部为现浇的钢筋混凝土框架结构，如部分现浇时按现浇框架定额乘以系数0.96，如楼板也为现浇的钢筋混凝土时，按现浇框架定额乘以系数1.04。

5）预制钢筋混凝土柱、钢屋架的单层厂房按预制排架定额计算。

6）单身宿舍按住宅定额乘以系数0.9。

7）定额是按Ⅰ类厂房为准编制的，Ⅱ类厂房定额乘以系数1.14。厂房分类见表6-9。

表6-9　厂房分类

Ⅰ类	Ⅱ类
机加工、机修、五金缝纫、一般纺织（粗纺、制条、洗毛等）及无特殊要求的车间	厂房内设备基础及工艺要求较复杂、建筑设备或建筑标准较高的车间。如铸造、锻压、电镀、酸碱、电子、仪表、手表、电视、医药、食品等车间

8）服务用房指城镇、街道、居民区具有较小规模综合服务功能的设施。其建筑面积不超过1000m^2，层数不超过三层的建筑，如副食、百货、饮食店等。

9）檐高3.6m以内的单层建筑，不计算垂直运输机械台班。

10）定额项目划分是以建筑物的檐高及层数两个指标同时界定的，凡檐高达到上限而层数未达到时，以檐高为准；如层数达到上限而檐高未达到时，以层数为准。

11）定额是按《全国统一建筑安装工程工期定额》中规定的Ⅱ类地区标准编制的，Ⅰ、Ⅲ类地区按相应定额乘以表6-10规定的系数。

表6-10　系数

项目	Ⅰ类	Ⅲ类
建筑物	0.95	1.10
构筑物	1.00	1.11

（2）构筑物垂直运输　构筑物的高度，从设计室外地坪至构筑物的顶面高度为准。

二、工程量计算规则

1）建筑物垂直运输机械台班用量，区分不同建筑物的结构类型及高度按建筑面积以平方米计算。建筑面积按建筑面积规则规定计算。

2）构筑物垂直运输机械台班以座计算。超过规定高度时，再按每增高1m定额项目计算，其高度不足1m时，亦按1m计算。

第五节　建筑物超高增加人工、机械工程量的计算

一、定额内容及有关规定

1）定额适用于建筑物檐高20m（层数6层）以上的工程。

2）檐高是指设计室外地坪至檐口的高度。突出主体建筑屋顶的电梯间、水箱间等不计入檐高之内。

3）同一建筑物高度不同时，按不同高度的建筑面积，分别按相应项目计算。

4）加压水泵选用电动多级离心清水泵，规格见表6-11。

表6-11　电动多级离心清水泵规格

建筑物檐高	水泵规格/mm
20～40m	ϕ50以内
40～80m	ϕ100以内
80～120m	ϕ150以内

5）建筑物超高人工、机械降效率工作内容包括：

①人工上下班降低工效、上楼工作前休息及自然休息增加的时间。

②垂直运输影响的时间。

③由于人工降效引起的机械降效。

6）建筑物超高加压水泵台班工作内容包括：由于水压不足所发生的加压水泵台班。

二、工程量计算规则

1. 超高费的计算

1）适用于超过六层或檐口高度超过20m的建筑物。

2）超高费包括人工超高费、吊装机械超高费及其他机械超高费。

①人工超高费等于基础以上全部工程项目的人工费乘以人工降效率。但不包括垂直运输、各类构件的水平运输及各项脚手架。人工超高费并入工程的人工费内。

②吊装机械超高费等于吊装项目的全部机械费乘以吊装机械降效率。吊装机械超高费并入工程的机械费内。

③其他机械超高费等于其他机械（不包括吊装机械）的全部机械费乘以其他机械降效率。其他机械超高费并入工程的机械费内。

3）建筑物超高人工、机械降效率见表6-12。

2. 加压水泵台班费

1）适用于超过六层或檐高超过20m的建筑物。

表 6-12　建筑物超高人工、机械降效率

项目	降效率	檐高				
		30m（7～10层）以内	40m（11～13层）以内	50m（14～16层）以内	60m（17～19层）以内	70m（20～22层）以内
人工降效	%	3.33	6.00	9.00	13.33	17.86
吊装机械降效	%	7.67	15.00	22.20	34.00	46.43
其他机械降效	%	3.33	6.00	9.00	13.33	17.86
项目	降效率	檐高				
		80m（23～25层）以内	90m（26～28层）以内	100m（29～31层）以内	110m（32～34层）以内	120m（35～37层）以内
人工降效	%	22.50	27.22	35.20	40.91	45.83
吊装机械降效	%	59.25	72.33	85.60	99.00	112.50
其他机械降效	%	22.50	27.22	35.20	40.91	45.33

2）加压水泵台班费包括加压水泵使用台班费和加压水泵停滞台班费。

水泵使用台班费 = 建筑面积 × 水泵使用台班定额 × 水泵台班单价

水泵停滞台班费 = 建筑面积 × 水泵停滞台班定额 × 水泵台班单价

3）水泵使用、停滞台班定额见表 6-13。

表 6-13　建筑物超高加压水泵台班

项目	单位	檐高				
		30m（7～10层）以内	40m（11～13层）以内	50m（14～16层）以内	60m（17～19层）以内	70m（20～22层）以内
加压水泵使用	台班	1.14	1.74	2.14	2.48	2.77
加压水泵停滞	台班	1.14	1.74	2.14	2.48	2.77
项目	单位	檐高				
		80m（23～25层）以内	90m（26～28层）以内	100m（29～31层）以内	110m（32～34层）以内	120m（35～37层）以内
加压水泵使用	台班	3.02	3.26	3.57	3.80	4.01
加压水泵停滞	台班	3.02	3.26	3.57	3.80	4.01

第六节　钢结构建筑修缮工程工程量的计算

一、定额内容及有关规定

1. 定额工作内容

1）金属结构的制作定额包括：钢板矫正、放样、划线、切断、平直、钻孔、搣弯、焊接、成品检验、捆扎、编号、码放等全部制作工序。

2）金属结构的安装定额包括：构件临时拉固、场内运输、吊装就位、临时支撑、校正、紧固螺栓、电焊固定、检验、拆卸临时支撑等全部安装顺序。

3）抗震加固工程的金属结构制作包括：钢材调直、划线、切割、焊接、打眼、制作螺栓、锚件、配件、成品检验等全部制作工序。

4）抗震加固工程的金属结构安装包括：定位、墙体打眼、掏堵墙洞、埋设锚件、加固件的就位安装、紧固焊接、检验等工序。

5）金属制品加固烟囱、水塔工程包括：环箍竖铁及其配件的制作、定位排挡、剔凿墙洞、埋设锚件、加固件的安装就位、焊接紧固、检验等全部工序。

2. 统一性规定及说明

1）本节金属结构制作是按现场或建筑企业内部加工条件编制的。

2）金属结构制作定额按焊接考虑，包括分段制作和整体预装配的工料及机械台班；整体预装配使用的螺栓及锚固螺栓均已包括在定额内。

3）金属结构制作安装定额中已包括钢材配制损耗，未包括杆配件的除锈、涂装的工程内容。

4）凡本节的项目，因设计要求进行车、铣、刨床加工的铁件，按照图示折算重量，执行精加工铁件价格，其工料费每千克 11.08 元。

5）金属结构安装未包括多孔、气割和校正弯曲。当实际发生时，另行计算。

6）施工单位外购的成品件，按购入成品价格与安装工料费之和调整相应定额项目工料费计算。

7）金属结构制作安装未包括铆钉、轴承、轴杆及配重件，实际发生时，另列项目计算。

二、工程量计算规则

1）金属结构制作按图示的主材几何尺寸以“t”为单位计算。工程量计算时，不扣除孔眼、切角、切边的质量；在计算不规则或多边形钢板质量时，均按图示尺寸的最小外接矩形面积计算。

2）金属结构安装（包括抗震加固工程）按制成品质量以“t”为单位计算。

3）加固及抗震加固工程的金属结构制造安装均按图示规格、尺寸折合成质量，以“t”为单位计算，其安装所用的零星铁件不另计算。

第七节　钢结构工程工程量计算实例

工程量主要依据项目管理规范实施细则或施工组织设计、设计图样、工程量计算规则、预算工作手册等来计算。计算工程量是施工图预算最重要也是工作量最大的一步，其结果的准确性直接影响单位工程造价的确定，这是造价工程师的基本功，需要大量的练习。要求预算人员具有高度的责任心，耐心细致地进行计算。准确计算工程量的前提是要具备识图、熟记工程量计算规则、掌握一定的计算技巧等基本技能。

一、工程量计算的基本要求、步骤和顺序

1. 工程量计算的要求

计价规范规定，工程量在计算过程中，一般可保留三位小数。以“吨”为单位，应保留小数点后三位，第四位四舍五入；以“立方米”“平方米”“米”为单位，应保留小数点后两位，第三位四舍五入；以“个”为单位，应取整数。计算的精确度要符合计价规范的要求。

工程量计算过程中，计算规则要与计价规范一致，这样才有统一的计算标准，防止错算。钢结构工程具体的计算规则详见第六章表6-1～表6-7。同时工程量计算的要求还有，工作内容必须与计价规范包括的内容和范围一致；计算单位必须与计价规范一致；计算式要力求简单明了，按一定顺序排列。为了便于工程的核对，在计算过程中要注明层次、部位、断面、图号等。工程计算式一般按照长、宽、高（厚）的顺序排列。如计算体积时，按照长×宽×高等。

2. 工程量的计算步骤

工程量的计算大体上可按照下列步骤来进行：

（1）计算基数　所谓基数，是指在工程量计算过程中反复使用的基本数据。在工程量计算过程中离不开几个基数，即“三线一面”（图6-13）。其中“三线”是指建筑平面图中的外墙中心线（$L_{中}$）、外墙外边线（$L_{外}$）、内墙净长线（$L_{内}$）。“一面”是指底层建筑面积（S_d）。计算时要利用好“三线一面”，会使许多工程量计算简化，提高计算效率。

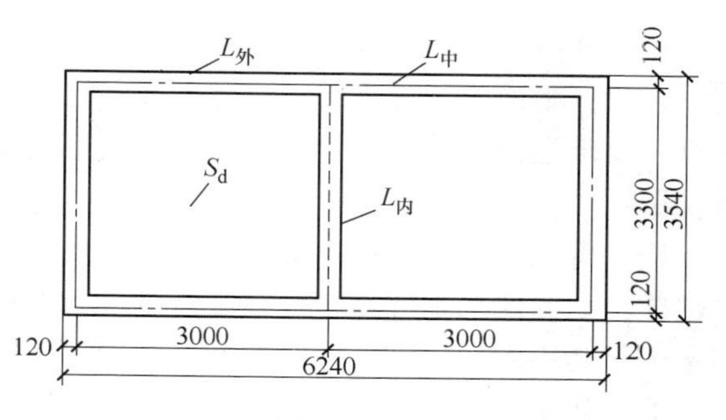

图6-13　“三线一面”示意图

$L_{中}=(3.00\times2+3.30)\text{m}\times2=18.6\text{m}$

$L_{外}=(6.24+3.54)\text{m}\times2=19.56\text{m}$ 或 $L_{外}=(18.6+0.24\times4)\text{m}=19.56\text{m}$

$L_{内} = (3.30 - 0.24)m = 3.06m$

$S_d = 6.24m \times 3.54m = 22.09m^2$

（2）编制统计表　在钢结构工程中，统计表主要是指门窗洞口面积统计表和钢结构构件加工及运输统计表。在工程量计算过程中，通常会多次用到这些数据，可以预先把这些数据计算出来方便以后查阅使用。例如计算墙板或墙体及抹灰工程量时会用到门窗的工程量。

（3）编制加工构件的加工委托计划　在钢结构工程非常多的情况下，为了不影响施工进度，一般要把加工构件的计划提前编制出来，委托加工厂加工。这项工作多由造价人员来做，也有设计人员与施工人员来做的。需要注意的是，此项委托计划应把施工现场自己加工与委托加工厂加工或去厂家订购的分开编制，以满足施工实际需要。

在做好以上三项工作的前提下，进行下面的工作。

（4）计算工程量

（5）计算其他项目

（6）整理汇总工程量　工程量的整理、汇总按照计价规范的章节进行，核对无误后，为定价做好准备。

3. 工程量计算的一般顺序

工程量计算应按照一定的顺序依次进行，这样既可以提高效率，又可以避免漏算或算重。

（1）单位工程计算顺序　单位工程计算顺序一般有按施工顺序计算、按图样编号顺序计算、按计价规范中规定的章节顺序来计算工程量。

按施工顺序计算工程量，先施工的先算，后施工的后算，要求造价人员对施工过程非常熟悉，能掌握施工全过程，否则容易出现漏项。

按图样编号顺序计算工程量，由建筑施工图到结构施工图，每个专业图样由前到后，先算平面，后算立面，再算剖面；先算基本图，再算详图。用这种方法进行计算，要求造价人员对计价规范的章节内容充分熟悉，否则容易出现项目之间的混淆及漏项。

按计价规范中规定的章节顺序计算，由前到后，逐项对照。这种方法一要先熟悉图样，二要熟练掌握计价规范。特别注意有些设计采用的新工艺、新材料或有些零星项目套不上计价规范的，要做补充项，不能因计价规范缺项而漏项。这种方法比较适合初学者、没有一定的施工经验的造价人员采用。

（2）分项工程量计算顺序　分项工程量计算顺序有以下四种：

1）从图的左上角开始，顺时针方向计算，如图 6-14a 所示。按顺时针方向计算法就是先从平面图的左上角开始，自左到右，然后再由上到下，最后转回到左上角止，按照顺时针方向依次进行工程计算。可用于计算外墙、外墙基础、外墙基槽、楼地面、顶棚、室内装饰等工程的工程量。

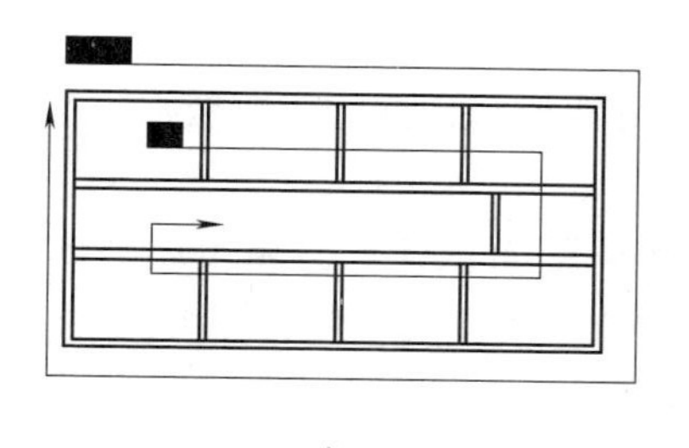

a)

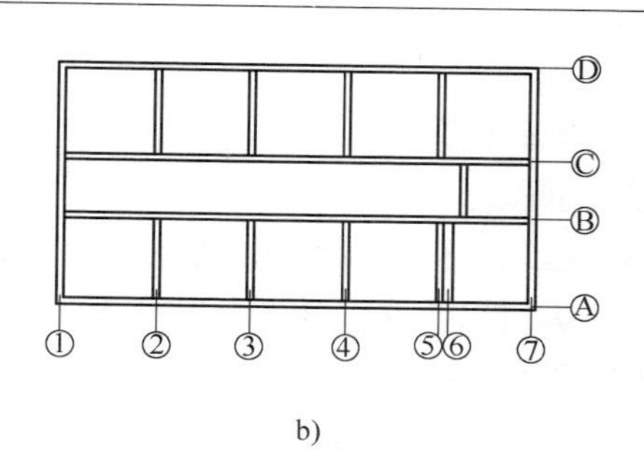

b)

图6-14　分项工程量计算顺序

2）按横竖分割计算。按照“先横后竖、先上后下、先左后右”的方法计算，如图6-14b所示。先计算横向，先上后下有D、C、B、A四道；后计算竖向，先左后右有1、2、3、4、5、6、7共7道轴线。一般用于计算内墙、内墙基础、各种隔墙等工程量。

3）按轴线编号顺序计算法。这种方法适用于计算内外墙基槽、内外墙基础、内外墙砌体、内外墙装饰等。

4）按图样上的构配件编号进行分类计算法。按照图样结构形式特点，分别计算梁、板、柱、框架、刚架等。

工程量的计算方法多种多样，实际工作中，造价人员可根据自己的工作经验、习惯，采取各种形式和方法，做到计算准确、不漏项、不错项。工程量的计算技巧无外乎这几条：熟记工程量计算规则；结合设计说明看图样；利用计算基数；准确而详细地填列工程内容，快速地套项，确定价格和费用。

4. 工程量计算格式

手工计算工程量是一项繁杂又需要有条理的工作。每一项工程量的计算，都是针对特定的分部分项工程，所以都要有项目编码、项目名称、计量单位、工程数量、计算式等要素，为便于查找、统计，省时省力，可设计成电子表格如表6-14的形式，利用Excel表格的巨大功能进行统计计算。

表6-14　工程量计算表

项目编码	项目名称	计量单位	工程数量	计算式	备注

二、工程量计算实例

以第二章第七节××一号仓库钢结构施工图作为案例（图2-48～图2-59），下面详细讲述钢结构部分的工程量清单（不包括基础和土建部分）计算过程及其编制。

1. 建筑面积

建筑面积计算是很重要的，它是计算如单方造价等指标的重要数据，造价人员必须熟练掌握。

单层建筑工程建设面积的计算按一层外墙外围面积计算，相关规则依据《建筑工程建筑面积计算规范》(GB/T 50353—2013)，本章第一节有详细讲述。

由图2-48 建施-01 可知，轴线尺寸分别是64m、36m，轴线到外墙外皮分别为0.44m、0.24m，则该仓库建筑面积如下：

$$S=(64+2\times0.44)\text{m}\times(36+2\times0.24)\text{m}=64.88\text{m}\times36.48\text{m}=2366.82\text{m}^2$$

2. 采光板工程量计算

采光板工程量计算如下：

$S=1\times6\times16\times1.0198\text{m}=97.9\text{m}^2$（1.0198—坡度为1∶10 时的延尺系数）

3. 屋面板工程量计算

由图2-50、图2-51 建施-03、建施-04 可知：屋面为双坡屋面，每坡外伸0.10m。由建施-04 可知屋面坡度为10%，即1/10，查表6-15 屋面坡度系数表可知：延尺系数为1.0198。本工程设有采光板，根据清单计价规则，在此不扣除通风器洞口面积，扣除采光板面积，则屋面板面积如下：

$$S=(64.88+0.10\times2)\times36.48\times1.0198\text{m}^2-97.9\text{m}^2=2323.23\text{m}^2$$

表6-15　屋面坡度系数表

坡　　度			延尺系数 C	隅延尺系数 D
B/A ($A=1$)	$B/2A$	角度 α		
1	1/2	45°	1.4142	1.7321
0.75		36°54′	1.2500	1.6008
0.70		35°	1.2207	1.5779
0.666	1/3	33°40′	1.2015	1.5620
0.65		33°01′	1.1926	1.5564
0.60		30°58	1.1662	1.5362
0.577		30°	1.1547	1.5270
0.55		28°49′	1.1413	1.5170
0.50	1/4	26°34′	1.1180	1.5000
0.45		24°14′	1.0966	1.4839
0.40	1/5	21°48′	1.0770	1.4697
0.35		19°17′	1.0594	1.4569
0.30		16°42′	1.0440	1.4457
0.25		14°02′	1.0308	1.4362
0.20	1/10	11°19′	1.0198	1.4283

（续）

坡度			延尺系数 C	隅延尺系数 D
B/A ($A=1$)	$B/2A$	角度 α		
0.15		8°32′	1.0112	1.4221
0.125		7°8′	1.0078	1.4191
0.100	1/20	5°42′	1.0050	1.4177
0.083		4°45′	1.0035	1.4166
0.066	1/30	3°49′	1.0022	1.4157

注：表中各量的含义如图6-15所示。

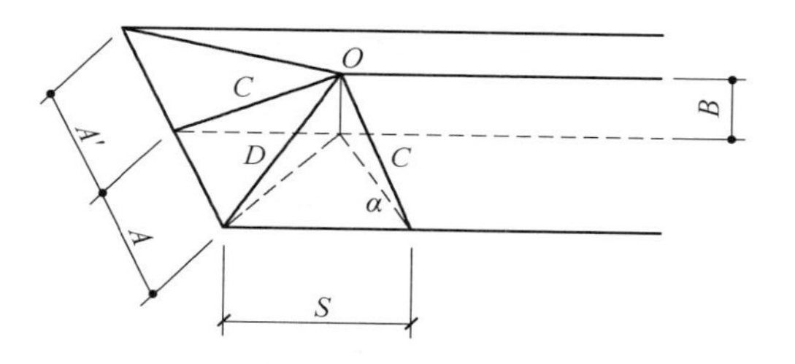

图6-15　屋面坡度系数示意图

注：1. $A=A'$且$S=0$时，为等两坡屋面；$A=A'=S$时，为等四坡屋面。

2. 屋面斜铺面积：屋面水平投影面积×C。

3. 等两坡屋面山墙泛水斜长：$A\times C$。

4. 等四坡屋面斜脊长度：$A\times D$。

4. 墙面板工程量计算

由图2-50、图2-51建施-03、建施-04可知，该工程外墙1.2m以下为砖墙，本工程只计算墙板工程量。计算外墙工程量，需要将门窗洞口扣除，由图2-51建施-04，材料表统计外墙门窗洞口的面积为$(3.6\times3.6\times4+3.6\times0.6\times13+63\times0.9\times2)m^2=193.32m^2$，则墙板的面积如下：

$S=[(64.88+36.48)\times2]\times(7-1.2)+[1/2\times(36+2\times0.24)\times1.8]\times2m^2-193.32m^2=1048.12m^2$

5. 雨篷板工程量计算

由图2-49建施-02可知：$S=1.8\times4.2\times4m^2=30.24m^2$

6. 基础锚栓数量计算

由图2-48建施-01，可知基础共有39个，每个基础预埋4根ϕ24mm的锚栓，则工程锚栓数量如下：

$N=39\times4$根$=156$根

ϕ24mm锚栓质量，查表6-24可知为3.55kg/m，则锚栓的总质量如下：

$G = 156 \times (0.9 + 0.15) \times 3.55\text{kg} = 0.581\text{t}$

7. 钢梁、钢柱工程量计算

根据图2-55结施-04，可知GJ-1的数量是6榀，GJ-2的数量是3榀。利用图2-55结施-04中的材料表可知，GJ-1每榀刚架的质量是4416.4kg；利用图2-56结施-05中的材料表可知，GJ-2每榀刚架的质量是5945.8kg，则钢梁、钢柱（含抗风柱）的工程量如下：

$G = (6 \times 4416.4 + 5945.8 \times 3)\text{kg} = 44.336\text{t}$

8. 屋面檩条工程量的计算

由图2-57结施-06可知，该工程屋面檩条规格型号：C250mm×75mm×20mm×2.5mm，查表6-25可知理论质量为8.23kg/m。并根据此图可统计出屋面檩条的数量为208根，长8m。则屋面檩条工程量如下：

长度统计：$208 \times 8\text{m} = 1664\text{m}$

质量统计：$G = 1664 \times 8.23\text{kg} = 13.695\text{t}$

9. 墙面檩条（含雨篷檩条）工程量的计算

由图2-58结施-07可知，该工程1、3轴墙面檩条规格型号：C250mm×75mm×20mm×2.5mm，查表6-25可知理论质量为8.23kg/m；A、J轴墙面檩条规格型号：C200mm×70mm×20mm×2.5mm，查表6-25可知理论质量为7.05kg/m。并根据此图可统计出1、3轴墙面檩条的数量为71根，长8m；A、J轴墙面檩条的数量为65根，长6m。

由图2-59结施-08可知，雨篷檩条规格C160mm×60mm×20mm×2.5mm，查表6-25可知理论质量为5.87kg/m；由图可统计雨篷檩条的数量为20根，其中4根4.2m，8根1.64m，8根1.8m。

则墙面檩条工程量如下：

长度统计：$71 \times 8\text{m} = 568\text{m}$(C250mm×75mm×20mm×2.5mm)

$65 \times 6\text{m} = 390\text{m}$(C200mm×70mm×20mm×2.5mm)

$4 \times 4.2\text{m} + 8 \times 1.64\text{m} + 8 \times 1.8\text{m} = 44.32\text{m}$(C160mm×60mm×20mm×2.5mm)

质量统计：$G = (568 \times 8.23 + 390 \times 7.05 + 44.32 \times 5.87)\text{kg} = 7.684\text{t}$

10. 雨篷门框柱、门梁的工程量计算

由图2-58、图2-59结施-07、结施-08门框立面图、雨篷平面图可知，该工程1轴、3轴、A轴雨篷门框柱梁规格型号：[25a，查6-18可知理论质量为27.4kg/m；J轴雨篷门框柱规格型号：[20a，查表6-18可知理论质量为22.63kg/m。由结施-07、结施-08门框立面图可统计出1、3轴、A轴门框柱6根，长3.6m，门框梁3根，长8m；J轴门框柱2根，长3.6m，门框梁1根，长8m。则雨篷门框柱梁工程量如下：

长度统计：$(6 \times 3.6 + 3 \times 8)\text{m} = 45.6\text{m}$([25mm)

$(2 \times 3.6 + 1 \times 8)\text{m} = 15.2\text{m}$([20mm)

质量统计：$G=(45.6\times27.4+15.2\times22.63)\text{kg}=1.593\text{t}$

11. 拉杆工程量的计算

由图2-57、图2-58结施-06、结施-07可知，拉条布置在屋面檩条和墙面檩条上，该工程拉条采用材料规格：ϕ12mm，查表6-24可知理论质量为0.888kg/m。由结施-08拉杆详图可知，拉杆的长度计算方法：轴线长（L_1）$+2\times0.05$m，斜拉杆的长度计算方法：轴线长（L_1）$+2\times0.1$m。

由结施-06可统计出屋面直拉杆数量400根，其中32根长1.3m（计算式：$(1.2+2\times0.05)\text{m}=1.3\text{m}$），16根长0.7m（计算式：$(0.6+2\times0.05)\text{m}=0.7\text{m}$），352根长1.6m（计算式：$(1.5+2\times0.05)\text{m}=1.6\text{m}$）；斜拉杆数量64根，其中32根长3.12m（计算式：$[1.2^2+(8/3)^2]^{1/2}\text{m}+2\times0.1\text{m}\approx3.12\text{m}$），32根长3.26m（计算式：$[1.5^2+(8/3)^2]^{1/2}\text{m}+2\times0.1\text{m}\approx3.26\text{m}$）。

由结施-07可统计出墙面直拉杆数量182根，其中53根长1.3m（计算式：$1.2\text{m}+2\times0.05\text{m}=1.3\text{m}$），81根长1.5m（计算式：$1.4\text{m}+2\times0.05\text{m}=1.5\text{m}$），44根长1m（$0.9\text{m}+2\times0.05\text{m}=1\text{m}$），4根长0.7m（计算式：$0.6\text{m}+2\times0.05\text{m}=0.7\text{m}$）；斜拉杆数量56根，其中32根长3.21m（计算式：$[1.4^2+(8/3)^2]^{1/2}\text{m}+2\times0.1\text{m}\approx3.21\text{m}$），24根长3.33m（计算式：$(0.9^2+3^2)^{1/2}\text{m}+2\times0.1\text{m}\approx3.33\text{m}$）。则拉条工程量如下：

长度统计：$(32\times1.3+16\times0.7+352\times1.6+32\times3.12+32\times3.26+53\times1.3+81\times1.5+44\times1+4\times0.7+32\times3.21+24\times3.33)\text{m}=1240\text{m}$

质量统计：$G=1240\times0.888\text{kg}=1.101\text{t}$

12. 撑杆工程量的计算

由图2-57、图2-58结施-06、结施-07可知，撑杆的规格：ϕ32mm×2.0mm，查表6-21可知理论质量为1.48kg/m。由结施-06可统计出屋面撑杆数量80根，其中32根1.2m，32根1.5m，16根0.6m。由结施-07可统计出墙面撑杆数量44根，其中32根1.4m，12根1.2m。则撑杆工程量如下：

长度统计：$(32\times1.2+32\times1.5+16\times0.6+32\times1.4+12\times1.2)\text{m}=155.2\text{m}$

质量统计：$G=155.2\times1.48\text{kg}=0.23\text{t}$

13. 隅撑工程量的计算

由图2-57、图2-59结施-06、结施-08隅撑连接详图可知，隅撑的规格：∟50mm×4mm，查表6-19可知理论质量为3.06kg/m。由结施-08隅撑连接详图可知，隅撑的长度计算方法：轴线长$-(0.05^2+0.04^2)^{1/2}\text{m}-0.025\text{m}+0.025\text{m}$，简化为轴线长$-0.064$m。由结施-06可统计出隅撑的数量192根，结合结施-04、结施-05（图2-55、图2-56）可知，其中等截面钢梁位置隅撑120根长0.472m（计算式：$[(0.4+0.01)^2+(0.4-0.095+0.04)^2]^{1/2}\text{m}-0.064\text{m}=0.472\text{m}$），变截面钢梁位置隅撑24根长0.683m（计算式：$[(0.55+0.01)^2+(0.55-0.095+0.04)^2]^{1/2}\text{m}-0.064\text{m}=0.683\text{m}$），24根长0.578m（计算式：$[(0.475+0.01)^2+(0.475-0.095$

$+0.04)^2]^{1/2}m-0.064m=0.578m)$，24 根长 0.611m(计算式：$[(0.499+0.01)^2+(0.499-0.095+0.04)^2]^{1/2}m-0.064m=0.611m$)。

上述变截面钢梁位置截面高度可通过计算机 1∶1 放样得出，由屋脊向下分别为：0.55m，0.475m，0.499m。则隅撑工程量如下：

长度统计：$120\times\{[(0.4+0.01)^2+(0.4-0.095+0.04)^2]^{1/2}-0.064\}m+24\times\{[(0.55+0.01)^2+(0.55-0.095+0.04)^2]^{1/2}-0.064\}m+24\times\{[(0.475+0.01)^2+(0.475-0.095+0.04)^2]^{1/2}-0.064\}m+24\times\{[(0.499+0.01)^2+(0.499-0.095+0.04)^2]^{1/2}-0.064\}m=101.568m$

质量统计：$G=101.568\times3.06kg=0.311t$

14. 系杆工程量的计算

由图 2-54 结施-03 可知系杆的规格：$\phi133mm\times6mm$，查表 6-21 可知理论质量为 18.79kg/m。并根据此图可统计出系杆的数量为 56 根，由图 2-59 结施-08 系杆连接详图可知，系杆长度计算方法：轴线长 $-2\times(0.125-2\times0.04)m$，简化为轴线长 $-2\times0.045m$。则系杆工程量如下：

长度统计：$56\times(8-2\times0.045)m=442.96m$

质量统计：$G=442.96\times18.79kg=8.323t$

15. 柱间支撑、水平支撑工程量的计算

由图 2-54、图 2-59 结施-03、结施-08 可知柱间支撑、水平支撑的规格：$\phi25mm$，查表 6-24 可知理论质量为 3.85kg/m。由结施-03、结施-08 中 ZC-1、SC-1 详图可统计出水平支撑数量为 24 根，柱间支撑的数量为 8 根；由结施-08 中 SC-1、XG-1 支座处连接详图，SC-1、XG-1 跨中处连接详图及 SC-1、ZC-1 详图可知，水平支撑和柱间支撑的计算方法：轴线长 $-2\times[(0.08^2+0.075^2)^{1/2}-0.05]m$，简化为轴线长 $-2\times0.06m$。则水平支撑和柱间支撑工程量如下：

长度统计：$\{24\times[(6^2+8^2)^{1/2}-2\times0.06]+8\times[(6.5^2+8^2)^{1/2}-2\times0.06]\}m=318.62m$

质量统计：$G=318.62\times3.85kg=1.227t$

16. 节点板工程量的计算

1）隅撑连接板：$G_1=10\times0.08\times0.08\times192\times7.85kg=0.096t$（结施-08）

2）系杆连接板：$G_2=10\times0.38\times0.121\times56\times2\times7.85kg=0.404t$（结施-08）

3）支撑节点板：$G_3=(10\times0.13\times0.121\times32\times2\times7.85+10\times0.38\times0.121\times32\times4)kg=0.138t$(结施-08)

4）山墙檩托板：$G_4=6\times0.16\times0.165\times80\times7.85kg=0.099t$

5）门柱与门梁节点板：$G_5=10\times0.12\times0.16\times8\times7.85kg=0.012t$

质量合计：0.749t

以上钢结构构件的工程量的计算对于编制该工程量清单来讲，项目齐全。但是清单计价所包括的内容很综合，如钢结构连接所用的螺栓，计算钢构件工程量时，计价规范规定：不扣除螺栓孔眼质量，螺栓不另增加质量。实际工作中，螺栓是按不同规格按个论价的，螺栓的计价并没有包括在所依附的钢构件中，清单计价时需要统计螺栓数量，将其报价综合在所依附的钢构件中。

还有一些钢构件的连接板，统计工程量时也要注意其归属，如钢梁、钢柱上的节点板，统计其质量后，将其质量合并到所依附的主钢构上。

屋面板和墙面板施工中构造上需要的折件，用于收边、包角，费用也不少，计算时分别计算墙板、屋面板的面积，最后报价时将其费用平均到墙板、屋面板的单方造价中。

17. 屋面排水管工程量计算

根据清单计算规则，屋面排水管工程量按设计图示尺寸以长度计算。如设计未标注尺寸，以檐口至设计室外散水上表面垂直距离计算。

由图2-49建施-02可知排水管规格：ϕ150mm PVC管，数量18根；由图2-51建施-04，可知排水管长度7.0m。则屋面排水管工程量如下：

长度统计：$18\times7\text{m}=126\text{m}$

18. 屋面彩板天沟工程量计算

根据清单计算规则，屋面天沟按展开面积计算。屋面彩板天沟可参照01J925-1第56页详图3。本案例屋面彩板天沟工程量可按如下计算：

$S=64.88\times(0.05+0.35+0.3+0.25+0.1)\times2\text{m}^2=136.25\text{m}^2$（参照01J925-1第56页详图3，如图6-16所示）

19. 墙面收边包、角工程量计算

折件形状图样一般有构造详图，如没设计折件做法，我们可参阅图集《压型钢板、夹芯板屋面及墙体建筑构造》（01J925-1）。本案例折件做法可参照01J925-1图集按折件展开面积进行计算，并结合实际保证实用达到建筑的视觉美观效果。本工程墙面收边、包角可按工程量如下计算：

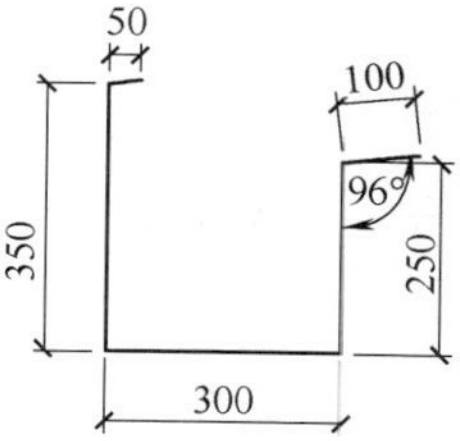

图6-16　彩板天沟示意图

1）墙板外包边：$(0.02+0.03+0.25)\times2\times5.8\times4\text{m}^2=13.92\text{m}^2$

（参照01J925-1第69页详图27、28，图6-17a）

2）墙板内包边：$(0.02+0.03+0.25)\times2\times5.8\times4\text{m}^2=13.92\text{m}^2$

（参照01J925-1第69页详图27、28，图6-17b）

3）山墙与屋面外包角板：$(0.02+0.03+0.25\times2+0.03)\times(36.48/2+0.10)\times1.0198\text{m}^2\times4=43.39\text{m}^2$

（参照01J925-1第62页详图15，图6-17c）

4）门窗口套折件：$(0.02+0.28+0.05+0.02+0.03)\times(63+0.03\times2+0.9+0.03\times2)\times2\times2\text{m}^2+(0.03+0.02+0.11+0.39+0.11+0.02+0.03)\times3.6\times3\times3\text{m}^2+(0.03+0.02+0.11+0.34+0.11+0.02+0.03)3.6\times3\text{m}^2=132.56\text{m}^2$

（参照 01J925-1 第 69 页详图 30，第 70 页详图 33、35、36、37，第 74 页详图，图 6-17d、e）

5）雨篷封檐板：$(0.03+0.275\times2+0.03+0.02)\times[(1.8+0.03)\times2+4.2+0.03\times2]\times4\text{m}^2=19.96\text{m}^2$

（参照 01J925-1 第 72 页，图 6-17f）

6）雨篷泛水板：$(0.25+0.2)\times(4.2+0.03\times2)\times4\text{m}^2=7.67\text{m}^2$

（参照 01J925-1 第 72 页，图 6-17g）

合计：231.42m^2

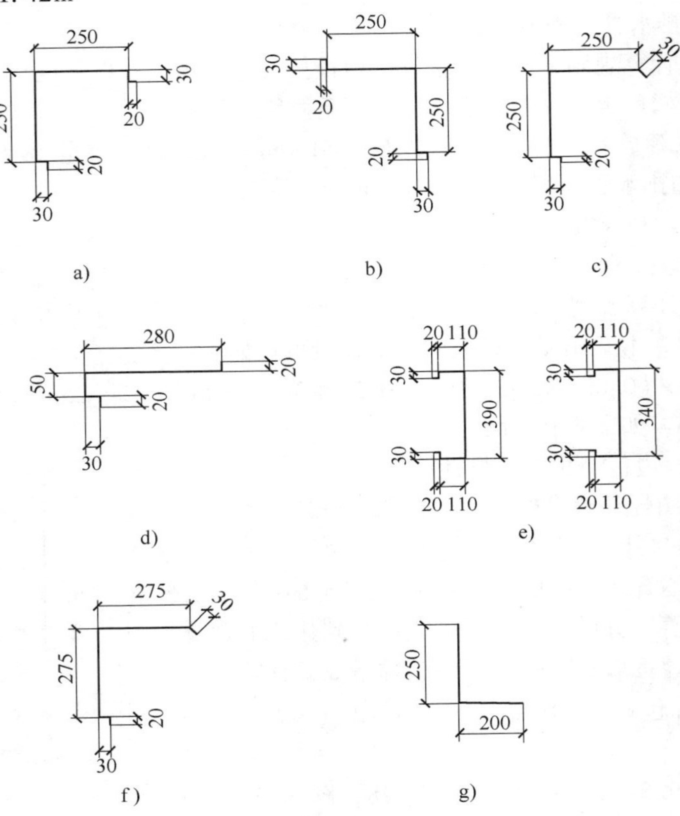

图 6-17　墙面收边、包角示意图

a）墙板外包边　b）墙板内包边板　c）山墙与屋面外包角　d）窗口包边　e）门洞口包角　f）雨篷封檐板　g）雨篷泛水板

20. 屋面收边、包角工程量计算

1）屋脊盖板：$0.32\times2\times64.88\text{m}^2=41.52\text{m}^2$

（参照 01J925-1 第 26 页详图，第 61 页详图 11、12，图 6-18a）

2）屋脊底板：$0.3\times2\times(64.88-0.075\times2)\text{m}^2=38.84\text{m}^2$

（参照01J925-1 第61 页详图11、12，图6-18b）

3）檐口堵头板：（0.03×3+0.075+0.03）×64.88×2m^2 =21.54m^2

（参照01J925-1 第56 页详图3，图6-18c）

合计：101.9m^2

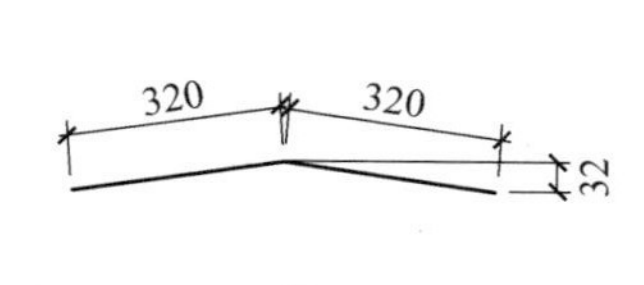

a)

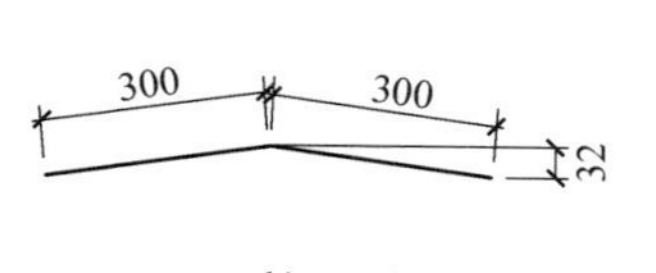

b)

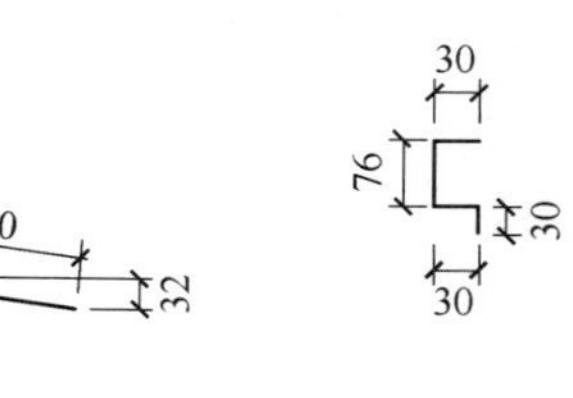

c)

图6-18　屋面收边、包角示意图

a）屋脊盖板　b）屋脊底板　c）檐口堵头板

21. 高强螺栓数量统计

一般情况下，门式刚架结构在柱梁连接处、梁梁连接处采用高强螺栓连接。由图2-55、图2-56 结施-04、结施-05 可知，该工程柱梁连接处、梁梁连接处均采用M20 高强螺栓连接。

M20：N = （10×2×6+8×4×6+2×6+8×2×3+4×5×3）个=432 个

22. 普通螺栓数量统计

普通螺栓数量计算方法：连接构件数量×连接构件孔数量/根，如该工程连接隅撑螺栓M12 数量=隅撑数量×2。

M12（隅撑处）：192×2 个=384 个

M12（檩托处）：（208+71+65）×4 个=344 个

M16（系杆处）：56×4 个=224 个

M16（门梁与门柱、钢柱连接处）：（4×4+4×4）个=32 个

23. 钢梯工程量计算

根据图样图2-48 建施-01 钢梯标注，本工程钢梯参照图集02J401 第79 页TW-Wb-78，工程量为0.229t。

钢结构在计算工程量时会经常用到型钢理论质量表，现将型钢理论质量列表统计如下，以便查阅，见表6-16～表6-26。

表6-16　普通工字钢理论质量表

型号	尺寸/mm					理论质量/(kg/m)
	h	b	t_w	t	R	
10	100	68	4.5	7.6	6.5	11.2
12.6	126	74	5	8.4	7	14.2

（续）

型号		尺寸/mm					理论质量/(kg/m)
		h	b	t_w	t	R	
14		140	80	5.5	9.1	7.5	16.9
16		160	88	6	9.9	8	20.5
18		180	94	6.5	10.7	8.5	24.1
20	a	200	100	7	11.4	9	27.9
	b		102	9			31.1
22	a	220	110	7.5	12.3	9.5	33
	b		112	9.5			36.5
25	a	250	116	8	13	10	38.1
	b		118	10			42
28	a	280	122	8.5	13.7	10.5	43.5
	b		124	10.5			47.9
32	a	320	130	9.5	15	11.5	52.7
	b		132	11.5			57.7
	c		134	13.5			62.7
36	a	360	136	10	15.8	12	60
	b		138	12			65.6
	c		140	14			71.3
40	a	400	142	10.5	16.5	12.5	67.6
	b		144	12.5			73.8
	c		146	14.5			80.1
45	a	450	150	11.5	18	13.5	80.4
	b		152	13.5			87.4
	c		154	15.5			94.5
50	a	500	158	12	20	14	93.6
	b		160	14			101
	c		162	16			109
56	a	560	166	12.5	21	14.5	106
	b		168	14.5			115
	c		170	16.5			124
63	a	630	176	13	22	15	122
	b		178	15			131
	c		180	17			141

表 6-17　H 型钢理论质量表

类别	截面尺寸 $(h\times b\times t_1\times t_2)$/(mm×mm×mm×mm)	理论质量/(kg/m)	类别	截面尺寸 $(h\times b\times t_1\times t_2)$/(mm×mm×mm×mm)	理论质量/(kg/m)
HW	100×100×6×8	17.22	HM	588×300×12×20	151
	125×125×6.5×9	23.8		#594×302×14×23	175
	150×150×7×10	31.9	HN	100×50×5×7	9.54
	175×175×7.5×11	40.3		125×60×6×8	13.3
	200×200×8×12	50.5		150×75×5×7	14.3
	#200×204×12×12	56.7		175×90×5×8	18.2
	250×250×9×14	72.4		198×99×4.5×7	18.5
	#250×255×14×14	82.2		200×100×5.5×8	21.7
	#294×302×12×12	85		248×124×5×8	25.8
	300×300×10×15	94.5		250×125×6×9	29.7
	300×305×15×15	106		298×149×5.5×8	32.6
	#344×348×10×16	115		300×150×6.5×9	37.3
	350×350×12×19	137		346×174×6×9	41.8
	#388×402×15×15	141		350×175×7×11	50
	#394×398×11×18	147		#400×150×8×13	55.8
	400×400×13×21	172		396×199×7×11	56.7
	#400×408×21×21	197		400×200×8×13	66
	#414×405×18×28	233		#450×150×9×14	65.5
	#428×407×20×35	284		446×199×8×12	66.7
HM	148×100×6×9	21.4		450×200×9×14	76.5
	194×150×6×9	31.2		#500×150×10×16	77.1
	244×175×7×11	44.1		496×199×9×14	79.5
	294×200×8×12	57.3		500×200×10×16	89.6
	340×250×9×14	79.7		#506×201×11×19	103
	390×300×10×16	107		596×199×10×15	95.1
	440×300×11×18	124		600×200×11×17	106
	482×300×11×15	115		#606×201×12×20	120
	488×300×11×18	129		#692×300×13×20	166
	582×300×12×17	137		700×300×13×24	185

注："#" 表示的规格为非常用规格。

表 6-18　普通槽钢理论质量表

型号		理论质量/(kg/m)	型号		理论质量/(kg/m)
5		5.44	25	a	27.40
6.3		6.63	25	b	31.33
8		8.04	25	c	35.25
10		10.00	28	a	31.42
12.6		12.31	28	b	35.81
14	a	14.53	28	c	40.21
14	b	16.73	32	a	38.07
16	a	17.23	32	b	43.10
16	b	19.75	32	c	48.12
18	a	20.17	36	a	47.80
18	b	22.99	36	b	53.45
20	a	22.63	36	c	59.10
20	b	25.77	40	a	58.91
22	a	24.99	40	b	65.19
22	b	28.45	40	c	71.47

表 6-19　等边角钢理论质量表

型号		理论质量/(kg/m)	型号		理论质量/(kg/m)
∟20×	3	0.89	∟50×	3	2.33
∟20×	4	1.15	∟50×	4	3.06
∟25×	3	1.12	∟50×	5	3.77
∟25×	4	1.46	∟50×	6	4.46
∟30×	3	1.37	∟56×	3	2.62
∟30×	4	1.79	∟56×	4	3.45
∟36×	3	1.66	∟56×	5	4.25
∟36×	4	2.16	∟56×	8	6.57
∟36×	5	2.65	∟63×	4	3.91
∟40×	3	1.85	∟63×	5	4.82
∟40×	4	2.42	∟63×	6	5.72
∟40×	5	2.98	∟63×	8	7.47
∟45×	3	2.09	∟63×	10	9.15
∟45×	4	2.74	∟70×	4	4.37
∟45×	5	3.37	∟70×	5	5.40
∟45×	6	3.99	∟70×	6	6.41

（续）

型号		理论质量/(kg/m)	型号		理论质量/(kg/m)
∟70×	7	7.40	∟110×	7	11.93
	8	8.37		8	13.53
∟75×	5	5.82		10	16.69
	6	6.91		12	19.78
	7	7.98		14	22.81
	8	9.03	∟125×	8	15.50
	10	11.09		10	19.13
∟80×	5	6.21		12	22.70
	6	7.38		14	26.19
	7	8.53	∟140×	10	21.49
	8	9.66		12	25.52
	10	11.87		14	29.49
∟90×	6	8.35		16	33.39
	7	9.66	∟160×	10	24.73
	8	10.95		12	29.39
	10	13.48		14	33.99
	12	15.94		16	38.52
∟100×	6	9.37	∟180×	12	33.16
	7	10.83		14	38.38
	8	12.28		16	43.54
	10	15.12		18	48.63
	12	17.90	∟200×	14	42.89
	14	20.61		16	48.68
	16	23.26		18	54.40
				20	60.06
				24	71.17

表 6-20　不等边角钢理论质量表

角钢型号 $B \times b \times t$/(mm×mm×mm)		理论质量/(kg/m)	角钢型号 $B \times b \times t$/(mm×mm×mm)		理论质量/(kg/m)
∟25×16×	3	0.91	∟32×20×	3	1.17
	4	1.18		4	1.52

（续）

角钢型号 $B\times b\times t$/（mm×mm×mm）		理论质量 /（kg/m）	角钢型号 $B\times b\times t$/（mm×mm×mm）		理论质量 /（kg/m）
∟40×25×	3	1.48	∟100×63×	8	9.88
	4	1.94		10	12.1
∟45×28×	3	1.69	∟100×80×	6	8.35
	4	2.20		7	9.66
∟50×32×	3	1.91		8	10.9
	4	2.49		10	13.5
∟56×36×	3	2.15	∟110×70×	6	8.35
	4	2.82		7	9.66
	5	3.47		8	10.9
∟63×40×	4	3.19		10	13.5
	5	3.92	∟125×80×	7	11.1
	6	4.64		8	12.6
	7	5.34		10	15.5
∟70×45×	4	3.57		12	18.3
	5	4.40	∟140×90×	8	14.2
	6	5.22		10	17.5
	7	6.01		12	20.7
∟75×50×	5	4.81		14	23.9
	6	5.70	∟160×100×	10	19.9
	8	7.43		12	23.6
	10	9.10		14	27.2
∟80×50×	5	5.00		16	30.8
	6	5.93	∟180×110×	10	22.3
	7	6.85		12	26.5
	8	7.75		14	30.6
∟90×56×	5	5.66		16	34.6
	6	6.72	L200×125×	12	29.8
	7	7.76		14	34.4
	8	8.78		16	39.0
∟100×63×	6	7.55		18	43.6
	7	8.72			

表 6-21　无缝钢管理论质量表

尺寸/mm		理论质量/(kg/m)
d	t	
32	2.0	1.48
	2.5	1.82
	3.0	2.15
	3.5	2.46
	4.0	2.76
38	2.5	2.19
	3.0	2.59
	3.5	2.98
	4.0	3.35
42	2.5	2.44
	3.0	2.89
	3.5	3.32
	4.0	3.75
45	2.5	2.62
	3.0	3.11
	3.5	3.58
	4.0	4.04
50	2.5	2.93
	3.0	3.48
	3.5	4.01
	4.0	4.54
	4.5	5.05
	5.0	5.55
54	3.0	3.77
	3.5	4.36
	4.0	4.93
	4.5	5.49
	5.0	6.04
	5.5	6.58
	6.0	7.10
57	3.0	4.00
	3.5	4.62
	4.0	5.23
	4.5	5.83
	5.0	6.41
	5.5	6.99
	6.0	7.55
60	3.0	4.22
	3.5	4.88
	4.0	5.52
	4.5	6.16
	5.0	6.78
	5.5	7.39
	6.0	7.99
63.5	3.0	4.48
	3.5	5.18
	4.0	5.87
	4.5	6.55
	5.0	7.21
	5.5	7.87
	6.0	8.51
68	3.0	4.81
	3.5	5.57
	4.0	6.31
	4.5	7.05
	5.0	7.77
	5.5	8.48
	6.0	9.17
70	3.0	4.96
	3.5	5.74
	4.0	6.51
	4.5	7.27
	5.0	8.01
	5.5	8.75
	6.0	9.47

（续）

尺寸/mm		理论质量/(kg/m)	尺寸/mm		理论质量/(kg/m)
d	t		d	t	
73	3.0	5.18	95	4.5	10.04
	3.5	6.00		5.0	11.10
	4.0	6.81		5.5	12.14
	4.5	7.60		6.0	13.17
	5.0	8.38		6.5	14.19
	5.5	9.16		7.0	15.19
	6.0	9.91	102	3.5	8.50
76	3.0	5.40		4.0	9.67
	3.5	6.26		4.5	10.82
	4.0	7.10		5.0	11.96
	4.5	7.93		5.5	13.09
	5.0	8.75		6.0	14.21
	5.5	9.56		6.5	15.31
	6.0	10.36		7.0	16.40
83	3.5	6.86	114	4.0	10.85
	4.0	7.79		4.5	12.15
	4.5	8.71		5.0	13.44
	5.0	9.62		5.5	14.72
	5.5	10.51		6.0	15.89
	6.0	11.39		6.5	17.23
	6.5	12.26		7.0	18.47
	7.0	13.12		7.5	19.70
89	3.5	7.38		8.0	20.91
	4.0	8.38	121	4.0	11.54
	4.5	9.38		4.5	12.93
	5.0	10.36		5.0	14.30
	5.5	11.33		5.5	15.67
	6.0	12.28		6.0	17.02
	6.5	13.22		6.5	18.35
	7.0	14.16		7.0	19.68
95	3.5	7.90		7.5	20.99
	4.0	8.98		8.0	22.29

（续）

尺寸/mm		理论质量/(kg/m)	尺寸/mm		理论质量/(kg/m)
d	t		d	t	
127	4.0	12.13	146	6.5	22.36
	4.5	13.59		7.0	24.00
	5.0	15.04		7.5	25.62
	5.5	16.48		8.0	27.23
	6.0	17.09		9.0	30.41
	6.5	19.32		10	33.54
	7.0	20.72	152	4.5	16.37
	7.5	22.10		5.0	18.13
	8.0	23.48		5.5	19.87
133	4.0	12.73		6.0	21.60
	4.5	14.26		6.5	23.32
	5.0	15.78		7.0	25.03
	5.5	17.29		7.5	26.73
	6.0	18.79		8.0	28.41
	6.5	20.28		9.0	31.74
	7.0	21.75		10	35.02
	7.5	23.21	159	4.5	17.15
	8.0	24.66		5.0	18.99
140	4.5	15.04		5.5	20.82
	5.0	16.65		6.0	22.64
	5.5	18.24		6.5	24.45
	6.0	19.83		7.0	26.24
	6.5	21.40		7.5	28.02
	7.0	22.96		8.0	29.79
	7.5	24.51		9.0	33.29
	8.0	26.04		10	36.75
	9.0	29.08	168	4.5	18.14
	10	32.06		5.0	20.14
146	4.5	15.70		5.5	22.04
	5.0	17.39		6.0	23.97
	5.5	19.06		6.5	25.89
	6.0	20.72		7.0	27.79

（续）

尺寸/mm		理论质量/(kg/m)	尺寸/mm		理论质量/(kg/m)
d	t		d	t	
168	7. 5	29. 69	203	14	65. 25
	8. 0	31. 57		16	73. 79
	9. 0	35. 29	219	6. 0	31. 52
	10	38. 97		6. 5	34. 06
180	5. 0	21. 58		7. 0	36. 60
	5. 5	23. 67		7. 5	39. 12
	6. 0	25. 75		8. 0	41. 63
	6. 5	27. 81		9. 0	46. 61
	7. 0	29. 87		10	51. 54
	7. 5	31. 91		12	61. 26
	8. 0	33. 93		14	70. 78
	9. 0	37. 95		16	80. 10
	10	41. 92	245	6. 5	38. 23
	12	49. 72		7. 0	41. 08
194	5. 0	23. 31		7. 5	43. 93
	5. 5	25. 57		8. 0	46. 76
	6. 0	27. 82		9. 0	52. 38
	6. 5	30. 06		10	57. 95
	7. 0	32. 28		12	68. 95
	7. 5	34. 50		14	79. 76
	8. 0	36. 70		16	90. 36
	9. 0	41. 06	273	6. 5	42. 72
	10	45. 38		7. 0	45. 92
	12	53. 86		7. 5	49. 11
203	6. 0	29. 15		8. 0	52. 28
	6. 5	31. 50		9. 0	58. 60
	7. 0	33. 84		10	64. 86
	7. 5	36. 16		12	77. 24
	8. 0	38. 47		14	89. 42
	9. 0	43. 06		16	101. 41
	10	47. 60	299	7. 5	53. 92
	12	56. 62		8. 0	57. 41

（续）

尺寸/mm		理论质量/(kg/m)	尺寸/mm		理论质量/(kg/m)
d	t		d	t	
299	9.0	64.37	325	12	92.63
	10	71.27		14	107.38
	12	84.93		16	121.93
	14	98.40	351	8.0	67.67
	16	111.67		9.0	75.91
325	7.5	58.73		10	84.10
	8.0	62.54		12	100.32
	9.0	70.14		14	116.35
	10	77.68		16	132.19

表 6-22　方钢管规格表

尺寸/mm		理论质量/(kg/m)	尺寸/mm		理论质量/(kg/m)
高度或宽度 h	厚度 t		高度或宽度 h	厚度 t	
25	1.5	1.03	100	3.0	8.83
30	1.5	1.27	120	2.5	9.01
40	1.5	1.74	120	3.0	10.72
40	2.0	2.25	140	3.0	12.60
50	1.5	2.21	140	3.5	14.59
50	2.0	2.88	140	4.0	16.44
60	2.0	3.51	160	3.0	14.49
60	2.5	4.30	160	3.5	16.77
80	2.0	4.76	160	4.0	19.05
80	2.5	5.87	160	4.5	21.15
100	2.5	7.44	160	5.0	23.35

表 6-23　冷弯薄壁矩形钢管规格表

尺寸/mm			截面面积/cm^2	质量/(kg/m)	尺寸/mm			截面面积/cm^2	质量/(kg/m)
高度 h	宽度 b	厚度 t			高度 h	宽度 b	厚度 t		
30	15	1.5	1.20	0.95	50	30	2.0	2.94	2.31
40	20	1.6	1.75	1.37	60	30	2.5	4.09	3.21
40	20	2.0	2.14	1.68	60	30	3.0	4.81	3.77
50	30	1.6	2.39	1.88	60	40	2.0	3.74	2.94

（续）

尺寸/mm			截面面积/cm²	质量/(kg/m)	尺寸/mm			截面面积/cm²	质量/(kg/m)
高度 h	宽度 b	厚度 t			高度 h	宽度 b	厚度 t		
60	40	3.0	5.41	4.25	120	60	3.2	10.85	8.52
70	50	2.5	5.59	4.20	120	60	4.0	13.35	10.48
70	50	3.0	6.61	5.19	120	80	3.2	12.13	9.53
80	40	2.0	4.54	3.56	120	80	4.0	14.95	11.73
80	40	3.0	6.61	5.19	120	80	5.0	18.36	14.41
90	40	2.5	6.09	4.79	120	80	6.0	21.63	16.98
90	50	2.0	5.34	4.19	140	90	3.2	14.05	11.04
90	50	3.0	7.81	6.13	140	90	4.0	17.35	13.63
100	50	3.0	8.41	6.60	140	90	5.0	21.36	16.78
100	60	2.6	7.88	6.19	150	100	3.2	15.33	12.04
120	60	2.0	6.94	5.45					

表 6-24　圆钢规格表

圆钢直径 d(型号)	理论质量/(kg/m)	圆钢直径 d(型号)	理论质量/(kg/m)
	圆钢		圆钢
5.5	0.186	21	2.72
6	0.222	22	2.98
6.5	0.260	*23	3.26
7	0.302	24	3.55
8	0.395	25	3.85
9	0.499	26	4.17
10	0.617	*27	4.49
*11	0.746	28	4.83
12	0.888	*29	5.18
13	1.04	30	5.55
14	1.21	*31	5.92
15	1.39	32	6.31
16	1.58	*33	6.71
17	1.78	34	7.13
18	2.00	*35	7.55
19	2.23	36	7.99
20	2.47	38	8.90

（续）

圆钢直径 d（型号）	理论质量/(kg/m)	圆钢直径 d（型号）	理论质量/(kg/m)
	圆钢		圆钢
40	9.86	95	55.6
42	10.9	100	61.7
45	12.5	105	68.0
48	14.2	110	74.6
50	15.4	115	81.5
53	17.3	120	88.8
*55	18.6	125	96.3
56	19.3	130	104
*58	20.7	140	121
60	22.2	150	139
63	24.5	160	158
*65	26.0	170	178
*68	28.5	180	200
70	30.2	190	223
75	34.7	200	247
80	39.5	220	298
85	44.5	250	385
90	49.9		

注：表中带*的规格，不推荐使用。

表 6-25　C 型钢规格表

序号	截面代号	截面尺寸/mm				截面面积 A /cm^2	质量 g /(kg/m)
		H	B	c	t		
1	C140×2.0	140	50	20	2.0	5.27	4.14
2	C140×2.2	140	50	20	2.2	5.76	4.52
3	C140×2.5	140	50	20	2.5	6.48	5.09
4	C160×2.0	160	60	20	2.0	6.07	4.76
5	C160×2.2	160	60	20	2.2	6.64	5.21
6	C160×2.5	160	60	20	2.5	7.48	5.87
7	C180×2.0	180	70	20	2.0	6.87	5.39
8	C180×2.2	180	70	20	2.2	7.52	5.90
9	C180×2.5	180	70	20	2.5	8.48	6.66
10	C200×2.0	200	70	20	2.0	7.27	5.71

（续）

序号	截面代号	截面尺寸/mm				截面面积 A /cm^2	质量 g /(kg/m)
		H	B	c	t		
11	C200×2.2	200	70	20	2.2	7.96	6.25
12	C200×2.5	200	70	20	2.5	8.98	7.05
13	C220×2.0	220	75	20	2.0	7.87	6.18
14	C220×2.2	220	75	20	2.2	8.62	6.77
15	C220×2.5	220	75	20	2.5	9.73	7.64
16	C250×2.0	250	75	20	2.0	8.43	6.62
17	C250×2.2	250	75	20	2.2	9.26	7.27
18	C250×2.5	250	75	20	2.5	10.48	8.23

表 6-26　Z 型钢规格表

序号	截面代号	截面尺寸/mm				截面面积 A /cm^2	质量 g /(kg/m)
		H	B	c	t		
1	Z140×2.0	140	50	20	2.0	5.392	4.233
2	Z140×2.2	140	50	20	2.2	5.909	4.638
3	Z140×2.5	140	50	20	2.5	6.676	5.240
4	Z160×2.0	160	60	20	2.0	6.192	4.861
5	Z160×2.2	160	60	20	2.2	6.789	5.329
6	Z160×2.5	160	60	20	2.5	7.676	6.025
7	Z180×2.0	180	70	20	2.0	6.992	5.489
8	Z180×2.2	180	70	20	2.2	7.669	6.020
9	Z180×2.5	180	70	20	2.5	8.676	6.810
10	Z200×2.0	200	70	20	2.0	7.392	5.803
11	Z200×2.2	200	70	20	2.2	8.109	6.365
12	Z200×2.5	200	70	20	2.5	9.176	7.203
13	Z220×2.0	220	75	20	2.0	7.992	6.274
14	Z220×2.2	220	75	20	2.2	8.769	6.884
15	Z220×2.5	220	75	20	2.5	9.926	7.792
16	Z250×2.0	250	75	20	2.0	8.592	6.745
17	Z250×2.2	250	75	20	2.2	9.429	7.402
18	Z250×2.5	250	75	20	2.5	10.676	8.380

三、工程量清单的编制

根据清单计价规范及以上工程量计算，工程量清单编制见表 6-27。

表6-27　分部分项工程量清单

工程名称：×仓库钢结构厂房

序号	项目编码	项目名称	项目特征	计量单位	工程数量
1	010603001001	实腹柱	1. Q235B，热轧H型钢 2. 每根重0.551t 3. 无损探伤 4. 涂C53-35红丹醇酸防锈底漆一道25μm	t	21.6
2	010604001001	钢梁	1. Q235B，热轧H型钢 2. 每根重0.709t 3. 无损探伤 4. 涂C53-35红丹醇酸防锈底漆一道25μm	t	23.485
3	010605002001	压型钢板墙板（含雨篷板）	1. 板型：内外板均为0.425mm厚 2. 中间EPS夹芯板75mm厚 3. 安装在C型钢檩条上	m^2	1078.36
4	010606001001	钢支撑	1. 圆钢 2. 规格：ϕ25mm 3. 涂C53-35红丹醇酸防锈底漆一道25μm	t	1.227
5	010606001002	钢拉条	1. 圆钢 2. 规格：ϕ12mm 3. 涂C53-35红丹醇酸防锈底漆一道25μm	t	1.101
6	010606002001	钢檩条（包含屋面檩条和墙面檩条、雨篷檩条）	1. C型钢Q235B 2. 型号：C250mm×75mm×20mm×2.5mm，C200mm×70mm×20mm×2.5mm，C160mm×60mm×20mm×2.5mm 3. 普通螺栓连接 4. 涂C53-35红丹醇酸防锈底漆一道25μm	t	21.379
7	010606008001	钢梯	1. 规格：ϕ20mm、∟50mm×5mm 2. 90°爬梯 3. 涂C53-35红丹醇酸防锈底漆一道25μm	t	0.229
8	010606012001	零星钢构件	1. 系杆（XG） 2. 规格：ϕ133mm×6mm 3. 涂C53-35红丹醇酸防锈底漆一道25μm	t	8.323
9	010606012002	零星钢构件	1. 隅撑（YC） 2. 规格：∟50mm×4mm 3. 涂C53-35红丹醇酸防锈底漆一道25μm	t	0.311

（续）

序号	项目编码	项目名称	项目特征	计量单位	工程数量
10	010606012003	零星钢构件	1. 撑杆（CG） 2. 规格：ϕ32mm×2.5mm 3. 涂C53-35红丹醇酸防锈底漆一道25μm	t	0.23
11	010606012005	零星钢构件	1. 门框柱、门梁 2. 规格：[25、[20 3. 涂C53-35红丹醇酸防锈底漆一道25μm	t	1.593
12	010901002001	型材屋面	1. 板型：内外板均为0.425mm厚 2. 中间EPS夹芯板75mm厚 3. 安装在C型钢檩条上	m^2	2323.23
13	010901003001	阳光板屋面	1. 板型：内外板均为0.425mm厚 2. 安装在C型钢檩条上	m^2	97.9
14	010902004001	屋面排水管	1. PVC管 2. 规格：ϕ150mm	m	126
15	010902007001	屋面天沟	1. 规格：1.0mm厚彩钢板宽度1050mm 2. 坡度1% 3. 安装高度7.0m	m^2	136.25
16	010516001001	螺栓	M20地脚锚栓：长1050mm	t	0.581

注：1. 清单不包括土建部分及门窗部分。
　　2. 不考虑防火涂装。

清单编制说明：

1）钢结构工程在统计钢材的工程量时，都是计算其图示尺寸质量，没包括任何损耗。钢结构构件制作过程中的损耗在清单计价时考虑。

2）由于钢材价格较高，所以计算其工程量时，小数要保留三位小数。

3）项目特征要严格按照图样描述。如H型钢是标准还是焊接，墙面板、屋面板基板厚度、涂层要求，各钢构件材质及其规格要求等，都必须仔细核对图样，详细描述，这些直接影响最终的报价。为提高清单编制效率，工程量计算时，可以将清单项目特征中要求注明的项目特征，如材质、规格等从图样中一并列出。图样项目特征描述不清的可以先做出标记，待工程量统计结束，汇总后一并与建设单位或设计人员进行沟通解决。

4）防火涂料需要特别注意。由于钢结构工程的特点，钢结构工程按规范一般都要做防火处理，目前常规的处理方法是采用防火涂料做涂层保护钢构件。不同钢构件其防火涂层要求不同，计算工程量时要特别注意加以区别（具体防火涂料工程量计算，读者可参阅《钢结构工程计量与计价》一书），同时由于防火涂料施工的特殊性，有时要选择专业队伍施工，所以有时钢结构工程报价时防火涂料甩项。

5）看懂图样、深刻理解图样，是工程量计算的关键。

6）零星项目列项时，越仔细越好。如本案例零星项目设置，将隅撑、系杆、拉条等分别统计，因为其钢材价格不同，便于清单计价。

7）螺栓个数、屋面板及墙板折件统计出来后，编清单时没有用到这些数据，但是清单报价时肯定会用到的。一般应将螺栓的价格折合到钢梁或钢柱综合单价中，屋面板及墙面板折件费用均摊到屋面板、墙面板的综合单价中。

以上工程量计算的格式，主要目的是讲明钢结构工程量计算的整个过程，其形式不便于清单计价时快速寻找需要的项目数据。读者熟练掌握钢结构工程识图及工程量计算后，可根据自己的工作经验，采用列表形式进行计算书的编制，这样思路清晰、分类明确，便于清单编制时数据的摘录。

另外，造价人员在计算工程量时，应充分利用 Excel 表格，便于准确计算及后期计算书的修改，参阅表 6-28。

表 6-28　工程量计算书

单位工程名称：×仓库钢结构厂房　　　　建筑面积：2366. 82m²

序号	各项工程名称	计算公式	单位	数量
1	75mm EPS 夹芯墙面板(见建施-01、02、03)	S = [(64. 88 + 36. 48) × 2] × (7 − 1. 2) + [1/2 × (36 + 2 × 0. 24) × 1. 8] × 2 − 193. 32(门窗面积) = 1048. 12	m²	1048. 12
2	墙面收边包角板(参照图集 01J925-1)	(1) 墙板外包边：(0. 02 + 0. 03 + 0. 25) × 2 × 5. 8 × 4 = 13. 92 (2) 墙板内包边：(0. 02 + 0. 03 + 0. 25) × 2 × 5. 8 × 4 = 13. 92 (3) 山墙与屋面外包角板：(0. 02 + 0. 03 + 0. 25 × 2 + 0. 03) × (36. 48/2 + 0. 10) × 1. 0198 × 4 = 43. 39 (4) 门窗口套折：(0. 02 + 0. 28 + 0. 05 + 0. 02 + 0. 03) × (63 + 0. 03 × 2 + 0. 9 + 0. 03 × 2) × 2 × 2 + 3. 6 × 3 × 3 × (0. 03 + 0. 02 + 0. 11 + 0. 39 + 0. 11 + 0. 02 + 0. 03) + (0. 03 + 0. 02 + 0. 11 + 0. 34 + 0. 11 + 0. 02 + 0. 03) × 3. 6 × 3 = 132. 56 (5) 雨篷封檐板：(0. 03 + 0. 275 × 2 + 0. 03 + 0. 02) × [(1. 8 + 0. 03) × 2 + 4. 2 + 0. 03 × 2] × 4 = 19. 96 (6) 雨篷泛水板：(0. 25 + 0. 2) × (4. 2 + 0. 03 × 2) × 4 = 7. 67 合计：231. 42	m²	231. 42
3	屋面采光板	S = 1 × 6 × 16 × 1. 0198 = 97. 9	m²	97. 9
4	75mm EPS 夹芯屋面板(见建施-01、02、03)	S = (64. 88 + 0. 10 × 2) × 36. 48 × 1. 0198 − 97. 9 = 2323. 23	m²	2323. 23

（续）

序号	各项工程名称		计算公式	单位	数量
5	屋面收边包角板（参照图集01J925-1）		（1）屋脊盖板：0.32×2×64.88=41.52 （2）屋脊底板：0.3×2×（64.88－0.075×2）=38.84 （3）檐口堵头板：（0.03×3+0.075+0.03）×64.88×2=21.54 合计：101.9	m^2	101.9
6	ϕ150mm PVC 排水管		长度统计：7×18=126	m	126
7	1.0m 厚彩钢板天沟（见结施-02、04）		S=64.88×（0.05+0.35+0.3+0.25+0.1）×2=136.25	m^2	136.25
8	75mm EPS 夹芯板雨篷		S=1.8×4.2×4=30.24	m^2	30.24
9	基础锚栓（d=24）（见结施-01、02）		N=39×4=156	个	156
10	钢柱（含抗风柱）、钢梁（见结施-03、04、05）		G=6×4416.4+3×5945.8=44.336t	t	44.336
11	檩条	墙面檩条（规格：C250mm×75mm×20mm×2.5mm、C200mm×70mm×20mm×2.5mm、C160mm×60mm×20mm×2.5mm）（见结施-06）	长度统计：71×8m=568m（C250mm×75mm×20mm×2.5mm） 65×6m=390m（C200mm×70mm×20mm×2.5mm） （4×4.2+8×1.64+8×1.8）m=44.32m（C160mm×60mm×20mm×2.5mm）	t	21.379
			质量统计：G=（568×8.23+390×7.05+44.32×5.87）kg=7.684t		
		屋面檩条（规格：C250mm×75mm×20mm×2.5mm、C250mm×75mm×20mm×2.5mm）（见结施-07）	长度统计：208×8m=1664m		
			质量统计：G=1664×8.23=13.695t		
			质量合计：21.379t		
12	门框柱、门梁（规格：[25、[20）（见结施-07、08）		长度统计：（6×3.6+3×8）m=45.6m（[25mm） （2×3.6+1×8）m=15.2m（[20mm） 质量统计：G=（45.6×27.4+15.2×22.63）kg=1.598t	t	1.598

（续）

序号	各项工程名称	计算公式	单位	数量
13	拉杆（规格：ϕ12mm，0.888kg/m）（见结施-06、07、08）	长度统计：$32\times(1.2+2\times0.5)$m $+16\times(0.6+2\times0.05)$m $+352\times(1.5+2\times0.05)$m $+32\times\{[1.2^2+(8/3)^2]^{1/2}+2\times0.1\}$m $+32\times\{[1.5^2+(8/3)^2]^{1/2}+2\times0.1\}$m $+53\times(1.2+2\times0.5)$m $+81\times(1.4+2\times0.5)$m $+44\times(0.9+2\times0.5)$m $+4\times(0.6+2\times0.5)$m $+32\times\{[1.4^2+(8/3)^2]^{1/2}+2\times0.1\}$m $+24\times[(0.9^2+3^2)^{1/2}+2\times0.1]$m $=1240$m 质量统计：$G=1240\times0.888$kg $=1.101$t	t	1.101
14	隅撑（规格：∟50mm×4mm，3.06kg/m）（见结施-06、08）	长度统计：$120\times\{[(0.4+0.01)^2+(0.4-0.095+0.04)^2]^{1/2}-0.064\}$m $+24\times\{[(0.55+0.01)^2+(0.55-0.095+0.04)^2]^{1/2}-0.064\}$m $+24\times\{[(0.475+0.01)^2+(0.475-0.095+0.04)^2]^{1/2}-0.064\}$m $+24\times\{[(0.499+0.01)^2+(0.499-0.095+0.04)^2]^{1/2}-0.064)\}$m $=101.568$m 质量统计：$G=101.568\times3.06$kg $=0.311$t	t	0.311
15	系杆（规格：ϕ133mm×6mm，18.79kg/m）（见结施-03、08）	长度统计：$56\times(8-2\times0.045)$m $=442.96$m 质量统计：$G=442.96\times18.79$kg $=8.323$t	t	8.323
16	水平支撑、柱间支撑（规格：ϕ25mm，3.85kg/m）（见结施-03、08）	长度统计：$\{24\times[(6^2+8^2)^{1/2}-2\times0.06]+8\times[(6.5^2+8^2)^{1/2}-2\times0.06]\}$m $=318.62$m 质量统计：$G=318.62\times3.85$kg $=1.227$t	t	1.227
17	撑杆（规格：ϕ32mm×2mm，1.48kg/m）（见结施-06、07、08）	长度统计：$(32\times1.2+32\times1.5+16\times0.6+32\times1.4+12\times1.2)$m $=155.2$m 质量统计：$G=155.2\times1.48$kg $=0.23$t	t	0.23
18	钢梯（ϕ20mm、∟50mm×5mm）	参照图集02J401第79页TWWb-78	t	0.229
19	节点板（10mm、6mm、16mm厚钢板）	1. 隅撑连接板：$G_1=10\times0.08\times0.08\times192\times7.85$kg $=0.096$t（结施-08） 2. 系杆连接板：$G_2=10\times0.38\times0.121\times56\times2\times7.85$kg $=0.404$t（结施-08） 3. 支撑节点板：$G_3=(10\times0.13\times0.121\times32\times2\times7.85+10\times0.38\times0.121\times32\times4)$kg $=0.138$t（结施-08） 4. 山墙檩托板：$G_4=6\times0.16\times0.165\times80\times7.85$kg $=0.099$t 5. 门柱与门梁节点板：$G_5=10\times0.12\times0.16\times8\times7.85$kg $=0.012$t 质量合计：0.749t	t	0.749

（续）

序号	各项工程名称	计算公式	单位	数量
20	高强螺栓	M20：$N=(10\times2\times6+8\times4\times6+2\times6+8\times2\times3+4\times5\times3)$个=432个	个	432
21	普通螺栓	M12(隅撑处)：192×2个=384个 M12(檩托处)：(208+71+65)×4个=344个 M16(系杆处)：56×4个=224个 M16(门梁与门柱、钢柱连接处)：(4×4+4×4)个=32个 数量合计：984个	个	984

第七章　钢结构工程设计概算的编制与审查

第一节　工程设计概算的概念、内容及作用

一、设计概算的概念及内容

设计概算是初步设计概算的简称，是指在初步设计或扩大初步设计阶段，由设计单位根据初步设计图样、定额、指标、其他工程费用定额等，对工程投资进行的概略计算，这是初步设计文件的重要组成部分，是确定工程设计阶段的投资的依据，经过批准的设计概算是控制工程建设投资的最高限额。

设计概算分为三级概算，即单位工程概算、单项工程综合概算、建设项目总概算。其编制内容及相互关系如图 7-1 所示。

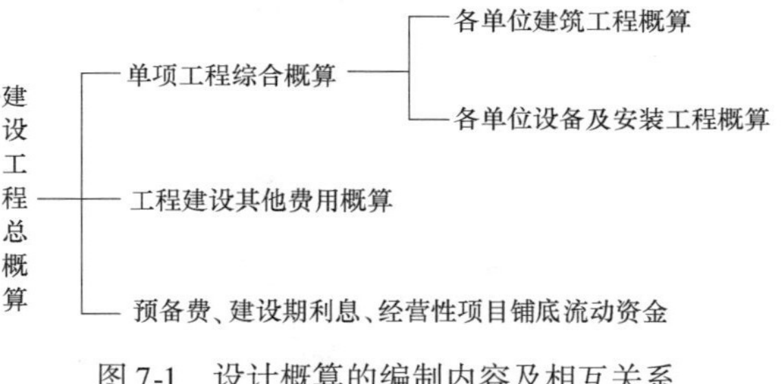

图 7-1　设计概算的编制内容及相互关系

（1）单位工程概算　单位工程概算是确定各单位工程建设费用的文件，是编制单项工程综合概算的依据，是单项工程综合概算的组成部分。单位工程概算按其工程性质分为建筑工程概算和设备及安装工程概算两大类。建筑工程概算包括一般土建工程概算、给水排水工程概算、采暖工程概算、通风工程概算、电气照明工程概算、特殊构筑物工程概算。设备及安装工程概算分为机械设备及安装工程概算、电气设备及安装工程概算。

（2）单项工程综合概算　单项工程综合概算是确定一个单项工程所需建设费用的文件，它是由单项工程中的各单位工程概算汇总编制而成的，是建设项目总概算的组成部分。单项工程综合概算的组成内容如图 7-2 所示。

（3）建设项目总概算　建设项目总概算是确定整个建设项目从筹建到竣工验收所需全部费用的文件。它是由各个单项工程综合概算以及工程建设其他费用和预备费用概算汇总编制而成的。建设项目总概算的组成内容如图 7-3 所示。

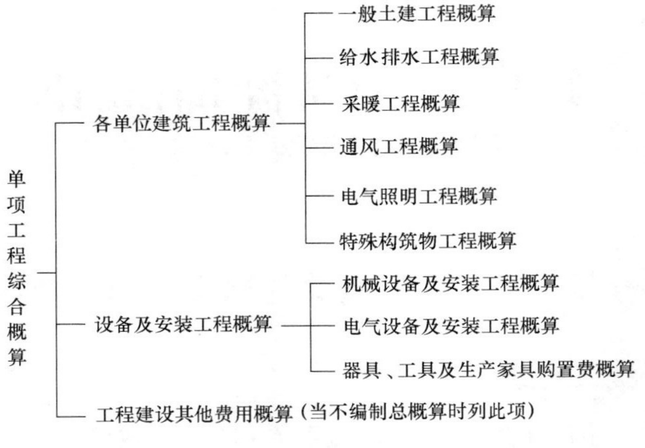

图 7-2　单项工程综合概算的组成内容

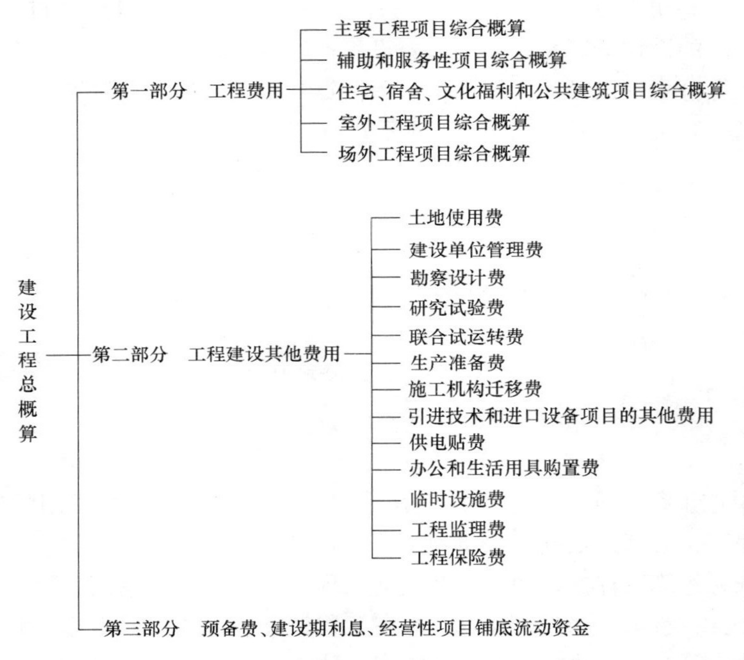

图 7-3　建设工程总概算的组成内容

二、设计概算的作用

设计概算的作用主要有：

1）设计概算是确定建设项目、各单项工程及各单位工程投资的依据，按照规定报请有关部门或单位批准的初步设计及总概算，一经批准即作为建设项目静态总投资的最高限额，不得任意突破，必须突破时须报原审批部门（单位）批准。

2）设计概算是编制投资计划的依据。计划部门根据批准的设计概算编制建设项目年固定资产投资计划，并严格控制投资计划的实施。若建设项目实际投资数额超过了总概算，那么必须在原设计单位和建设单位共同提出追加投资的申请报告基础上，经上级计划部门审批后，方能追加投资。

3）设计概算是进行拨款和贷款的依据。建设银行根据批准的设计概算和年度投资计划，进行拨款和贷款，并严格实行监督控制。对超出概算的部分，未经计划部门批准，建行不得追加拨款和贷款。

4）设计概算是实行投资包干的依据。在进行概算包干时，单项工程综合概算及建设项目总概算是投资包干指标商定和确定的基础，尤其经上级主管部门批准的设计概算或修正概算，是主管单位和包干单位签订包干合同，控制包干数额的依据。

5）设计概算是考核设计方案的经济合理性和控制施工图预算的依据。设计单位根据设计概算进行技术经济分析和多方案评价，以提高设计质量和经济效果。同时保证施工图预算在设计概算的范围内。

6）设计概算是进行各种施工准备、设备供应指标、加工订货及落实各项技术经济责任制的依据。

7）设计概算是控制项目投资，考核建设成本，提高项目实施阶段工程管理和经济核算水平的必要手段。

第二节　工程设计概算的编制

一、工程设计概算的编制依据

工程设计概算的编制依据有：

1）经批准的建设项目计划任务书。计划任务书由国家或地方基建主管部门批准，其内容随建设项目的性质而异。一般包括建设目的、建设规模、建设理由、建设布局、建设内容、建设进度、建设投资、产品方案和原材料来源等。

2）初步设计或扩大初步设计图样和说明书。有了初步设计或扩大初步设计图样和说明书，才能了解其设计内容和要求，并计算主要工程量，这些是编制设计概算的基础资料。

3）概算指标、概算定额或综合概算定额。概算指标、概算定额和综合概算定额，是由国家或地方基建主管部门颁发的，是计算价格的依据，不足部分可参照预算或其他有关资料。

4）设备价格资料。各种定型设备（如各种用途的泵、空压机、蒸汽锅炉等）按国家有关部门规定的现行产品出厂价格计算；非标准设备按非标准设备制造厂的报价计算。此外，还应增加供销部门的手续费、包装费、运输费及采购、保管等费用资料。

5）地区工资标准和材料预算价格。

6）有关取费标准和费用定额。

二、工程设计概算编制的方法

钢结构设计概算的编制方法一般有以下两种：

1）利用概算定额编制，与施工图预算编制方法基本相同，其步骤为：

①根据设计图样和概算工程量计算规则计算工程量。

②根据工程量和概算定额基价计算直接费用。

③将直接费乘以间接费费率（施工管理费费率）和计划利润率得出间接费及计划利润。

④根据工程发生费用的具体情况，不能分摊到单位工程中去的费用，如施工机构迁移费、技术设备装备费和保险费等，应在综合概算或总概算中计算。

⑤将直接费、间接费和计划利润相加，即得一般土建工程概算价值。

⑥概算价值除以建筑面积求出技术经济指标。

⑦做出主要材料分析。

2）建设项目的辅助、附属或小型建筑工程（包括土建、水、电、暖等）可按各种指标编制，但应结合设计及当地的实际情况进行必要的调整。采用概算指标编制概算的方法如下：

①设计的工程项目只要基本符合概算指标所列各项条件和结构特征，可直接使用概算指标编制概算。

②新设计的建筑物在结构特征上与概算指标有部分出入时，须加以换算。

第三节　工程设计概算的审查

一、设计概算审查的作用

设计概算的作用主要有：

1）有利于合理分配投资资金，加强投资计划管理。设计概算编制得偏高或偏低，都会影响投资计划的真实性，影响投资资金的合理分配。所以审查设计概算是为了准确确定工程造价，使投资更能遵循客观经济规律。

2）可以促进概算编制单位严格执行有关概算的编制规定和费用标准，从而提高概算的编制质量。

3）可以使建设项目总投资力求做到准确、完整，防止任意扩大投资规模或出现漏项，从而减少投资缺口，缩小概算与预算之间的差距，避免故意压低概算投资而导致实际造价大幅度超出概算的情况。

4）审查后的概算，对建设项目投资的落实提供了可靠的依据。

二、设计概算审查的内容

1）审查设计概算的编制依据。审查设计概算编制依据的合法性、时效性及适用范围。审查编制依据的合法性指采用的各种编制依据必须经过国家和授权机关的批准，不能强调情况特殊，擅自提高概算定额、指标或费用标准；审查编制依据的时效性指各种依据，如定额、指标、价格、取费标准等，都应根据国家有关部门的现行规定进行；审查编制依据的适用范围指各种编制依据都有规定的适用范围，如各主管部门规定的各种专业定额及其取费标准，只适用于该部门的专业工程，各地区规定的各种定额及其取费标准，只适用于该地区范围内。

2）审查概算编制深度。一般大中型项目的设计概算，应有完整的编制说明和“三级概算”（即总概算表、单项工程综合概算表、单位工程概算表），并按有关规定的深度进行编制。审查各级概算的编制、核对、审核是否按规定编制并进行了相关的签署。

3）审查概算的编制范围。审查概算编制范围及具体内容是否与主管部门批准的工程建设项目及具体工程内容一致；审查分期工程建设项目的建筑范围及具体工程内容有无重复交叉，是否重复计算或漏算；审查其他费用应列的项目是否符合规定，静态投资、动态投资和经营性项目铺底流动资金是否分别列出。

4）审查建设规模、建设标准、配套工程、设计定员等是否符合原批准的可行性研究报告或立项批文的标准。对总概算投资超过批准投资估算10%以上的，应查明原因，重新上报审批。

5）审查设备规格、数量和配置是否符合设计要求，是否与设备清单相一致，材质、自动化程度有无提高标准，引进设备是否配套、合理，备用设备台数是否恰当，消防、环保设备是否符合要求等，除此之外还要重点审查设备价格是否合理、是否合乎有关规定等。

6）审查工程量是否正确。工程量的计算是否根据初步设计图样、概算定额、工程量计算规则和施工组织设计的要求进行，有无多算、重算和漏算，尤其对工程量大、造价高的项目要重点审查。

7）审查计价指标。应审查建设与安装工程采用的计价定额、价格指数和有关人工、材料、机械台班单价是否符合工程所在地（或专业部门）定额要求和实际价格水平，费用取值是否合理并审查概算指标调整系数，主材价格、人工、机械台班和辅材调整系数是否正确与合理。

8）审查其他费用。对工程建设其他费用要按国家和地区规定逐项审查，不属于总概算范围的费用项目不能列入概算，具体费率或计取标准是否按国家、行业有关部门规定计算，有无随意列项，有无多列、交叉计列和漏项等。

三、设计概算审查的方法

采用适当方法审查设计概算，是确保审查质量、提高审查效率的关键。常用方法有：

1. 对比分析法

对比分析法主要是通过建设规模、标准与立项批文对比；工程数量与设计图样对比；综合范围、内容与编制方法、规定对比；各项取费与规定标准对比；材料、人工单价与统一信息对比；引进设备、技术投资与报价要求对比；技术经济指标与同类工程对比等；通过以上对比，容易发现设计概算存在的主要问题和偏差。

2. 查询核实法

查询核实法是对一些关键设备和设施、重要装置、引进工程图样不全、难以核算的较大投资进行多方查询核对，逐项落实的方法。主要设备的市场价向设备供应部门或招标公司查询核实；重要生产装置、设施向同类企业（工程）查询了解；引进设备价格及有关费税向进出口公司调查落实；复杂的建筑安装工程向同类工程的建设、承包、施工单位征求意见；深度不够或不清楚的问题直接同原概算编制人员、设计者询问清楚。

3. 联合会审法

联合会审前，可先采取多种形式分头审查，包括设计单位自审，主管、建设、承包单位初审，工程造价咨询公司评审，邀请同行专家预审，审批部门复审等，经层层审查把关后，由有关单位和专家进行联合会审。在会审大会上，由设计单位介绍概算编制情况及有关问题，各有关单位、专家汇报初审、预审意见。然后进行认真分析、讨论，结合对各专业技术方案的审查意见所产生的投资增减，逐一核实原概算出现的问题。经过充分协商，认真听取设计单位意见后，实事求是地处理和调整。

通过以上复审后，对审查中发现的问题和偏差，按照单项工程、单位工程的顺序，先按设备费、安装费、建筑费和工程建设其他费用分类整理。然后按照静态投资、动态投资和铺底流动资金三大类，汇总核增或核减的项目及其投资额。最后将具体审核数据，按照“原编概算”“审核结果”“增减投资”“增减幅度”四栏列表，并按照原总概算表汇总顺序，将增减项目逐一列出，相应调整所属项目投资合计，再依次汇总审核后的总投资及增减投资额。对于差错较多、问题较大或不能满足要求的，责成按会审意见修改返工后，重新报批；对于无重大原则问题，深度基本满足要求，投资增减不多的，当场核定概算投资额，并提交审批部门复核后，正式下达审批概算。

四、设计概算审查的步骤

设计概算审查是一项复杂而细致的技术经济工作，审查人员既应懂得有关专业技术知识，又应具有熟练编制概算的能力，一般情况下可按如下步骤进行：

（1）概算审查的准备　包括了解设计概算的内容组成、编制依据和方法；了解建设规模、设计能力和工艺流程；熟悉设计图样和说明书、掌握概算费用的构成和有关技术经济指标；明确概算各种表格的内涵；收集概算定额、概算指标、取费标准等有关规定的文件资料等。

（2）进行概算审查　根据审查的主要内容，分别对设计概算的编制依据、单位工程设计概算、综合概算、建设工程总概算进行逐级审查。

（3）进行技术经济对比分析　利用规定的概算定额或指标以及有关的技术经济指标与设计概算进行分析对比，根据设计和概算列明的工程性质、结构类型、建设条件、费用构成、投资比例、占地面积、生产规模、建筑面积、设备数量、造价指标、劳动定员等与国内外同类型工程进行对比分析，找出与同类型工程的主要差距。

（4）调查研究　对概算审查中出现的问题要在对比分析、找出差距的基础上深入现场进行实际调查研究。了解设计是否经济合理、概算编制依据是否符合现行规定和施工现场实际，有无扩大规模、多估投资或预留缺口等情况，并及时核实概算投资。对于当地没有同类型的项目而不能进行对比分析时，可向国内同类型企业进行调查，收集资料，作为审查的参考。经过会审决定的定案问题应及时调整概算，并经原批准单位下发文件。

（5）积累资料　对审查过程中发现的问题要逐一理清，对建成项目的实际成本和有关数据资料等进行收集并整理成册，为今后审查同类工程概算和国家修订概算定额提供依据。

第八章 钢结构工程施工图预算的编制与审查

第一节 施工图预算的概念、形式及作用

一、施工图预算的概念及形式

在施工图设计完成后，工程开工前，根据已批准的施工图样，在施工方案或施工组织设计已确定的前提下，按照国家或省市颁发的现行预算定额、费用标准、材料预算价格等有关规定，逐项计算工程量、套用相应定额、进行工料分析、计算直接费，并计取间接费、计划利润、税金等费用，确定单位工程造价的技术经济文件。

施工图预算有单位工程预算和单项工程预算两种形式。

二、施工图预算作用

施工图预算主要有以下几个作用：

1）施工图预算是工程实行招标、投标的重要依据。

2）施工图预算是签订建设工程施工合同的重要依据。

3）施工图预算是办理工程财务拨款、工程贷款和工程结算的依据。

4）施工图预算是施工单位进行人工和材料准备，编制施工进度计划，控制工程成本的依据。

5）施工图预算是落实或调整年度进度计划和投资计划的依据。

6）施工图预算是施工企业降低工程成本，实行经济核算的依据。

第二节 施工图预算的编制

一、施工图预算的编制依据

施工图预算的编制依据有：

1）各专业设计施工图和文字说明、工程地质勘察资料。

2）当地和主管部门颁布的现行建筑工程和专业安装工程预算定额（基础定额）、单位估价表、地区资料、构配件预算价格（或市场价格）、间接费用定额和有关费用规定等文件。

3）现行的有关设备原价（出厂价或市场价）及运杂费率。

4）现行的有关其他费用定额、指标和价格。

5）建设场地中的自然条件和施工条件，并据以确定的施工方案或施工组织设计。

二、施工图预算的编制方法

施工图预算的编制方法主要有单价法、实物法和工程量清单计价法三种。

1. 单价法

利用各地区、各部门编制的工程单位估价表或预算定额基价，根据施工图计算出的各分项工程量，分别乘以相应单价或预算定额基价并求和，得到定额直接费，再加上其他直接费，即为该工程的直接费；再以工程直接费或人工费为计算基础，按有关部门规定的各项取费费率，求出该工程的间接费、计划利润及税金等费用；最后将上述各项费用汇总即为一般土建工程预算造价。

2. 实物法

根据施工图计算的各分项工程量分别乘以预算定额的人工、材料、施工机械台班消耗量，分类汇总得出该工程所需的全部人工、材料、施工机械台班数量，然后再乘以当时、当地人工工资标准、各种材料单价、施工机械台班单价，求和，再加上其他直接费，就可以求出该工程直接费。间接费、计划利润及税金等费用计取方法与单价法相同。

3. 工程量清单计价法

工程量清单计价方法，是建设工程招标投标中，招标人或委托具有资质的工程造价咨询人编制反映工程实体消耗和措施项目消耗的工程量清单，并作为招标文件的一部分提供给投标人，由投标人依据工程量清单自主报价的计价方式。

第三节　施工图预算的审查

一、施工图预算审查的作用

施工图预算审查的作用主要有：

1）施工图预算审查对降低工程造价具有现实意义。

2）施工图预算审查有利于节约工程建设资金。

3）施工图预算审查有利于发挥领导层、银行的监督作用。

4）施工图预算审查有利于积累和分析各项技术经济指标。

二、施工图预算审查的内容

审查施工图预算的重点是工程量计算是否准确；分部、分项工程单价套用是否正确；各项取费标准是否符合现行规定等方面。审查的内容主要有：

1）审核建筑工程施工图预算各分部工程的工程量。

2）审查定额或单价的套用。

3）审查其他有关费用。

三、施工图预算审查的方法

施工图预算审查的方法有：

（1）逐项审查法　逐项审查法又称全面审查法。其优点是全面、细致，审查质量高、效果好。缺点是工作量大，时间较长。这种方法适合于一些工程量较小、工艺比较简单的工程。

（2）标准预算审查法　标准预算审查法就是对利用标准图样或通用图样施工的工程，先集中力量编制标准预算，以此为准来审查工程预算的一种方法。该方法的优点是时间短、效果好、易定案。其缺点是适用范围小，仅适用于采用标准图样的工程。

（3）分组计算审查法　分组计算审查法就是把预算中有关项目按类别划分若干组，利用同组中的一组数据审查分项工程量的一种方法。该方法的特点是审查速度快、工作量小。

（4）对比审查法　对比审查法是当工程条件相同时，用已完工程的预算或未完但已经过审查修正的工程预算对比审查拟建工程的同类工程预算的一种方法。

（5）筛选审查法　优点是简单易懂，便于掌握，审查速度快，便于发现问题。但问题出现的原因尚需继续审查。该方法适用于审查住宅工程或不具备全面审查条件的工程。

（6）重点审查法　重点审查法的优点是突出重点，审查时间短、效果好。

四、施工图预算审查的步骤

1）做好审查前的准备工作。

①熟悉施工图样。

②了解预算包括的范围。

③弄清编制预算采用的单位工程估价表。

2）选择合适的审查方法，按相应内容审查。

由于工程规模、繁简程度不同，施工企业情况不同，所编工程预算的繁简程度和质量也不同，因此需针对具体情况选择相应的审查方法进行审核。

3）综合整理审查资料，编制调整预算。

经过审查，如发现有差错，需要进行增加或核减的，经与编制单位逐项核实，统一意见后，修正原施工图预算，汇总增减量。

第四节　“两算”对比

一、“两算”的含义及区别

“两算”是指“施工预算”与“施工图预算”。

施工预算是施工单位根据施工图样、施工定额、施工及验收规范、标准图集、施工组织设计（或施工方案）编制的单位工程（或分部分项工程）施工所需的人工、材料和施工机械台班数量，是施工企业内部文件，是单位工程（或分部分项工程）施工所需的人工、材料和施工机械台班消耗数量的标准。施工预算内容包括：

1）分层、分部位、分项工程的工程量指标。

2）分层、分部位、分项工程所需人工、材料、机械台班消耗量指标。

3）按人工工种、材料种类、机械类型分别计算的消耗总量。

4）按人工、材料和机械台班的消耗总量分别计算的人工费、材料费和机械台班费，以及按分项工程和单位工程计算的直接费。

编制施工预算的目的是按计划控制企业劳动和物资消耗量。它依据施工图、施工组织设计和施工定额，采用实物法编制。施工预算和建筑安装工程预算之间的差额，反映企业个别劳动量与社会平均劳动量之间的差别，体现降低工程成本计划的要求。

施工图预算本章第一、二节已讲述。

“施工预算”与“施工图预算”的区别是：

1. 用途及编制方法不同

施工预算用于施工企业内部核算，主要计算工料用量和直接费；而施工图预算却要确定整个单位工程造价。施工预算必须在施工图预算价值的控制下进行编制。

2. 使用定额不同

施工预算的编制依据是施工定额，施工图预算使用的是预算定额，两种定额的项目划分不同，即使是同一定额项目，在两种定额中各自的工、料、机械台班耗用量都有一定的差别。

3. 工程项目粗细程度不同

1）施工预算的工程量计算要分层、分段、分工程项目计算，其项目要比施工图预算多。

2）施工定额的项目综合性小于预算定额。

4. 计算范围不同

施工预算一般只计算工程所需工料的数量，有条件的地区或计算工程的直接费，而施工图预算要计算整个工程的直接工程费、现场经费、间接费、利润及税金等各项费用。

5. 所考虑的施工组织及施工方法不同

施工预算所考虑的施工组织及施工方法要比施工图预算细得多。

6. 计算单位不同

施工预算与施工图预算的工程量计量单位也不完全一致。如门窗安装施工预算分门窗框、门窗扇安装两个项目，门窗框安装以樘为单位计算，门窗扇以扇为单位计算工程量，但施工图预算门窗安装包括门窗框及扇，以平方米（m^2）计算。

二、“两算”对比的方法

“两算”对比的方法有实物对比法和金额对比法两种。

（1）实物对比法　将施工预算中的人工、主要材料用量与施工图预算的工料用量进行对比，称为实物对比法。

（2）金额对比法　将施工预算和施工图预算中各自的人工费、材料费、机械费或直接工程费进行对比，称为金额对比法。

三、“两算”对比的内容

“两算”对比的内容要根据各工程的性质、特点，并结合各施工单位的具体情况而定。

（一）直接工程费

“两算”进行直接工程费对比时，可以按分部工程直接工程费进行对比，也可以按整个单位工程直接工程费进行对比。

1. 人工费

施工预算的人工数量一般应低于施工图预算工日数的10%～15%，这是因施工定额与预算定额考虑的因素不同所致。如材料场内水平运输距离，预算定额考虑的水平运距比施工定额大；另外，预算定额还增加了人工幅度差。

两种预算所依据的人工定额，由于制定的基础不同，则两种定额考虑的人工平均等级就不一定完全一致。故“两算”的工日数并不是唯一可比性的依据，还应将施工预算中的人工等级折算成预算定额的平均等级，或将施工预算和施工图预算的人工等级都折算成一级工等级，这样才有可比性。

2. 材料费

由于材料消耗定额中的施工损耗、施工定额一般低于预算定额，而且施工定额还扣除了技术组织措施的材料节约量，所以施工定额的材料消耗量应低于预算定额。但也会出现个别项目的施工预算材料消耗量大于施工图预算材料消耗量的情况。例如，施工预算用的混凝土配合比应根据实际用的配合比确定，然而混凝土用量有时可能会超出预算定额所规定的用量，以致相应的混凝土价格施工预算大于施工图预算。

如果遇到这种情况，不能盲目地修改定额来硬性压缩材料消耗量，而要进行调查分析，根据实际情况调整施工预算的材料用量，然后进行“两算”对比。当某些工程项目经常发生施工定额超出预算定额的现象时，则应及时向上级主管部门或地区定额管理部门反映，予以调整预算定额中不合理的部分。

3. 施工机械使用费

机械台班数量及机械费进行“两算”对比存在着一定的难度。施工预算是根据施工组织设计或施工方案规定的实际进场施工机械的种类、型号、数量、工期来计算机械台班数量及费用的；而施工图预算是根据预算定额计算机械台班数量及费用（预算定额是根据施工生产需要与合理分配，综合考虑机械的类型和台班数量）的，如此一来，同现场发生的情况不一定相符合。

因此，施工机械不能进行台班数量对比，只能以“两算”中的机械费总和进行对比，分析节约或超支的原因。如果施工预算的机械费超出施工图预算的机械费，并且又无特殊原因时，就必须重新审查施工机械的配置方案，改变其中不合理的部分，或者重新制定机械配置方案，从而使机械费不发生超支现象。

（二）措施费和间接费

措施费和间接费应单独核算，不能与直接工程费相混，一般不作对比。

关于“两算”对比的具体内容，应视各施工单位的具体情况确定。在单位工程开工以前，应编制出施工图预算和施工预算，同时提出“两算”对比分析表，报请主管部门审查并批准执行。

第九章　工程结算与竣工决算

第一节　工 程 结 算

一、工程结算的概念及编制依据

工程结算全名为工程价款的结算，是指施工企业按照承包合同和已完工程量向建设单位（业主）办理工程价款清算的经济文件。

工程建设周期长，耗用资金数大，为使建筑安装企业在施工中耗用的资金及时得到补偿，需要对工程价款进行中间结算（进度款结算）、年终结算，全部工程竣工验收后应进行竣工结算。在会计科目设计中，工程结算为建造承包商专用的会计科目。工程结算是工程项目承包工程中的一项十分重要的工作。

工程结算编制依据主要有以下方面：

1）国家有关法律、法规、规章制度和相关的司法解释。

2）国务院建设行政主管部门以及各省、自治区、直辖市和有关部门发布的工程造价计价标准、计价办法、有关规定及相关解释。

3）施工发承包合同、专业分包合同、补充合同、变更签证和现场签证，以及有关材料、设备采购合同。

4）招标投标文件，包括招标答疑文件、投标承诺、中标报价书及其组成内容。

5）工程竣工图或施工图、施工图会审记录、经批准的施工组织设计，以及设计变更、工程洽商和相关会议纪要。

6）经批准的开、竣工报告或停、复工报告。

7）建设工程工程量清单计价规范或工程预算定额、费用定额及价格信息、调价规定等。

8）工程预算书。

9）影响工程造价的相关资料。

二、工程结算方式

我国采用的工程结算方式主要有以下几种：

1）按月结算。实行旬末或月中预支，月终结算，竣工后清算的方法。跨年度竣工的工程，在年终进行工程盘点，办理年度结算。

2）竣工后一次结算。建设项目或单项工程全部建筑安装工程建设期在 12 个月以内，或者工程承包价值在100万元以下的，可以实行工程价款每月月中预支，竣工后一次结算。

3）分段结算。当年开工，当年不能竣工的单项工程或单位工程按照工程形象进度，划分不同阶段进行结算。

4）目标结算方式。在工程合同中，将承包工程的内容分解成不同的控制界面，以业主验收控制界面作为支付工程款的前提条件。也就是说，将合同中的工程内容分解成不同的验收单元，当施工单位完成单元工程内容并经业主验收后，业主支付构成单元工程内容的工程价款。

在目标结算方式下，施工单位要想获得工程价款，必须按照合同约定的质量标准完成界面内的工程内容，要想尽早获得工程价款，施工单位必须充分发挥自己的组织实施能力，在保证质量的前提下，加快施工进度。

5）双方约定的其他结算方式。

三、工程预付款的计算和支付

施工企业承包工程，一般都实行包工包料，这就需有一定数量的备料周转资金。在工程承包合同条款中，一般要规定发包单位（甲方）在开工前拨付给承包单位（乙方）一定限额的工程预付备料款。此预付款构成施工企业为该承包工程项目储备主要材料、结构件所需的流动资金。

按照我国有关规定，实行工程预付款的，双方应当在专用条款内约定发包方向承包方预付工程款的时间和数额，开工后按约定的时间和比例逐次扣回。预付时间应不迟于约定的开工日期前7天。发包方不按约定预付，承包方在约定预付时间7天后向发包方发出要求预付的通知，发包方收到通知后仍不能按要求预付，承包方可在发出通知后7天停止施工，发包方应从约定应付之日起向承包方支付应付款的贷款利息，并承担违约责任。

工程预付款仅用于支付承包方支付施工开始时与本工程有关的动员费用。如承包方滥用此款，发包方有权利立即收回。在承包方向发包方提交金额等于预付款数额（发包方认可的银行开出）的银行保函后，发包方按规定的金额和规定的时间向承包方支付预付款，在发包方全部扣回预付款之前，该银行保函将一直有效。当预付款被发包方扣回时，银行保函金额相应递减。

1. 工程预付款的数额

包工包料工程预付款按合同约定拨付，原则上预付比例不低于合同金额的10%，不高于合同金额的30%，对重大工程项目，按年度工程计划逐年预付。计价执行《建设工程工程量清单计价规范》（GB 50500—2013）的规定，实体性消耗与非实体性消耗部分应在合同中分别约定预付款比例。

在实际工作中，工程预付款的数额，各地区、各部门的规定不完全相同，主要是保证施工所需材料和构件的正常储备。一般是根据施工工期、建安工作量、主要材料和构件费用占建安工作量的比例以及材料储备周期等因素经测算来确定。

预付款的数额可采用以下方法来计算：

1）合同约定。发包人根据工程的特点、工期长短、市场行情、供求规律等因素，招标时在合同条件中约定工程预付款的百分比。

2）公式计算法。公式计算法是根据主要材料（含结构构件等）占年度承包工程总价的比重，材料储备定额天数和年度施工天数等因素，通过公式计算预付备料款额度的一种方法。其计算公式为

$$\text{工程预付款数额}=\frac{\text{工程总价}\times\text{材料比重（\%）}}{\text{年度施工天数}}\times\text{材料储备定额天数} \tag{9-1}$$

$$\text{工程预付款比率}=\frac{\text{工程预付款数额}}{\text{工程总价}}\times 100\% \tag{9-2}$$

式（9-1）中，年度施工天数按365日历天计算；材料储备定额天数由当地材料供应的在途天数、加工天数、整理天数、供应间隔天数、保险天数等因素决定。

预付的工程款必须在合同中约定抵扣方式，并在工程进度款中进行抵扣。

2. 预付款的扣回

发包单位拨付给承包单位的预付款属于预支性质，到了工程实施后，随着工程所需材料储备的逐步减少，应以抵充工程价款的方式陆续扣回。扣款方法如下：

1）可以从未施工工程尚需的主要材料及构件的价值相当于预付款数额时起扣，从每次结算工程价款中，按材料比重扣抵工程价款，竣工前全部扣清。其基本表达式为

$$T=P-\frac{M}{N} \tag{9-3}$$

式中　T——起扣点，即预付备料款开始扣回时的累计完成工作量金额；

M——预付款限额；

N——主要材料所占比重；

P——承包工程价款总额。

2）可以在承包方完成金额累计达到合同总价的一定比例后，由承包方开始向发包方还款，发包方从每次应付给承包方的金额中扣回工程预付款，发包方至少在合同规定的完工期前将工程预付款的总计金额逐次扣回。发包方不按规定支付工程预付款，承包方按《建设工程施工合同（示范文本）》第21条享有权利。

在实际经济活动中，情况比较复杂，有些工程工期较短，就无需分期扣回。有些工程工期较长，如跨年度施工，预付款可以不扣或少扣，并于次年按应预付款调整，多退少补。具体地说，跨年度工程，预计次年承包工程价值大于或相当于当年承包工程价值时，可以不扣回当年的预付款，如小于当年承包工程价值时，应按实际承包工程价值进行调整，在当年扣回部分预付款，并将未扣回部分，转入次年，直到竣工年度，再按上述办法扣回。

四、工程进度款的计算和支付

（一）工程进度款的计算

工程进度款的确定和计算，主要涉及两个方面；一是工程量的核实确认；二是单价计算方法。

1. 实物工程量的核定

工程承包单位必须在当月末编制包括自行完成和分包完成的“月度已完施工实物工程量验工月报表”，工程师接到工程量清单或报告后一般在7天内按设计图样核实工程数量，并在计量前24h通知承包人，承包人应参加计量并为计量提供便利条件，经确认的计量结果，作为工程价款的结算依据。

2. 工程进度款的计算

（1）计算方法　可调工料单价法和固定综合单价法是常用的工程进度款的计算方法。两者在分项编号、项目名称、计量单位、工程量计算方面是相通的，都可按国家或地区的单位工程分部分项进行划分、排列，包含了统一的工作内容，使用统一的计量单位和工程量规则。所不同的是可调工料单价法将工、料、机再配上定价时的价格作为直接成本单价，其他直接成本单独分别计算，同时因为价格是可调的，其材料等费用在竣工结算时按工程造价管理机构或其他部门公布的竣工调价系数或按主材计算差价和主材按抽料计算。其他次要材料按系数计算差价而进行调整；固定综合单价法将直接成本、利润、风险费用、税金等一切费用合并在一起，构成全费用单价。由于两种不同的计价方法，因此工程进度款的计算方法也不相同。

（2）计算步骤　用可调工料单价法计算工程进度款，在确定了工程量之后，可按下列步骤进行：

1）用所完成的各项实物工程量乘以单价得出本项合价。

2）将本月应结算的所有分部分项工程量清单的合价相加，得出结算直接费总和。

3）按规定的相关费率分别与直接费相乘，计算出其他直接费、间接费和利润。

4）按规定的范围，计算出主材差价和差价系数后，算出结算工程量的成本和利润总和。

5）按规定的税率，计算出结算工程量的含税价款，即本月工程进度款的结算金额。

用固定综合单价法计算工程进度款，会比用可调工料单价法计算更方便、省事。当各项已完成的工程量得到确认后，只要将工程量与综合单价相乘得出合价，经加总后即可得到本月应结算的工程进度款。

（二）工程进度款的支付

工程进度款的支付，是工程施工过程中的经常性工作，一般按当月实际完成工程量进行结算，其具体的支付时间、方式都应在合同中做出明确规定。

《建设工程施工合同（示范文本）》规定：在确认工程计量结果后14天内，发包人应向承包人支付工程（进度）款，发包人超过约定的支付时间不支付工程款，承包人可向发包人发出要求付款的通知，发包人接到承包人通知后仍不能按要求付款，可与承包人协商签订延期付款协议，经承包人同意后可延期付款。协议应明确延期支付的时间和从计量结果确认后第15天起计算应付款的贷款利息。发包人不按合同约定支付工程款，双方又未达成延期付款协议，导致施工无法进行的，承包人可停止施工，由发包人承担违约责任。

对于没有具体规定的，通常可参照以下办法进行：

1. 时间规定和总额控制

建筑安装工程进度款的支付，实行月中按当月施工计划工作量的50%支付，月末按当月实际完成量扣除上半月实际支付数进行结算，工程竣工后再办理竣工总结算的办法。在工程竣工前，承包人收取的备料款和工程进度款的总额，一般不得超过合同的95%，其余5%尾款留在工程竣工结算时，扣除保修金一并清算。承包人向发包人出具履约或其他保证的，可以不留尾款。

2. 关于总包和分包付款

通常情况下发包人只对总包人办理付款事项。分包人可根据总分包合同规定向总包人提出分包付款数额，并由总包人审查后列入“工程价款结算账单”统一向发包人办理付款手续，然后结转给分包人。对于由发包人直接指定的分包，可由发包人指定总包人代理其付款，也可以由发包人单独办理付款，但需要在合同中约定清楚，并征得总包单位同意。

3. 涉外工程付款惯例

在涉外工程或国际工程承包合同中，对支付工程款也有相应的规定。如：中期支付应按每月完成的建筑安装工作量，凭监理工程师检验后签署的索款单支付。付款时发包人要按合同约定扣除一定比例的预付款和保留金，扣除预付款的金额一般为结算总额的10%。但对于保留金的扣除，事先应约定一个最高限额，一般为合同总价的5%，所扣除保留金达到此限额时，即不再扣。

五、工程竣工结算及审查

（一）工程竣工结算的涵义及要求

工程竣工结算指施工企业按照合同规定的内容全部完成所承包的工程，经验收质量合格，并符合合同要求之后，对照原设计施工图，根据增减变化内容，编制调整预算，作为向发包单位进行的最终工程价款结算。《建设工程施工合同（示范文本）》中对竣工结算作了如下规定：

1）工程竣工验收报告经甲方认可后 28 天内，乙方向甲方递交竣工结算报告以及完整的结算资料，甲乙双方按照协议书约定的合同价款及专用条款约定的合同价款调整内容，进行工程竣工结算。

2）甲方收到乙方递交的竣工结算报告及结算资料后 28 天内进行核实，给予确认或者提出修改意见。甲方确认竣工结算报告后通知经办银行向乙方支付工程竣工结算价款。乙方收到竣工结算价款后 14 天内将竣工工程交付甲方。

3）甲方收到竣工结算报告及结算资料后 28 天内无正当理由不支付工程竣工结算价款，从第 29 天起按乙方同期向银行贷款利率支付拖欠工程价款的利息，并承担违约责任。

4）甲方收到竣工结算报告及结算资料后 28 天内不支付工程竣工结算价款，乙方可以催告甲方支付结算价款。甲方在收到竣工结算报告及结算资料后 56 天内仍不支付的，乙方可以与甲方协议将该工程折价，也可以由乙方申请人民法院将该工程依法拍卖，乙方就该工程折价或者拍卖的价款优先受偿。

5）工程竣工验收报告经甲方认可后 28 天内，乙方未能向甲方递交竣工结算报告及完整的结算资料，造成工程竣工结算不能正常进行或工程竣工结算价款不能及时支付，甲方要求交付工程的，乙方应当交付；甲方不要求交付工程的，乙方承担保管责任。

6）甲乙双方对工程竣工结算价款发生争议时，按争议的约定处理。实际工作中，当年开工、当年竣工的工程，只需要办理一次性结算。跨年度的工程，在年终办理一次年终结算，将未完工程结转到下一年度，此时竣工结算等于各年度结算的总和。办理工程价款竣工结算的一般公式为

$$
\begin{aligned}
\text{竣工结算工程价款} = & \text{预算（或概算）或合同价款} + \\
& \text{施工过程中预算或合同价款调整数额} - \\
& \text{预付及已结算工程价款} - \text{保修金}
\end{aligned}
\tag{9-4}
$$

（二）工程竣工结算的编制原则

1）已具备结算条件。竣工图样完整无误，竣工报告及所有验收资料完整无误。业主或委托工程建设监理单位对结算项目逐一核实，是否符合设计及验收规范要求，不符合不予结算，需返工的，应返工后结算。

2）实事求是，正确确定造价。施工单位要以对国家负责的态度认真编制竣工结算。

（三）工程竣工结算的作用

1）工程竣工结算可作为考核业主投资效果，核定新增固定资产价值的依据。

2）工程竣工结算可作为双方统计部门确定建安工作量和实物量完成情况的依据。

3）工程竣工结算可作为造价部门经建设银行终审定案，确定工程最终造价，实现双方合同约定的责任依据。

4）工程竣工结算可作为承包商确定最终收入，进行经济核算，考核工程成本的依据。

（四）工程竣工结算的编制依据

1）原施工图预算及其工程承包合同。

2）竣工报告和竣工验收资料；如基础竣工图和隐蔽工程资料等。

3）经设计单位签证后的设计变更通知书、图样会审纪要、施工记录、业主委托监理工程师签证后的工程量清单。

4）预算定额及其有关技术、经济文件。

（五）工程竣工结算的编制内容

1. 工程量增减调整

这是编制工程竣工结算的主要部分，即所谓量差，就是说所完成的实际工程量与施工图预算工程量之间的差额。量差主要表现为：

（1）设计变更和漏项　因实际图样修改和漏项等而产生的工程量增减，该部分可依据设计变更通知书进行调整。

（2）现场工程更改　实际工程中施工方法出现不符、基础超深等均可根据双方签证的现场记录，按照合同或协议的规定进行调整。

（3）施工图预算错误　在编制竣工结算前，应结合工程的验收和实际完成工程量的情况，对施工图预算中存在的错误予以纠正。

2. 价差调整

工程竣工结算可按照地方预算定额或基价表的单价编制，因当地造价部门文件调整发生的人工、计价材料和机械费用的价差均可以在竣工结算时加以调整。未计价材料则可根据合同或协议的规定，按实调整价差。

3. 费用调整

属于工程数量的增减变化，需要相应调整安装工程费的计算；属于价差的因素，通常不调整安装工程费，但要计入计费程序中，换言之，该费用应反映在总造价中；属于其他费用，如停窝工费用、大型机械进出场费用等，应根据各地区定额和文件规定，一次结清，分摊到工程项目中去。

（六）工程竣工结算的编制方式

1）以施工图预算为基础编制竣工结算。对增减项目和费用等，经业主或业主委托的监理工程师审核签证后，编制调整预算。

2）包干承包结算方式编制竣工结算。这种方式实际上是按照施工图预算加系数包干编制的竣工结算。依据合同规定，倘若未发生包干范围以外的工程增减项目，包干造价就是最终结算造价。

3）以房屋建筑平方米造价为基础编制竣工结算。这种方式是双方根据施工图和有关技术经济资料，经计算确定出每 $1m^2$ 造价，在此基础上，按实际完成的数量进行结算。

4）以投标的造价为基础编制竣工结算。如果工程实行招标、投标时，承包方可对报价采取合理浮动。通常中标一方根据工期、质量、奖惩、双方所承担的责任签订工程合同，对工程实行造价一次性包干。合同所规定的造价就是竣工结算造价。在结算时只需将双方在合同中约定的奖惩费用和包干范围以外的增减工程项目列入，并作为“合同补充说明”进入工程竣工结算。

（七）工程竣工结算的审查

工程竣工结算审查是竣工结算阶段的一项重要工作。审查工作通常由业主、监理公司或审计部门把关进行。审核内容通常有以下几方面：

1）核对合同条款。主要针对工程竣工是否验收合格，竣工内容是否符合合同要求，结算方式是否按合同规定进行；套用定额、计费标准、主要材料调差等是否按约定实施。

2）审查隐蔽资料和有关签证等是否符合规定要求。

3）审查设计变更通知是否符合手续程序，加盖公章否。

4）根据施工图核实工程量。

5）审核各项费用计算是否准确。主要从费率、计算基础、价差调整、系数计算、计费程序等方面着手进行。

六、工程价款价差的调整方法

工程价款价差的调整方法和有关法律有很多，主要有工程造价指数调整法、实际价格调整法、调价文件计算法、调值公式法等。当前国内工程常见的工程价款价差调整方法是调价文件计算法。该方法是发、承包双方根据合同文件及有关法律、法规和文件的规定对工程价款进行的价差调整，特点就是抽料补差，也就是首先将工程人材机进行用量分析，然后再根据上述的一些依据进行各要素价差分析，计算出各要素价差调整直接费用，再根据有关依据计算出相关其他取费和税金等，进而计算出工程价款价差调整总费用。

价差调整是工程结算编审的主要工作之一，价差调整费用是工程结算造价的一个重要组成部分。要做好工程结算的编制与审查，正确处理价差调整问题、合理确定价差调整费用是一项非常重要的工作。

七、工程价款结算争议处理方式

工程造价咨询机构接受发包人或承包人委托，编审工程竣工结算，应按合同约定和实际履约事项认真办理，出具的竣工结算报告经发、承包双方签字后生效。当事人一方对报告有异议的，可对工程结算中有异议部分，向有关部门申请咨询后协商处理，若不能达成一致，双方可按合同约定的争议或纠纷解决程序办理。

发包人对工程质量有异议，已竣工验收或竣工未验收但实际投入使用的工程，其质量争议按该工程保修合同执行；已竣工未验收且未实际投入使用的工程以及停工、停建工程的质量争议，应当就有争议部分竣工结算暂缓办理，双方可就有争议的工程委托有资质的检测鉴定机构进行检测，根据检测结果确定解决方案，或按工程质量监督机构的处理决定执行，其余部分的竣工结算依照约定办理。

当事人对工程造价发生合同纠纷时，可通过下列办法解决：

1）双方协商确定。

2）按合同条款约定的办法提请调解。

3）向有关仲裁机构申请仲裁或向人民法院起诉。

八、工程价款结算管理

工程竣工后，发承包双方应及时办理工程竣工结算，否则工程不得交付使用，有关部门不予办理权属登记。

发包人与中标承包人不按照招标文件和中标人的投标文件订立合同的，或者发包人、中标承包人背离合同实质性内容另行订立协议，造成工程价款结算纠纷的，另行订立的协议无效，由建设行政主管部门责令改正，并按《中华人民共和国招标投标法》第五十九条进行处罚。

接受委托承接有关工程结算业务的工程造价咨询机构应具有工程造价咨询单位资质，其出具的办理拨付工程价款和工程结算的文件，应当由造价工程师签字，并应加盖执业专用章和单位公章。

九、质量保证金

建设工程质量保证金（简称质保金）是指发包人与承包人在建设工程承包合同中约定，从应付的工程款中预留，用以保证承包人在缺陷责任期内对建设工程出现的缺陷进行维修的资金。缺陷是指建设工程质量不符合工程建设强制性标准、设计文件以及承包合同的约定，责任期一般为 6 个月、12 个月或 24 个月，具体可由发承包双方在合同中约定。

（一）质保金的预留

建设工程竣工结算后，发包人应按照合同约定及时向承包人支付工程结算价款并预留保证金。全部或部分使用政府投资的建设项目，按工程价款结算时总额的 5% 左右的比例预留保证金。社会投资项目采用预留保证金方式的，预留保证金的比例可参照执行。

（二）质保金的返还

缺陷责任期内承包人认真履行合同约定的责任，期满后，承包人向发包人申请返还保证金。发包人在接到承包人返还保证金申请后，应于 14 日内同承包人按照合同约定的内容进行核实。如无异议，发包人应当在核实后 14 日内将保证金返还给承包人；逾期支付的，从逾期之日起，按照同期银行贷款利率计付利息，并承担违约责任。发包人在接到承包人返还保证金申请后 14 日内不予答复，经催告 14 日内仍不予答复，视同认可承包人的返还保证金申请。

（三）质保金的管理

缺陷责任期内，实行国库集中支付的政府投资项目，保证金的管理应按国库集中支付的有关规定执行；其他的政府投资项目，保证金可以预留在财政部门或发包方；缺陷责任期内，如发包人被撤销，保证金随交付使用资产一并移交使用单位管理，由使用单位代行发包人职责；社会投资项目采用预留保证金方式的，发承包双方可以约定将保证金交由金融机构托管；采用工程质量保证担保、工程量保险等其他保证方式的，发包人不得再预留保证金，并按照有关规定执行。

（四）质保金的合同约定

发包人应当在招标文件中明确保证金预留、返还等内容，并与承包人在合同条款中对涉及保证金的下列事项进行约定：

1）保证金预留及返还方式。

2）保证金预留比例及期限。

3）保证金是否计付利息。

4）缺陷责任期的期限及计算方式。

5）保证金预留、返还及工程维修质量、费用等争议的处理程序。

6）缺陷责任期内出现缺陷的索赔方式。在缺陷责任期内，由承包人原因造成的缺陷，承包人负责维修，并承担鉴定及维修费用。如承包人不维修也不承担费用，发包人可按合同约定扣除保证金，并由承包人承担违约责任。承包人维修并承担相应费用后，不免除对工程的一般损失赔偿责任。由他人原因造成的缺陷，发包人负责组织维修，承包人不承担费用，且发包人不得从保证金中扣除费用。

第二节　工程竣工决算

一、工程竣工决算的概念及作用

竣工决算是由建设单位编制的反映建设项目实际造价和投资效果的文件。其作用主要有：

1）建设项目竣工决算是综合、全面地反映竣工项目建设成果及财务情况的总结性文件，它采用货币指标、实物数量、建设工期和各种技术经济指标综合、全面地反映建设项目自开始建设到竣工为止的全部建设成果和财物状况。

2）建设项目竣工决算是办理交付使用资产的依据，也是竣工验收报告的重要组成部分。

3）建设项目竣工决算是分析和检查设计概算的执行情况，考核投资效果的依据。通过竣工决算与概预算的对比分析，考核投资控制的工作成效，总结经验教训，积累技术经济方面的基础资料，提高未来建设工程的投资效益。

二、工程竣工决算编制依据及步骤

（一）工程竣工决算编制依据

1）可行性研究报告、投资估算书、初步设计或扩大初步设计、修正总概算及其批复文件。

2）设计变更记录、施工记录或施工签证单及其他施工发生的费用记录。

3）经批准的施工图预算或标底造价、承包合同、工程结算等有关资料。

4）历年基建计划、历年财务决算及批复文件。

5）设备、材料调价文件和调价记录。

6）其他有关资料。

（二）工程竣工决算编制步骤

1）收集、整理和分析有关原始资料。从建设工程开始就按编制依据的要求，收集、清点、整理有关资料，主要包括建设工程档案资料，如设计文件、施工记录、上级批文、概（预）算文件、工程结算的归集整理，财务处理、财产物资的盘点核实及债权债务的清偿，做到账账、账证、账实、账表相符。对各种设备、材料、工具、器具等要逐项盘点核实并填报清单，妥善保管，或按国家有关规定处理，不准任意侵占和挪用。

2）对照、核实工程变动情况，重新核实各单位工程、单项工程造价。将竣工资料与原设计图样进行查对、核实，必要时可实地测量，确认实际变更情况；根据经审定的施工单位竣工结算等原始资料，按照有关规定的原概（预）算进行增减调整，重新核定工程造价。

3）将审定后的待摊投资、设备工器具投资、建筑安装工程投资、工程建设其他投资严格划分和核定后，分别计入相应的建设成本栏目内。

4）编制建设工程竣工决算说明。

5）填报竣工财务决算报表。

6）做好工程造价对比分析。

7）清理、装订好竣工图。

8）按国家规定上报，审批，存档。

三、工程竣工决算内容

竣工决算的内容应包括从项目策划到竣工投产全过程的全部实际费用。它包括竣工财务决算说明书、竣工财务决算报表、竣工工程平面示意图和工程造价对比分析等四个部分。其中竣工财务决算说明书和竣工财务决算报表又合称为竣工财务决算，它是竣工决算的核心内容。

（1）竣工财务决算说明书　竣工财务决算说明书主要反映竣工工程建设成果和经验，是对竣工决算报表进行分析和补充说明的文件，是全面考核分析工程投资与造价的书面总结。

（2）竣工财务决算报表　建设项目竣工财务决算报表要根据大、中型建设项目和小型建设项目分别制订。一般大、中型建设项目的竣工决算报表包括：竣工工程概况表、竣工财务决算表、建设项目交付使用财产总表和建设项目交付使用财产明细表等；小型建设项目的竣工决算报表一般包括：竣工决算总表和交付使用财产明细表两部分。

（3）竣工工程平面示意图　建设工程竣工工程平面示意图是真实地记录各种地上、地下建筑物、构筑物等情况的技术文件，是工程进行交工验收、维护改建和扩建的依据，是国家的重要技术档案。按照国家规定，各项新建、扩建、改建的基本建设工程，特别是基础、地下建筑、管线、结构、井巷、桥梁、隧道、港口、水坝以及设备安装等隐蔽部位，都要编制竣工图。

（4）工程造价对比分析　对控制工程造价所采取的措施、效果及其动态的变化进行认真的对比分析，总结经验教训。批准的概算是考核建设工程造价的依据。在分析时，可先对比整个项目的总概算，然后将建筑安装工程费、设备工器具费和其他工程费用逐一与竣工决算表中所提供的实际数据和相关资料及批准的概算、预算指标、实际的工程造价进行对比分析，以确定竣工项目总造价是节约还是超支，并在对比的基础上，总结先进经验，找出节约超支的内容和原因，提出改进措施。

第十章　钢结构工程投标报价

第一节　工程投标报价工作程序

投标报价工作程序如图10-1所示。

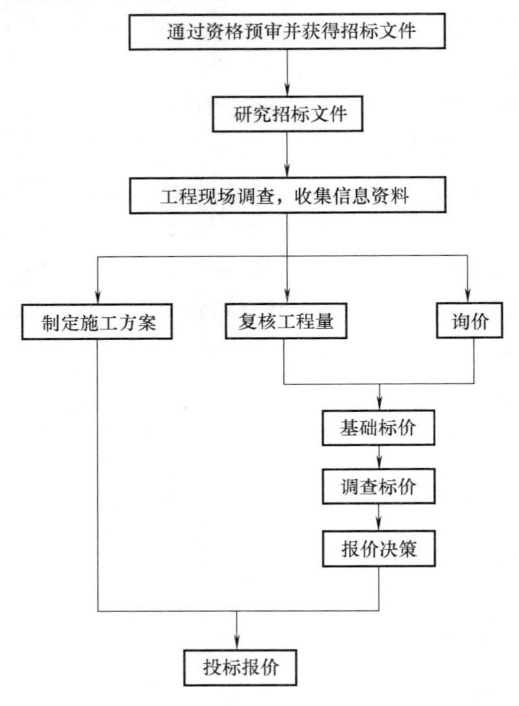

图10-1　投标报价工作程序

（一）研究招标文件

招标文件是由招标单位或其委托的咨询机构编制发布的，既是投标单位编制投标文件的依据，也是招标单位与将来中标单位签订工程承包合同的基础，招标文件中提出的各项要求，对整个招标工作及发承包双方都有约束力。

1. 招标文件的内容

（1）投标人须知　投标人须知反映了招标者对投标的要求，主要注意项目资金来源、投标担保、投标书的编制和提交、投标货币，更改或备选方案，评标方法等，重点在于防止废标。

（2）合同条款分析　合同条款分析主要对承包人的任务、工作范围和责任、工作变更及相应的合同价格调整、付款方式和时间、施工工期、业主的责任等方面进行分析。

1）承包人的任务、工作范围和责任。这是估价最基本的依据，通常由工程量清单、图样、工程说明、技术规范所定义。在分项承包时，要注意本公司与其他承包人，尤其是工程范围相邻或工序相衔接的其他承包人之间的工程范围界限和责任界限；在施工总包或主包时，要注意在现场管理和协调方面的责任；另外，要注意为业主管理人员或监理人员提供现场工作和生活条件方面的责任。

2）工作变更及相应的合同价格调整。工程变更是不可避免的，承包人有义务按规定完成，但同时也有权利得到合理的补偿。工程变更包括工程数量增减和工程内容变化。一般来说，工程数量增减所引起的合同价格调整的关键在于如何确定调整幅度，这在合同条款中并无明确规定。造价人员应预先估计哪些分项工程的工程量可能发生变化、增加还是减少、其幅度大小如何，并确定相应的合同价格调整计算方式和幅度。至于合同内容变化引起的合同价格调整，究竟调还是不调、如何调整，都很容易发生争议。估价时应注意合同条款中有关工程变更程序、合同价格调整前提等规定。

3）付款方式和时间。造价人员应注意合同条款中关于工程预付款、材料预付款的规定，如数额、支付时间、起扣时间和方式；还要注意工程进度款的支付时间、每月保留金扣留的比例、保留金总额及退还时间和条件。根据这些规定和预计的施工进度计划，造价人员可绘出本工程的现金流量图，计算出占用资金的数额和时间，从而计算出需要支付的利息数额并计入估价。如果合同条款中关于付款的有关规定比较含糊或明显不合理，应要求业主在标前答疑会上澄清或解释，最好能修改。

4）施工工期。合同条款中关于合同工期、工程竣工日期、部分工程分期交付工期等的规定，是投标者制订施工进度计划的依据，也是估价的重要依据。但是在招标文件中业主可能并未对施工工期做出明确规定，或仅提出一个最后期限，而将工期作为投标竞争的一项内容，相应的开竣工日期仅是原则性的规定。估价要注意合同条款中有无工期奖的规定，工期长短与估价结果之间的关系，尽可能做到工期符合要求的前提下报价有竞争力，或在报价合理的前提下工期有竞争力。

5）业主的责任。通常，业主有责任及时向承包人提供施工场地（符合开工条件要求），设计图样和说明。及时做出承包人履行合同所必需的决策，及时供应业主负责采购的材料和设备，办理有关手续、按合同规定支付工程款等。投标者所制订的施工进度计划和做出的估价都是以业主正确和完全履行其责任为前提的。非承包人的责任应为业主责任，明确这一点对维护承包人利益是十分必要的。虽然造价人员在估价中不必考虑由业主责任而引起的风险费用，但是应当考虑业主不能正确完全履行其责任的可能性以及由此而造成的承包人的损失。因此，造价人员要注意合同条款中关于业主责任措辞的严密性以及关于索赔的有关规定。

(3) 技术规范分析　有时业主认为某一技术规范尚不能准确反映其对工程质量的要求时，在招标文件中可能还会出现技术说明书（或称技术规格书）。它们与工程量清单中各子项工作密不可分，这种技术说明书有时相当详细、具体，但却可能没有技术规范严格和准确。造价人员应在准确理解业主要求的基础上对有关工程内容进行估价。理解技术规范和技术说明书、图样、工程量清单等资料才能拟订施工方法、施工顺序、施工工期、施工总进度计划，做出合理的估价。

(4) 图样分析　图样的详细程度取决于招标时设计所达到的深度和所采用的合同形式。图样的详细程度对估价方法和结果有相当大的影响。详细的设计图样可使投标者比较准确地估价。

图样分析还要注意平、立、剖面图之间尺寸、位置的一致性，结构图与设备安装图之间的一致性。当发现有矛盾之处时，应及时要求业主予以澄清修改。

(5) 工程量清单分析　为了正确地进行工程估价，估价师应对工程量清单进行认真分析，主要应注意以下三方面的问题：

1) 熟悉工程量计算规则。不同的工程量计算规则，对应的分部分项工程划分以及各分部分项工程所包含的内容不完全相同。所以估价人员应熟悉国际上常用的工程量计算规则和国内的工程量计算规则，及相互之间的主要区别。

2) 复核工程量。工程量的多少，是选择施工方法、安排人力和机械、准备材料必须考虑的因素，也自然影响分项工程单价。如果工程量不准确，偏差太大，就会影响估价的准确性。若采用固定总价合同，对承包人的影响就更大。因此，造价人员一定要复核工程量，若发现误差太大，应要求业主澄清，但不得擅自改动工程量。

3) 暂定金额、计日工的有关规定。暂定金额一般是专款专用，预先了解其内容、要求，有利于承包人统筹安排施工，可能降低其他分项工程的实际成本。计日工是指在工程实施过程中，业主有一些临时性的或新增的但未列入工程量清单的工作，需要使用人工、机械（有时还可能包括材料）。投标者应对计日工报出单价，但并不计入总价。造价人员应注意工作费用包括哪些内容、工作时间如何计算。一般来说，计日工单价可报得较高，但不宜太高。

2. 招标文件的研究分析

在工程进行投标报价前必须对招标文件进行仔细分析，特别是注意招标文件中的错误和漏洞，既保证不受损失又为获得最大利润打下基础。一般招标文件的问题大致可归纳为三类：第一类是发现的明显错误、含糊不清或互相矛盾之处以及明显对投标者不利或不合理之处；第二类是对投标者有利的，可以在估价时加以利用或在合同履行过程中提出索赔要求的；第三类是投标者准备通过修改招标文件的某些条款或希望补充某些规定，以使自己在履行合同时能处于较主动的地位。对第一类问题以及工程现场调查所发现的问题，在标前会议上一起向业主提出质询，根据业主的答复再在估价时进一步考虑，这类问题若不提出，可能会导致报价偏高，不利于中标。对于第二类问题在投标时是不提的，但可在估价和报价时通过适当的方法加以利用。这一类将具体体现在工程量清单报价中，它可为今后索赔埋下伏笔。第三类问题则留待合同谈判时解决。

（二）工程现场调查

工程现场调查一般可分为国情调查、项目区域调查和业主及竞争对手调查，与工程量清单报价关系最大的是项目区域调查。工程现场调查是估价前极其重要的一项准备工作。

1. 政治和法律调查

投标人首先应当了解在招标投标活动中以及在合同履行过程中有可能涉及的法律，也应当了解与项目有关的政治形势、国家经济政策走向等。

2. 自然条件调查

自然条件调查主要调查以下几项内容：

1）气象资料。气象资料包括年平均气温、年最高气温和最低气温，风向图、最大风速和风压值，日照，年平均降雨（雪）量和最大降雨（雪）量，年平均湿度、最高和最低湿度，其中尤其要分析全年不能或不宜施工的天数（如气温超过或低于某一温度持续的天数、雨量和风力大于某一数值的天数、台风频发季节及天数等）；在安排工期时考虑该类气象因素的影响。

2）水文资料。水文资料包括地下水位、潮汐、风浪等，特别是地下水位的季节性变化。

3）地震、洪水及其他自然灾害情况。注意它们对砂、卵石等地方材料供应的影响。

4）地质情况。地质情况包括地质构造及特征，承载能力，地基是否有大孔土、膨胀土，冬季冻土层厚度等。对桩基础及地下室施工，地质情况尤显重要。

3. 市场状况调查

投标人调查市场情况是一项非常艰巨的工作，其内容也非常多，主要包括：建筑材料、施工机械设备、燃料、动力、水和生活用品的供应情况、价格水平，还包括过去几年批发物价和零售价指数以及今后的变化趋势和预测，劳务市场情况，如工人技术水平、工资水平，有关劳动保护和福利待遇的规定等，金融市场情况，如银行贷款的难易程度以及银行贷款利率等。

4. 施工条件调查

工程项目方面的情况包括工作性质、规模、发包范围；工程的技术规模和对材料性能及工人技术水平的要求；总工期及分批竣工交付使用的要求；施工场地的地形、地质、地下水位、交通运输、给水排水、供电、通信条件的情况；工程项目资金来源；对购买器材和雇用工人有无限制条件；工程价款的支付方式、外汇所占比例；监理工程师的资历、职业道德和工作作风。

5. 其他条件调查

1）招标人情况。包括招标人的资信情况、履约态度、支付能力、在其他项目上有无拖欠工程款的情况，对实施的工程需求的迫切程度等。

2）竞争对手资料。掌握竞争对手的情况，是投标策略中的一个重要环节，也是投标人参加投标能否获胜的重要因素。投标人在制订投标策略时必须考虑到竞争对手的情况。

3）工程现场附近治安情况如何，是否需要采取特殊措施加强施工现场保卫工作。

4）工程现场附近各种社会服务设施和条件，如当地的卫生、医疗、保健、通信、公共交通、文化、娱乐设施情况，其技术水平、服务水平、费用，有无特殊的地方病、传染病等。

（三）制订施工方案

制订施工方案是投标报价的一个前提条件，也是招标人评标时要考虑的因素之一。施工方案应由投标人的技术负责人主持制订，主要应考虑施工方法，主要施工机具的配置，各工种劳动力的安排及现场施工人员的平衡，施工进度及分批竣工的安排，安全措施等。施工方案的制订应在技术和工期两个方面对招标人有吸引力，同时又有助于降低施工成本。

（四）复核工程量

工程招标文件中若提供工程量清单，投标价格计算之前，要对工程量进行复核。若招标文件中没有提供工程量清单，则必须根据图样计算全部工程量。如招标文件对工程量的计算方法有规定，应按照规定的方法进行计算。

（五）询价

询价是工程估价中非常重要的一个环节，询价时要特别注意两个问题：一是产品质量必须可靠，并满足招标文件的有关规定；二是供货方式、时间、地点、有无附加条件和费用。如果承包人准备在工程所在地招募劳务，则劳务询价是必不可少的。

劳务询价主要有两种情况：一是成建制的劳务公司，相当于劳务分包，一般费用较高，但素质较可靠，工效较高，承包人的管理工作较轻；另一种是劳务市场招募零散劳动力，根据需要进行选择，这种方式虽然劳务价格低廉，但有时素质达不到要求或工效较低，且承包人的管理工作较繁重。投标前投标人应在对劳务市场充分了解的基础上决定采用哪种方式，并以此为依据进行估价。分包商和供货商的选择往往也需要通过询价来决定。

（六）确定投标价格

将所有的分部分项工程的合价汇总后就可以得到工程的总价，但是这样计算的工程总价可能重复计算，也可能漏算或某些费用的预估存在偏差，因此还不能作为投标价格，而必须对计算出来的工程总价作某些必要的调整。调整投标价格应当建立在对工程盈亏分析的基础上，盈亏预测应用多种方法从多角度进行，找出计算中的问题以及分析通过采取哪些措施降低成本、增加盈利，确定最终的投标报价。

第二节 工程投标报价策略与技巧

（一）投标报价的准备工作

1. 组织一个有经验的投标报价班子

投标工作不仅是施工企业之间的竞争，而且是企业本身技术水平、管理经验和经营策略等多方面因素的综合反映，这就需要一个有经验、有实力的报价分析班子。报价分析人员分两类，一类是精通业务、熟悉投标知识、责任心强、科学合理分工的专业报价人员，也可称之为经营层，另一类是懂报价、懂经营、懂管理的决策人员，即为决策层。经营层是做具体工作的，负责工程量的核实及工程量清单单价和单价分析的编制工作。决策层则负责对经营层提供的单价、材料价格和各分项工程指标进行分析研究。通过综合分析和对本企业经营实力及经营所要达到的期望值进行权衡，并考虑竞争对手的压价能力等因素，决定调整幅度，确定报价策略，提出有竞争力的报价，最大限度地缩小报价风险。

2. 熟悉招标文件和勘察现场

施工企业拿到招标文件后，要熟悉并研究其内容。因为招标文件中的许多条款对报价起着重要的作用，报价时必须深刻理解这些条款的含义。对招标文件中的某些条款如有疑问，或对施工图样有不清楚之处，应在标前会议上提出。标前会议也称答疑会，是业主给所有投标人提供的一次质询的机会。所以在参加标前会议之前，要先熟悉招标文件，并将文件中碰到的问题研究透彻并整理出来在标前会议上提出。例如：招标文件与技术说明中存在互相矛盾时，可请求以何者为准；含糊不清的合同条款，一定要求解释澄清；工程内容范围不清的，应提请说明。

标前会议上，除了关注自己的问题外，也要注意聆听和搜集一些竞争对手的信息，以给自己重要启示。对于招标文件中遇到的问题不论是标前会议上提出，还是在投标质询中提出，作为投标方不宜表示或修改意见，应要求业主的答复以书面形式出具，因为它与招标文件有同等的效力。因此详细而准确地理解招标文件中的条款，对于确定合理的有竞争力的报价及提高中标机会，无疑是十分重要的。

现场考察是标前会议的一部分，业主组织所有承包商进行现场参观和说明。参加投标的施工企业应派出具有丰富现场经验的工程技术人员及报价人员参加现场考察，熟悉施工环境、地形等自然条件，了解现场道路及交通运行等情况，以便结合实际编制最合理、最优化的报价和施工组织方案，增强标书的竞争力。

3. 招标项目所在地区的工资和物价水平

在社会主义市场经济条件下，经营范围仅限于本地区是满足不了企业生存和发展的，应该立足于本地，放眼于全国乃至于世界。不同地区的工资和物价水平差异很大，以本企业所在地区职工的工资和物价水平为参照系数，与所投标项目地区的工资和物价系数相比，灵活掌握报价，利用系数差为企业寻求利润点。

4. 核对工程量

施工企业拿到招标文件后，应对工程量进行核对。核对的内容主要为：项目是否齐全、有无漏项或重复、工程量是否准确、工程做法及用料是否符合图样说明。核对的方法一般采用重点抽查的办法，即选择工程量比较大、造价比较高的项目抽查若干项，一般项目数量不大、价值不高的则可粗略检查其是否大致合理。在进行核对前首先要熟悉施工图样和招标文件的各项条款。如经核对发现工程量清单中确有某些错误或漏项时不能任意更改，应以书面形式提出质疑或在施工过程中提出索赔。

不难看出，如果前期工作做到位，编制出具有竞争力而又能获得利润的投标书是不困难的，反之，如果闭门造车，纸上谈兵，结果往往是白辛苦。

（二）投标的策略

投标时，根据投标人的经营状况和经营目标，既要考虑自身的优势和劣势，也要考虑竞争的激烈程度，还要分析投标项目的整体特点，按照工程的类别、施工条件等确定报价策略。

1. 经济型报价策略

投标人经营管理不善，会存在投标邀请越来越少的危机，这时投标人应以生存为重，采取不盈利甚至赔本也要夺标的态度，只要能暂时维持生存渡过难关，就会有东山再起的希望。

2. 竞争型报价策略

投标人处在以下几种情况时，应采取竞争型报价策略。

1）试图打入新的地区，开拓新的工程施工类型。

2）竞争对手有威胁性。

3）经营状况不景气，近期接受到的投标邀请较少。

4）投标项目风险小，施工工艺简单，工程量大，社会效益好的项目。

5）附近有本企业其他正在施工的项目。

3. 高利润型报价策略

这种策略是以实现利润最大化为目标。以下几种情况可采用高利润型报价策略。

1）投标人在该地区已经打开局面。

2）投标人施工能力饱和，信誉度高，具有技术优势，并对招标人有较强的名牌效应。

3）施工条件差，难度高，资金支付条件不好，工期、质量要求苛刻的项目。

4）为联合伙伴陪标的项目。

（三）报价的技巧

投标策略一经确定，就要具体反映到报价上。在报价时，对什么工程定价应高，什么工程定价可低；或在一个工程中，在总价无多大出入的情况下，对哪些单价宜高，哪些单价宜低，都有一定的技巧。技巧运用的好坏，得法与否，在一定程度上可以决定工程能否中标和盈利。

报价技巧是指在投标报价中采用什么手法使业主可以接受，而中标后能获得更多的利润，投标单位对工程投标时主要应在先进合理的技术方案和较低的投标价格上下工夫，以争取中标，但是还有其他一些手段对中标有辅助性的作用。

1. 不平衡报价法

这一方法是指一个工程项目总报价基本确定后，通过调整内部各个项目的报价，以期既不提高总报价、不影响中标，又能在结算时得到更理想的经济效益。一般在以下几种情况下可以考虑采用不平衡报价法。

1）能够早日结算的项目。

2）预计今后工程量会增加的项目，单价适当提高，这样在最终结算时可多盈利；将工程量减少的项目单价降低，工程量结算时损失不大。

3）设计图样不明确，估计修改后工程量会增加的，单价可适当提高，而工程内容说不清楚的，单价则可适当降低。

4）暂定项目，又叫任意项目或选择项目，对这类项目要具体分析，因为这类项目要在开工后再由招标人研究决定是否实施，以及由哪家投标人实施。如果工程不分标，不会另由一家投标人施工，则其中肯定要做的单价可高些，不一定要做的单价则应低些。如果工程分标，该暂定项目也可能由其他投标人施工时，则不宜报高价，以免抬高总报价。

5）单价包干的合同中，招标人要求有些项目采用包干报价时，宜报高价，其余单价项目则可适当降低。

6）在议标时，投标人一般要压低标价。应该首先压低那些工程量少的单价，这样即使在压低多项单价时，总的标价也不会降低很多，而给发包人的感觉却是工程量清单上的单价下降幅度很大，投标人很有让利的诚意。

2. 多方案报价法

如果发现有些招标文件工程范围不很明确，条款不清楚或很不公正，技术规范要求过于苛刻时，则要在充分估计风险的基础上，按多方案报价方法处理。即按原招标文件报一个价，然后再提出如果某条款作某些变动，报价可降低的幅度。这样可以降低总造价，吸引招标人。

3. 增加建议方案

有时招标文件中规定，可以提一个建议方案。投标人这时应抓住机会，组织一批有经验的设计和施工工程师，对原招标文件的设计和施工方案仔细研究，提出更为合理的方案以吸引业主，促成自己的方案中标。这种新建议方案可以降低总造价或缩短工期，或使工程运用更为合理。但要注意对原招标方案一定也要报价。建议方案不要写得太具体，要保留方案的技术关键，防止招标人将此方案交给其他投标人。同时要强调的是，建议方案一定要比较成熟，有很好的可操作性。

4. 总分包商捆绑报价

总承包人在投标前找两三家分包商分别报价，而后选择其中一家信誉较好、实力较强且报价合理的分包商签订协议，同意该分包商作为本分包工程的唯一合作者，将分包商的姓名列到投标文件中，但要求该分包商提交相应的投标保函。如果该分包商认为总承包人确实有可能中标，也许愿意接受这一条件。这种把分包商的利益同投标人捆在一起的做法，不但可以防止分包商事后反悔和涨价，还可能迫使分包时报出较合理的价格，以便共同争取中标。

5. 开标升级法

在投标报价时把工程中某些造价高的特殊工作内容从报价中减掉，使报价成为竞争对手无法相比的低价。利用这种“低价”来吸引招标人，从而取得与招标人进一步商谈的机会，在商谈过程中逐步提高价格。当招标人明白过来当初的“低价”实际上是个钓饵时，往往已经在时间上处于谈判弱势，丧失了与其他投标人谈判的机会。利用这种方法时，要特别注意在最初的报价中应说明某项工作的缺项，否则可能会弄巧成拙，真的以“低价”中标。

第三节　钢结构工程报价编制

工程量清单报价按相同的工程量和统一的计量规则，由企业根据自身情况报出综合单价，价格高低完全由企业自己确定，充分体现了企业的实力，同时也真正体现出公开、公平、公正。鉴于工程量清单计价在建筑市场上所具有的优势，采用工程量清单计价的报价方法已被广泛应用于钢结构市场的投标报价。

一、门式刚架工程计价

根据第六章表6-27分部分项工程量清单，编制工程量清单报价表，详见表10-1。

表10-1　分部分项工程量清单与计价表

工程名称：×仓库钢结构厂房

序号	项目编码	项目名称	项目特征	计量单位	工程数量	金额		
						单价/元	合价/元	其中暂估价
1	010603001001	实腹柱	1. Q235B，热轧H型钢 2. 每根重0.551t 3. 无损探伤 4. 涂C53-35红丹醇酸防锈底漆一道25μm	t	21.6			—

（续）

序号	项目编码	项目名称	项目特征	计量单位	工程数量	金额		
						单价/元	合价/元	其中暂估价
2	010604001001	钢梁	1. Q235B，热轧 H 型钢 2. 每根重 0.709t 3. 无损探伤 4. 涂 C53-35 红丹醇酸防锈底漆一道 25μm	t	23.485			—
3	010605002001	压型钢板墙板（含雨篷板）	1. 板型：内外板均为 0.425mm 厚 2. 中间 EPS 夹芯板 75mm 厚 3. 安装在 C 型钢檩条上	m^2	1078.36			—
4	010606001001	钢支撑	1. 圆钢 2. 规格：柱撑、水撑 ϕ25mm 3. 涂 C53-35 红丹醇酸防锈底漆一道 25μm	t	1.227			—
5	010606001002	钢拉条	1. 圆钢 2. 规格：ϕ12mm 3. 涂 C53-35 红丹醇酸防锈底漆一道 25μm	t	1.101			
6	010606002001	钢檩条（含屋面、墙面、雨篷檩条）	1. C 型钢 Q235B 2. 型号：C250mm × 75mm × 20mm × 2.5mm，C200mm × 70mm × 20mm × 2.5mm，C160mm × 60mm × 20mm × 2.5mm 3、涂 C53-35 红丹醇酸防锈底漆一道 25μm	t	21.379			—
7	010606008001	钢梯	1. 规格：ϕ20mm、∟ 50mm × 5mm 2. 90°爬梯 3. 涂 C53-35 红丹醇酸防锈底漆一道 25μm	t	0.229			—
8	010606012001	零星钢构件	1. 系杆 2. 规格：ϕ133mm × 6mm 3. 涂 C53-35 红丹醇酸防锈底漆一道 25μm	t	8.323			—

（续）

序号	项目编码	项目名称	项目特征	计量单位	工程数量	金额		
						单价/元	合价/元	其中暂估价
9	010606012002	零星钢构件	1. 隅撑 2. 规格：∟50mm×4mm 3. 涂C53-35红丹醇酸防锈底漆一道25μm	t	0.311			
10	010606012003	零星钢构件	1. 撑杆 2. 规格：ϕ32mm×2.5mm 3. 涂C53-35红丹醇酸防锈底漆一道25μm	t	0.23			
11	010606012004	零星钢构件	1. 门框柱、门梁 2. 规格：[25mm、[20mm 3. 涂C53-35红丹醇酸防锈底漆一道25μm	t	1.593			—
12	010901002001	型材屋面	1. 板型：内外板均为0.425mm厚 2. 中间EPS夹芯板75mm厚 3. 安装在C型钢檩条上	m^2	2323.23			—
13	010901003001	采光板屋面	1. 板型：内外板均为0.425mm厚 2. 安装在C型钢檩条上	m^2	97.9			—
14	010902004001	屋面排水管	1. PVC管 2. 规格：ϕ150mm	m	126			—
15	010902007001	屋面天沟	1. 规格：1.0mm厚彩钢板 2. 坡度1% 3. 宽度1050mm	m^2	136.25			—
16	010417001001	螺栓	M20地脚锚栓：长1050mm	t	0.581			—
合计			元					

注：1. 报价不含土建部分及门窗部分。
2. 未考虑运输费用。
3. 未考虑防火涂装的费用。

二、计价分析

针对表10-1中内容进行讲述：

项目特征根据工程图样要求进行填写。

工程数量在计算过程中，未考虑材料的损耗，只是根据图样计算了材料的净用量。在钢结构计价时，一定要在综合单价中考虑材料的损耗。目前门式刚架工程的材料损耗率大多在5%左右，钢结构公司可以根据自己企业的实际情况确定，在3%~6%之间。如遇特殊情况可以通过计算实际钢材利用率来确定材料的损耗率。

综合单价的计算需先计算出各项目费用总和，然后再除以工程量得出综合单价。各项目所包含的各项费用如下：

钢梁、钢柱：材料费、加工费、安装费、高强度螺栓费用、管理费、利润。其中材料费中注意考虑材料的损耗。

屋面板、墙板：材料费、安装费、折件、钉子、胶、雨篷板的材料费和安装费、管理费、利润。由于屋面、墙面板材是根据图样尺寸定做的，除非板太长不便运输，一般板长即图样尺寸，所以不考虑屋面板和墙板的损耗，钉、胶的费用可按建筑面积根据经验估算。

零星钢构件、钢支撑：材料费、加工费、安装费、普通螺栓的费用、管理费、利润。其中材料费中注意考虑材料的损耗。

钢檩条：材料费、安装费、管理费、利润。不考虑材料的损耗。

以上综合费用包含的材料费，根据当时的市场价格综合，加工费、安装费可以根据企业自身实力综合。

从以上的分析中可以看出，清单计价单价的综合，不仅仅是费用的综合，施工工序也是综合的。所以报价时一定考虑周全，不漏项是报价的关键，费用计算也要搞清楚，特别是计量单位的折算一定要搞明白。

若工程需要考虑吊装、脚手架等措施费，在措施项目清单中考虑；其他费用如总承包服务费、设计费、试验费、计日工等，在其他项目清单中考虑；规费和税金在单位工程费汇总表中考虑。

第十一章　建设工程施工合同与施工索赔

第一节　建设工程施工合同概述

一、建设工程施工合同的概念

建设工程施工合同是工程建设单位与施工单位，也就是发包方与承包方以完成商定的建设工程为目的，明确双方相互权利义务的协议。建设工程施工合同的发包方可以是法人，也可以是依法成立的其他组织或公民，而承包方必须是法人。

二、建设工程施工合同文本的内容

目前适用的建设工程施工合同示范文本主要为《建设工程施工合同（示范文本）》（GF—2013—0201），其主要内容包括："协议书""通用条款""专用条款""附件"四个部分。

1. "协议书"

"协议书"是《建设工程施工合同（示范文本）》中总纲性文件，是发包人与承包人依据《中华人民共和国合同法》《中华人民共和国建筑法》及其他有关法律、法规，遵循平等、自愿、公平和诚实信用的原则，就建设工程施工中最基本、最重要的事项协商一致的合同。它规定了合同当事人双方最主要的权利和义务，规定了组成合同的文件及合同当事人对履行合同义务的承诺，并且合同当事人在这份文件上签字盖章，因此具有很高的法律效力，在所有施工合同文件组成中具有最优的解释效力。"协议书"主要包括13个方面的内容：

1）工程概况：工程名称、工程地点、工程立项批准文号、资金来源、工程内容、群体工程应附《承包人承揽工程项目一览表》、工程承包范围。

2）合同工期：计划开工日期、计划竣工日期、工期总日历天数。

3）质量标准。

4）签约合同价与合同价格形式。

5）项目经理。

6）合同文件构成。

7）承诺。

8）词语含义。

9）签订时间。

10）签订地点。

11）补充协议。

12）合同生效。

13）合同份数。

2. “通用条款”

“通用条款”是根据《中华人民共和国合同法》《中华人民共和国建筑法》《建设工程施工合同管理办法》等法律法规对承发包双方的权利和义务做出的具体规定，除双方协商一致对其中的某些条款做修改、补充或取消外，双方都必须履行。“通用条款”共20个部分117条，基本适用于各类建设工程。20个部分的内容为：一般约定、发包人、承包人、监理人、工程质量、安全文明施工与环境保护、工期和进度、材料与设备、试验与检验、变更、价格调整、合同价格及计量与支付、验收和工程试车、竣工结算、缺陷责任与保修、违约、不可抗力、保险、索赔、争议解决。

3. “专用条款”

考虑到建设工程的内容各不相同，工程造价等也随之变动，承包人、发包人各自的能力、施工现场的环境和条件也各不相同，需要“专用条款”对“通用条款”进行必要的修改和补充，使两者成为双方当事人统一意愿的体现。“专用条款”也有20个部分，与“通用条款”各部分序号一致，为承、发包双方补充协议提供了一个可供参考的提纲或格式。

4. “附件”

《建设工程施工合同》共有三个附件：材料暂估价表、工程设备暂估价表、专业工程暂估价表。

三、建设工程施工合同特点

建设工程施工合同有以下主要特点：

1. 对合同承包方的主体资格要求严格

要审查承包方的资质证明、营业执照、安全生产合格证、企业等级证书。外地建设企业进驻当地施工，应当根据当地政府的有关规定办理必要的手续，如进省（市）许可证等。

2. 合同的标的物具有特殊性

合同标的物是建设产品，其特殊性表现为：建设产品的固定性和生产的流动性；建设产品类别庞杂，形成其产品个体性和生产的单件性；建设产品体积庞大，消耗的人力、物力、财力多，一次性投资数额大。

3. 施工合同执行周期长

由于建设产品的体积庞大，结构复杂，建设周期都比较长，因此，施工合同的执行期也较长。

4. 合同内容特殊

建设工程施工合同内容繁杂，合同执行周期长，许多内容均应当在合同中明确约定，因此建设工程施工合同较其他类型合同的内容要多。合同除涉及双方当事人外，还要涉及地方政府，工程所在地单位和个人的利益等，因此建设工程施工合同涉及面较广，也较复杂。

四、建设工程施工合同的类型及选择

建设工程施工合同的类型以付款方式进行划分，可分为总价合同、单价合同、成本加酬金合同。

1. 总价合同

总价合同是指合同中确定项目总价，承包单位完成项目全部内容，可以分为固定总价合同和可调总价合同。这类合同适用于工程量不太大且能精确计算、工期较短、技术不太复杂、风险不大的项目。采用这类合同，要求发包人必须准备详细而全面的设计图样（一般要求施工详图）和各项说明，使承包人能准确计算工程量。固定总价合同是普遍而经常使用的合同形式，总价合同被承包人接受以后，一般不得变动。

2. 单价合同

单价合同是承包人在投标时，按招标文件就分部分项工程所列出的工程量表确定各分部分项工程费用的合同类型。它可以分为固定单价合同和可调单价合同。这类合同适用范围较宽，其风险可以得到合理的分摊，并且能鼓励承包人通过提高工效等手段从成本节约中提高利润。固定单价合同是经常采用的合同形式，可调单价合同的合同单价可调，一般是在工程招标文件中规定，合同签订的单价根据合同约定的条款可作调整。

3. 成本加酬金合同

成本加酬金合同规定由发包人向承包人支付实际成本外，再按某一方式支付酬金，可以分为成本加固定费用合同、成本加定比费用合同、成本加奖金合同、成本加保证最大酬金合同、工时及材料补偿合同。这类合同，发包人需承担项目实际发生的一切费用，因此也就承担了项目的全部风险。而承包人由于无风险，其报酬往往也比较低。这类合同的缺点是发包人对工程总造价不易控制，承包人也往往不注意降低项目成本。

在选择建设工程施工合同类型时，需考虑以下因素：

1）项目规模和工期长短。如果项目的规模较小，工期较短，则合同类型的选择余地较大，总价合同、单价合同及成本加酬金合同都可选择；如果项目规模大，工期长，则项目的风险也大，合同履行中的不可预测因素也多，这类项目不宜采用总价合同。

2）项目的竞争情况。

3）项目的复杂程度。项目的复杂程度较高，总价合同被选用的可能性较小。

项目的复杂程度低，则业主对合同类型的选择握有较大的主动权。

4）项目的单项工程的明确程度。

5）项目准备时间的长短。

6）项目的外部环境因素。

第二节　工程施工索赔与反索赔

一、工程施工索赔

索赔是当事人在合同实施过程中，根据法律、合同规定及惯例，对并非由于自己的过错，而是由于应由合同对方承担责任的情况造成的，且实际发生了损失，向对方提出给予补偿要求。在工程建设的各个阶段，都有可能发生索赔，但在施工阶段索赔发生较多。

建设工程施工索赔通常是指在工程合同履行过程中，合同当事人一方因非自身因素或对方不履行或未能正确履行合同而受到经济损失或权利损害时，通过一定的合法程序向对方提出经济或时间补偿的要求。索赔是一种正当的权利要求，它是发包方、监理工程师和承包方之间一项正常的、大量发生而且普遍存在的合同管理业务，是一种以法律和合同为依据的、合情合理的行为。

（一）索赔的作用

索赔与工程承包合同是同时存在的，它的主要作用有：

1. 保证合同的实施

合同一经签订，合同双方即产生权利和义务关系。这种权利受法律保护，这种义务受法律制约。索赔是合同法律效力的具体体现，并且由合同的性质决定。如果没有索赔和关于索赔的法律规定，则合同形同虚设，对双方都难以形成约束，这样合同的实施得不到保证，不会有正常的社会经济秩序。索赔能对违约者起警戒作用，使他考虑到违约的后果，尽力避免违约事件发生。所以索赔有助于工程双方更紧密的合作，有助于合同目标的实现。

2. 落实和调整合同双方经济责任关系

有权利，有利益，同时又应承担相应的经济责任。谁未履行责任，构成违约行为，造成对方损失，侵害对方权利，则应承担相应的合同处罚，予以赔偿。离开索赔，合同的责任就不能体现，合同双方的责权利关系就不平衡。

3. 维护合同当事人正当权益

索赔是一种保护自己，维护自己正当利益，避免损失，增加利润的手段。在现代承包工程中，如果承包商不能进行有效的索赔，不精通索赔业务，往往使损失得不到合理的及时的补偿，不能进行正常的生产经营，甚至要倒闭。

4. 促使工程造价更合理

施工索赔的正常开展，把原来打入工程报价的一些不可预见费用，改为按实际发生的损失支付，有助于降低工程报价，使工程造价更合理。

（二）施工索赔的分类

1. 按索赔的合同依据分类

（1）合同中明示的索赔　合同中明示的索赔是指承包商所提出的索赔要求，在该工程项目的合同文件中有文字依据，承包商可以据此提出索赔要求，并取得经济补偿。这些在合同文件中有文字规定的合同条款；称为明示条款。

（2）合同中默示的索赔　合同中默示的索赔，即承包商的该项索赔要求，虽然在工程项目的合同条件中没有专门的文字叙述，但可以根据该合同条件的某些条款的含义，推论出承包商有索赔权。这种索赔要求，同样有法律效力，有权得到相应的经济补偿。这种有经济补偿含义的条款，在合同管理工作中被称为“默示条款”或称为“隐含条款”。

默示条款是一个广泛的合同概念，它包含合同明示条款中没有写入，但符合双方签订合同时设想的愿望和当时环境条件的一切条款。这些默示条款，或者从明示条款所表述的设想愿望中引申出来，或者从合同双方在法律上的合同关系引申出来，经合同双方协商一致，或被法律和法规所指明，都成为合同文件的有效条款，要求合同双方遵照执行。

2. 按索赔有关当事人分类

（1）承包人同业主之间的索赔　这是承包施工中最普遍的索赔形式。最常见的是承包人向业主提出的工期索赔和费用索赔；有时，业主也向承包人提出经济赔偿的要求，即“反索赔”。

（2）总承包人和分包人之间的索赔　总承包人和分包人，按照他们之间所签订的分包合同，都有向对方提出索赔的权利，以维护自己的利益，获得额外开支的经济补偿。分包人向总承包人提出的索赔要求，经过总承包人审核后，凡是属于业主方面责任范围内的事项，均由总承包人汇总后向业主提出；凡属总承包人责任的事项，则由总承包人同分包人协商解决。

（3）承包人同供货人之间的索赔　承包人在中标以后，根据合同规定的机械设备和工期要求，向设备制造厂家或材料供应人询价订货，签订供货合同。

供货合同一般规定供货商提供的设备的型号、数量、质量标准和供货时间等具体要求。如果供货人违反供货合同的规定，使承包人受到经济损失时，承包人有权向供货人提出索赔，反之亦然。

3. 按索赔目的分类

（1）工期索赔　由于非承包人责任的原因而导致施工进程延误，要求批准展延合同工期的索赔，称之为工期索赔。工期索赔形式上是对权利的要求，以避免在原定合同竣工日不能完工时，被业主追究拖期违约责任。一旦获得批准合同工期延展后，承包人不仅免除了承担拖期违约赔偿费的严重风险，而且有可能提前工期得到奖励，最终仍反映在经济收益上。

（2）费用索赔　费用索赔的目的是要求经济补偿。当施工的客观条件改变导致承包人增加开支，要求对超出计划成本的附加开支给予补偿，以挽回不应由他承担的经济损失。

4. 按索赔的处理方式分类

（1）单项索赔　单项索赔是针对某一干扰事件提出的。索赔的处理在合同实施的过程中，干扰事件发生时，或发生后立即执行，它由合同管理人员处理，并在合同规定的索赔有效期内提交索赔意向书和索赔报告，它是索赔有效性的保证。

单项索赔通常处理及时，实际损失易于计算。例如，工程师指令将某分项工程混凝土改为钢筋混凝土，对此只需提出与钢筋有关的费用索赔即可。

单项索赔报告必须在合同规定的索赔有效期内提交工程师，由工程师审核后交业主，由业主做答复。

（2）总索赔　总索赔又叫一揽子索赔或综合索赔。一般在工程竣工前，承包人将施工过程中未解决的单项索赔集中起来，提出一篇总索赔报告。合同双方在工程交付前后进行最终谈判，以一揽子方案解决索赔问题。

（三）施工索赔的原因

引起索赔的原因是多种多样的，以下是一些主要原因：

1. 业主违约

业主违约常常表现为业主或其委托人未能按合同规定为承包人提供应由其提供的、使承包人得以施工的必要条件，或未能在规定的时间内付款。比如业主未能按规定时间向承包人提供场地使用权，工程师未能在规定时间内发出有关图样、指示、指令或批复，工程师拖延发布各种证书（进度付款签证、移交证书等），业主提供材料等的延误或不符合合同标准，还有工程师的不适当决定和苛刻检查等。

2. 合同缺陷

合同缺陷常常表现为合同文件规定不严谨，甚至矛盾；合同中的遗漏或错误。这不仅包括商务条款中的缺陷，也包括技术规范和图样中的缺陷。在这种情况下，工程师有权做出解释。但如果承包人执行工程师的解释后引起成本增加或工期延长，则承包人可以为此提出索赔，工程师应给予证明，业主应给予补偿。一般情况下，业主作为合同起草人，他要对合同中的缺陷负责，除非其中有非常明显的含糊或其他缺陷，根据法律可以推定承包商有义务在投标前发现并及时向业主指出。

3. 施工条件变化

在土木建筑工程施工中，施工现场条件的变化对工期和造价的影响很大。由于不利的自然条件及障碍，常常导致设计变更，工期延长或成本大幅度增加。

土建工程对基础地质条件要求很高，而这些土壤地质条件，如地下水、地质断层，溶岩孔洞、地下文物遗址等，根据业主在招标文件中所提供的材料，以及承包人在招标前的现场勘察，都不可能准确无误地发现，即使是有经验的承包人也无法预料。因此，基础地质方面出现的异常变化必然会引起施工索赔。

4. 工程变更

土建工程施工中，工程量的变化是不可避免的，施工时实际完成的工程量超过或小于工程量表中所列的预计工程量。在施工过程中，工程师发现设计、质量标准和施工顺序等问题时，往往会指令增加新的工作，改换建筑材料，暂停施工或加速施工等。这些变更指令必然引起新的施工费用，或需要延长工期。所有这些情况，都迫使承包人提出索赔要求，以弥补自己所不应承担的经济损失。

5. 工期拖延

大型土建工程施工中，由于受天气、水文地质等因素的影响，常常出现工期拖延。分析拖期原因、明确拖期责任时，合同双方往往产生分歧，使承包商实际支出的计划外施工费用得不到补偿，势必引起索赔要求。

如果工期拖延的责任在承包商方面，则承包商无权提出索赔。他应该以自费采取赶工的措施，抢回延误的工期；如果到合同规定的完工日期时，仍然做不到按期建成，则应承担误期损害赔偿费。

6. 工程师指令

工程师指令通常表现为工程师指令承包商加速施工、进行某项工作、更换某些材料、采取某种措施或停工等。工程师是受业主委托来进行工程建设监理的，其在工程中的作用是监督所有工作都按合同规定进行，督促承包商和业主完全合理地履行合同，保证合同顺利实施。为了保证合同工程达到既定目标，工程师可以发布各种必要的现场指令。相应地，因这种指令（包括指令错误）而造成的成本增加和(或）工期延误，承包商当然可以索赔。

7. 国家政策及法律、法令变更

国家政策及法律、法令变更，通常是指直接影响到工程造价的某些政策及法律、法令的变更，比如限制进口、外汇管制或税收及其他收费标准的提高。无疑，工程所在国的政策及法律、法令是承包商投标时编制报价的重要依据之一。就国际工程而言，合同通常都规定，从投标截止日期之前的第二十八天开始，如果工程所在国法律和政策的变更导致承包商施工费用增加，则业主应该向承包商补偿其增加值；相反，如果导致费用减少，则也应由业主受益。做出这种规定的理由是很明显的，因为承包商根本无法在投标阶段预测这种变更。就国内工程而言，因国务院各有关部门、各级建设行政管理部门或其授权的工程造价管理部门公布的价格调整，比如定额、取费标准、税收、上缴的各种费用等，可以调整合同价款。如未予调整，承包商可以要求索赔。

8. 其他承包商干扰

其他承包商干扰通常是指其他承包商未能按时、按序进行并完成某项工作、各承包商之间配合协调不好等而给本承包商的工作带来的干扰。大中型土木工程，往往会有几个承包商在现场施工。由于各承包商之间没有合同关系，工程师作为业主委托人有责任组织协调好各个承包商之间的工作；否则，将会给整个工程和各承包商的工作带来严重影响，引起承包商索赔。比如，某承包商不能按期完成他那部分工作，其他承包商的相应工作也会因此延误。在这种情况下，被迫延迟的承包商就有权向业主提出索赔。在其他方面，如场地使用、现场交通等，各承包商之间也都有可能发生相互干扰的问题。

9. 其他第三方原因

其他第三方原因通常表现为因与工程有关的其他第三方的问题而引起的对本工程的不利影响。比如，银行付款延误，邮路延误，港口压港等。由于这种原因引起的索赔往往比较难处理。比如，业主在规定时间内依规定方式向银行寄出了要求向承包商支付款项的付款申请，但由于邮路延误，银行迟迟没有收到该付款申请，因而造成承包商没有在合同规定的期限内收到工程款。在这种情况下，由于最终表现出来的结果是承包商没有在规定时间内收到款项，所以承包商往往会向业主索赔。对于第三方原因造成的索赔，业主给予补偿后，业主应该根据其与第三方签订的合同规定或有关法律规定再向第三方追偿。

（四）索赔程序

承包人的索赔程序通常可分为以下几个步骤：

1. 索赔意向通知

在索赔事件发生后，承包人应抓住索赔机会，迅速做出反应。承包人应在索赔事件发生后的28天内向工程师递交索赔意向通知，声明将对此事件提出索赔。该意向通知是承包人就具体的索赔事件向工程师和业主表示的索赔愿望和要求。如果超过这个期限，工程师和业主有权拒绝承包人的索赔要求。

当索赔事件发生时，承包人就应该进行索赔处理工作，直到正式向工程师和业主提交索赔报告。这一阶段包括许多具体的复杂的工作，主要有：

1）事态调查，即寻找索赔机会。通过对合同实施的跟踪、分析、诊断，发现了索赔机会，则应对它进行详细的调查和跟踪，以了解事件经过、前因后果、掌握事件详细情况。

2）损害事件原因分析，即分析这些损害事件是由谁引起的，它的责任应由谁来承担。一般只有非承包人责任的损害事件才有可能提出索赔。在实际工作中，损害事件的责任常常是多方面的，故必须进行责任分解，划分责任范围，按责任大小，承担损失。这里特别容易引起合同双方争执。

3）索赔根据，即索赔理由，主要指合同文件。必须按合同判明这些索赔事件是否违反合同，是否在合同规定的赔偿范围之内。只有符合合同规定的索赔要求才有合法性，才能成立。例如，某合同规定，在工程总价15%的范围内的工程变更属于承包人承担的风险。则业主指令增加工程量在这个范围内，承包人不能提出索赔。

4）损失调查，即为索赔事件的影响分析。它主要表现为工期的延长和费用的增加。如果索赔事件不造成损失，则无索赔可言。损失调查的重点是收集、分析、对比实际和计划的施工进度，工程成本和费用方面的资料，在此基础上计算索赔值。

5）收集证据。索赔事件发生，承包人就应抓紧收集证据，并在索赔事件持续期间一直保持有完整的当时记录。同样，这也是索赔要求有效的前提条件。如果在索赔报告中提不出证明其索赔理由，索赔事件的影响，索赔值的计算等方面的详细资料，索赔要求是不能成立的。在实际工程中，许多索赔要求都因没有，或缺少书面证据而得不到合理的解决。所以承包人必须对这个问题有足够的重视。通常，承包人应按工程师的要求做好并保持当时记录，接受工程师的审查。

6）起草索赔报告。索赔报告是上述各项工作的结果和总括。它表达了承包人的索赔要求和支持这个要求的详细依据。它决定了承包人索赔的地位，是索赔要求能否获得有利和合理解决的关键。

2. 索赔报告递交

索赔意向通知提交后的28天内，或工程师可能同意的其他合理时间内，承包人应递送正式的索赔报告。索赔报告的内容应包括：事件发生的原因，对其权益影响的证据资料，索赔的依据，此项索赔要求补偿的款项和工期展延天数的详细计算等有关材料。如果索赔事件的影响持续存在，28天内还不能算出索赔额和工期展延天数时，承包人应按工程师合理要求的时间间隔（一般为28天），定期陆续报出每一个时间段内的索赔证据资料和索赔要求。在该项索赔事件的影响结束后的28天内，报出最终详细报告，提出索赔论证资料和累计索赔额。

承包人发出索赔意向通知后，可以在工程师指示的其他合理时间内再报送正式索赔报告，也就是说工程师在索赔事件发生后有权不马上处理该项索赔。如果事件发生时，现场施工非常紧张，工程师不希望立即处理索赔而分散各方抓施工管理的精力，可通知承包人将索赔的处理留待施工不太紧张时再去解决。但承包人的索赔意向通知必须在事件发生后的28天内提出，包括因对变更估价双方不能取得一致意见，而先按工程师单方面决定的单价或价格执行时，承包人提出的保留索赔权利的意向通知。如果承包人未能按时间规定提出索赔意向和索赔报告，则他就失去了该项事件请求补偿的索赔权利。此时他所受到损害的补偿，将不超过工程师认为应主动给予的补偿额，或把该事件损害提交仲裁解决时，仲裁机构依据合同和同期记录可以证明的损害补偿额。承包人的索赔权利就受到限制。

3. 工程师审核索赔报告

接到承包人的索赔意向通知后，工程师应建立自己的索赔档案，密切关注事件的影响，检查承包商的同期记录时，随时就记录内容提出他的不同意见或他希望予以增加的记录项目。在接到正式索赔报告以后，认真研究承包商报送的索赔资料。首先在不确认责任归属的情况下，客观分析事件发生的原因，重温合同的有关条款，研究承包商的索赔证据，并检查他的同期记录；其次通过对事件的分析，工程师再依据合同条款划清责任界限，如果必要时还可以要求承包人进一步提供补充资料。尤其是对承包人与业主或工程师都负有一定责任的事件影响，更应划出各方应该承担合同责任的比例。最后再审查承包人提出的索赔补偿要求，剔除其中的不合理部分，拟定自己计算的合理索赔款额和工期延展天数。

《建设工程施工合同（示范文本）》规定，工程师收到承包人递交的索赔报告和有关资料后，应在28天内给予答复，或要求承包人进一步补充索赔理由和证据。如果在28天内既未予答复，也未对承包人作进一步要求的话，则视为承包人提出的该项索赔要求已经认可。

工程师判定承包人索赔成立的条件为：

1）与合同相对照，事件已造成了承包人施工成本的额外支出，或直接工期损失。

2）造成费用增加或工期损失的原因，按合同约定不属于承包人的行为责任或风险责任。

3）承包人按合同规定的程序提交了索赔意向通知和索赔报告。

上述三个条件没有先后主次之分，应当同时具备。只有工程师认定索赔成立后，才按一定程序处理。

4. 工程师与承包人协商补偿

工程师核查后初步确定的应予以补偿的额度，往往与承包人的索赔报告中要求的额度不一致，甚至差距较大。主要原因大多为对承担事件损害责任的界限划分不一致；索赔证据不充分；索赔计算的依据和方法分歧较大等，因此双方应就索赔的处理进行协商。通过协商达不成共识的话，承包商仅有权得到所提供的证据满足工程师认为索赔成立那部分的付款和工期延展。不论工程师通过协商与承包人达到一致，还是他单方面做出的处理决定，批准给予补偿的款额和延展工期的天数如果在授权范围之内，则可将此结果通知承包商，并抄送业主。补偿款将计入下月支付工程进度款的支付证书内，延展的工期加到原合同工期中去。如果批准的额度超过工程师权限，则应报请业主批准。

对于持续影响时间超过28天的工期延误事件，当工期索赔条件成立时，对承包人每隔28天报送的阶段索赔临时报告审查后，每次均应做出批准临时延长工期的决定，并于事件影响结束后28天内承包人提出最终的索赔报告后，批准延展工期总天数。应当注意的是，最终批准的总延展天数，不应少于以前各阶段已同意延展天数之和。规定承包人在事件影响期间必须每隔28天提出一次阶段索赔报告，可以使工程师能及时根据同期记录批准该阶段应予延展工期的天数，避免事件影响时间太长而不能准确确定索赔值。

5. 工程师索赔处理决定

在经过认真分析、研究，与承包人、业主广泛讨论后，工程师应该向业主和承包人提出自己的“索赔处理决定”。工程师收到承包人送交的索赔报告和有关资料后，于28天内给予答复，或要求承包人进一步补充索赔理由和证据。工程师在28

天内未予答复或未对承包人做出进一步要求，则视为该项索赔已经认可。

工程师在“索赔处理决定”中应该简明地叙述索赔事项、理由和建议给予补偿的金额及（或）延长的工期。《索赔评价报告》则是作为该决定的附件提供的。它根据工程师所掌握的实际情况详细叙述索赔的事实依据、合同及法律依据，论述承包人索赔的合理方面及不合理方面，详细计算应给予的补偿。《索赔评价报告》是工程师站在公正的立场上独立编制的。

工程师在拟就“索赔处理决定”时，应该考虑到发出“索赔处理决定”之后可能出现的情况——承包人会有什么意见？如果承包人对“索赔处理决定”有异议，将采取什么对策？因此，工程师在“索赔处理决定”和《索赔评价报告》中可能需要有意保留某些情况，防止一开始就把所有情况告诉承包人而可能带来的被动局面。

通常工程师的处理决定不是终局性的，对业主和承包人都不具有强制性的约束力。在收到工程师的“索赔处理决定”后，无论业主还是承包人，如果认为该处理决定不公正，都可以在合同规定的时间内提请工程师重新考虑。工程师不得无理拒绝这种要求。一般来说，对工程师的处理决定，业主不满意的情况很少，而承包人不满意的情况较多。承包人如果持有异议，应该提供进一步的证明材料，向工程师进一步表明为什么其决定是不合理的。有时甚至需要重新提交索赔申请报告，对原报告做一些修正、补充或做一些让步。如果工程师仍然坚持原来的决定，或承包人对工程师的新决定仍不满，则可以按合同中的仲裁条款提交仲裁机构仲裁。

6. 业主审查索赔处理

当工程师确定的索赔额超过其权限范围时，必须报请业主批准。

业主首先根据事件发生的原因、责任范围、合同条款审核承包商的索赔申请和工程师的处理报告，再依据工程建设的目的、投资控制、竣工投产日期要求以及针对承包人在施工中的缺陷或违反合同规定等的有关情况，决定是否批准工程师的处理意见，而不能超越合同条款的约定范围。例如，承包人某项索赔理由成立，工程师根据相应条款规定，既同意给予一定的费用补偿，也批准展延相应的工期。但业主权衡了施工的实际情况和外部条件的要求后，可能不同意延展工期，而宁可给承包人增加费用补偿额，要求他采取赶工措施，按期或提前完工。这样的决定只有业主才有权做出。索赔报告经业主批准后，工程师即可签发有关证书。

7. 承包人是否接受最终索赔处理

承包人接受最终的索赔处理决定，索赔事件的处理即告结束。如果承包人不同意，就会导致合同争议。通过协商双方达到互谅互让的解决方案，是处理争议的最理想方式。如达不成谅解，承包人有权提交仲裁解决。

《建设工程施工合同（示范文本）》规定，承包人未能按合同约定履行自己的各项义务或发生错误而给发包人造成损失时，发包人也应按合同约定的承包人索赔的时限要求，向承包人提出索赔。

二、工程施工反索赔

按《中华人民共和国合同法》和《建设工程施工合同（示范文本）》的规定，索赔应是双向的。在工程项目过程中，发包人与承包人之间，总承包和分包商之间，合伙人之间，承包人与材料和设备供应商之间都可能有双向的索赔与反索赔，按照通常的习惯，我们把追回己方损失的手段称为索赔，把防止和减少向己方提出索赔的手段称为反索赔。

索赔和反索赔是进攻和防守的关系。在合同实施过程中，合同双方都在进行合同管理，都在寻找索赔机会，一旦干扰事件发生，都企图推卸自己的合同责任，并企图进行索赔。不能进行有效的反索赔，同样要蒙受损失，所以反索赔和索赔具有同等重要的地位。

（一）反索赔的作用

反索赔的作用主要有：

1）成功的反索赔能防止或减少经济损失。如果不能进行有效的反索赔，不能推卸自己对干扰事件的合同责任，则必须满足对方的索赔要求，支付赔偿费用，致使自己蒙受损失。对合同双方来说，反索赔同样直接关系工程经济效益的好坏，反映着工程管理水平。

2）成功的反索赔能鼓舞管理人员士气，促进工作的开展。

3）成功的反索赔必然促进有效的索赔，能够成功有效地进行反索赔的管理者必然熟知合同条款内涵，掌握干扰事件产生的原因，占有全面的资料。

（二）反索赔的内容

反索赔的内容主要有以下几项：

1. 工程质量问题索赔

发包人在工程施工期间和缺陷责任期（保修期）内认为工程质量没有达到合同要求，并且这种质量缺陷是由于承包人的责任造成的，而承包人又没有采取适当的补救措施，发包人可以向承包人要求赔偿，这种赔偿一般采用从工程款或保留金（保修金）中扣除的办法。

2. 工程拖期索赔

由于承包人原因，部分或整个工程未能按合同规定的日期（包括已批准的工程延长时间）竣工，则发包人有权索取拖期赔偿。一般合同中已规定了工程拖期赔偿的标准，在此基础上按拖期天数计算即可。如果仅是部分工程拖期，而其他部分已颁发移交证书，则应按拖期部分在整个工程中所占价值比重折算。如果拖期部分是关键工程即该部分工程的拖期将影响整个工程的主要使用功能，则不应进行折算。

3. 其他损失索赔

根据合同条款，如果由于承包人的过失给发包人造成其他经济损失时，发包人也可提出索赔要求。常见的有以下几项：

1）承包人运送自己的施工设备和材料时，损坏了沿途的公路或桥梁，引起相应管理机构索赔。

2）承包人的建筑材料或设备不符合合同要求而进行重复检验时，所带来的费用开支。

3）工程保险失效，带给发包人员的物质损失。

4）由于承包人的原因造成工程拖期时，在超出计划工期的拖期时段内的工程师服务费用。

（三）反索赔的步骤

在接到对方索赔报告后，应着手进行分析、反驳。反索赔与索赔有相似的过程，但也有其特殊性。通常对对方提出的索赔进行反驳处理的过程为：

1. 合同总体分析

反索赔同样是以合同作为反驳的理由和根据。合同总体分析的重点是，与对方索赔报告中提出的问题有关的合同条款，通常有：合同的法律基础；合同的组成及合同变更情况；合同规定的工程范围和承包人责任；工程变更的补偿条件、范围和方法；合同价格，工期的调整条件、范围和方法，以及对方应承担的风险；违约责任；争执的解决方法等。

2. 事态调查

反索赔仍然基于事实基础之上，以事实为根据。这个事实必须以己方对合同实施过程跟踪和监督的结果，即各种实际工程资料作为证据，用以对照索赔报告所描述的事情经过和所附证据。通过调查可以确定干扰事件的起因，事件经过，持续时间，影响范围等真实的详细情况。

3. 三种状态分析

在事态调查和收集、整理工程资料的基础上进行合同状态、可能状态、实际状态分析。通过三种状态的分析可以全面地评价合同、合同实际状况，评价双方合同责任的完成情况。

对对方有理由提出索赔的部分进行总概括，分析出对方有理由提出索赔的干扰事件有哪些，索赔的大约值或最高值。对对方的失误和风险范围进行具体指认，针对对方的失误进一步进行分析，以准备向对方提出索赔。这样在反索赔中同时使用索赔手段。国外的承包人和发包人在进行反索赔时，特别注意寻找向对方索赔的机会。

4. 分析评价索赔报告

分析评价索赔报告，可以通过索赔分析评价表进行。其中，分别列出对方索赔报告中的干扰事件、索赔理由、索赔要求，提出己方的反驳理由、证据、处理意见或对策等。

5. 起草并向对方递交反索赔报告

反索赔报告也是正规的法律文件。在调解或仲裁中，对方的索赔报告和己方的反索赔报告应一起递交调解人或仲裁人。反索赔报告的基本要求与索赔报告相似。通常反索赔报告的主要内容有：

1）合同总体分析简述。

2）合同实施情况简述和评价。这里重点针对索赔报告中的问题和干扰事件，叙述事实情况，应包括前述三种状态的分析结果，对双方合同责任完成情况和工程施工情况进行评价。目标是推卸自己对对方索赔报告中提出的干扰事件的合同责任。

3）反驳对方索赔要求。按具体的干扰事件，逐条反驳对方的索赔要求，详细叙述己方的反索赔理由和证据，全部或部分地否定对方的索赔要求。

4）提出索赔。对经合同分析和三种状态分析得出的对方违约责任，提出己方的索赔要求。对此，有不同的处理方法。通常，可以在本反索赔报告中提出索赔，也可另外出具己方的索赔报告。

5）总结。对反索赔作全面总结，通常包括对合同总体情况进行简要概括；对合同实施情况进行简要概括；对对方索赔报告进行总评价；对己方提出的索赔进行概括；双方要求，即索赔和反索赔最终分析结果比较；提出解决意见；附各种证据，即本反索赔报告中所述事件经过、理由、计算基础、计算过程和计算结果等证明材料。

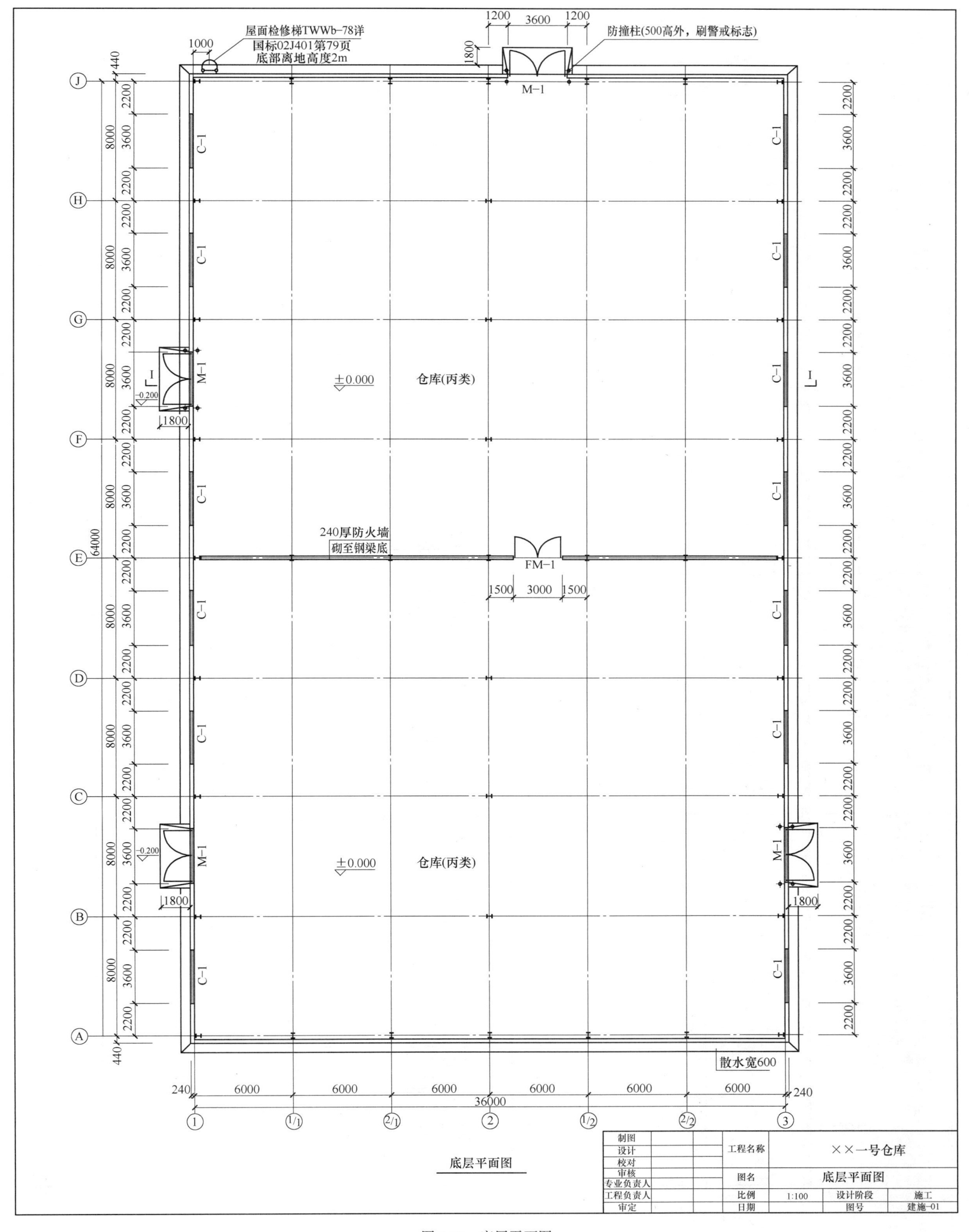
屋面检修梯TWWb-78详
国标02J401第79页
底部离地高度2m
防撞柱(500高外，刷警戒标志)
240厚防火墙
砌至钢梁底
仓库(丙类)
±0.000
M-1
FM-1
C-1
散水宽600
底层平面图
制图
设计
校对
审核
专业负责人
工程负责人
审定
工程名称
××一号仓库
图名
底层平面图
比例
1:100
设计阶段
施工
日期
图号
建施-01

图 2-48　底层平面图

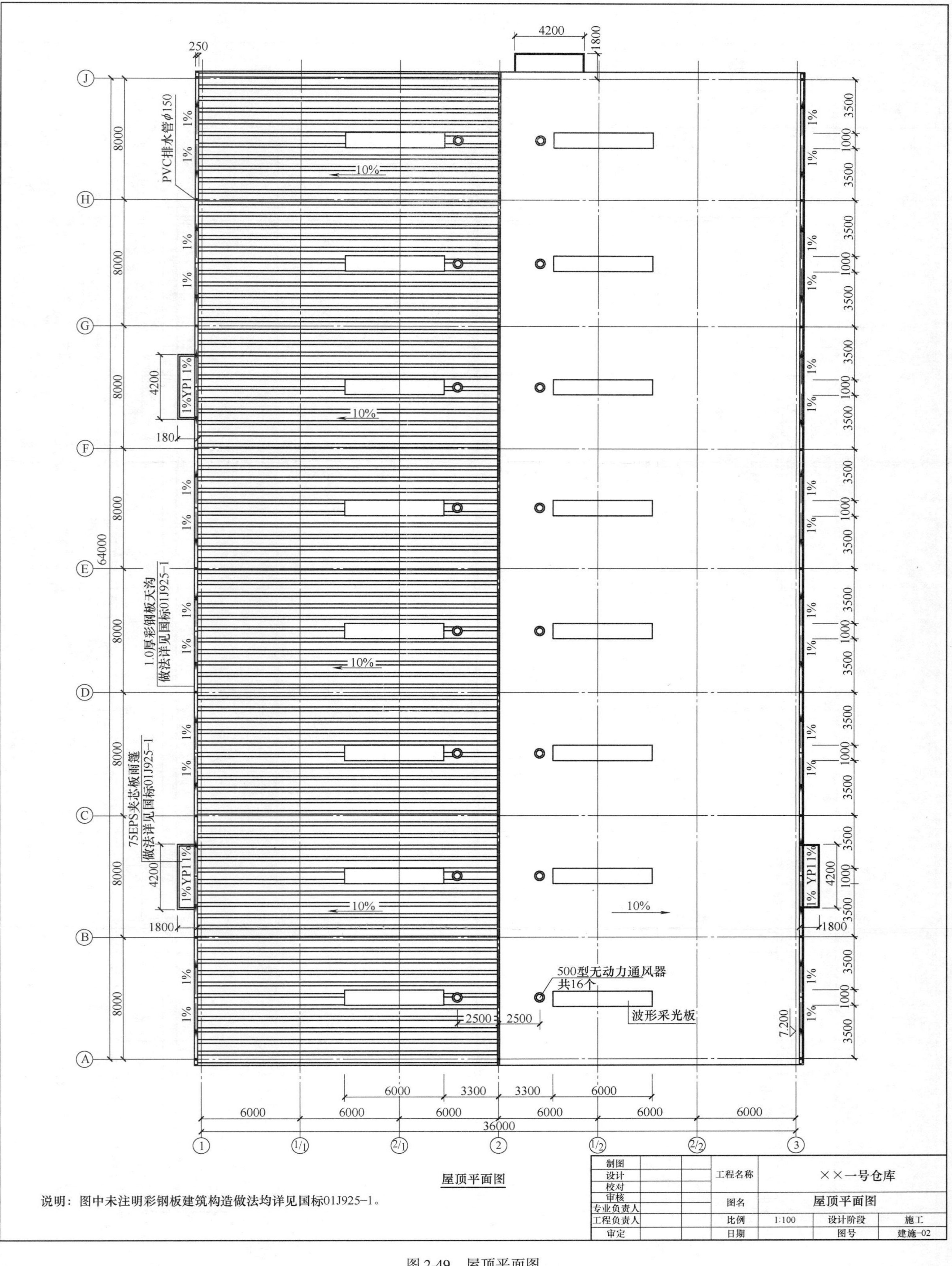
PVC排水管φ150
75EPS夹芯板雨篷
做法详见国标01J925-1
1.0厚彩钢板天沟
做法详见国标01J925-1
500型无动力通风器
共16个
波形采光板
YP1
10%
1%
64000
36000
屋顶平面图
说明：图中未注明彩钢板建筑构造做法均详见国标01J925-1。
制图
设计
校对
审核
专业负责人
工程负责人
审定
工程名称
××一号仓库
图名
屋顶平面图
比例
1:100
设计阶段
施工
日期
图号
建施-02

图 2-49　屋顶平面图

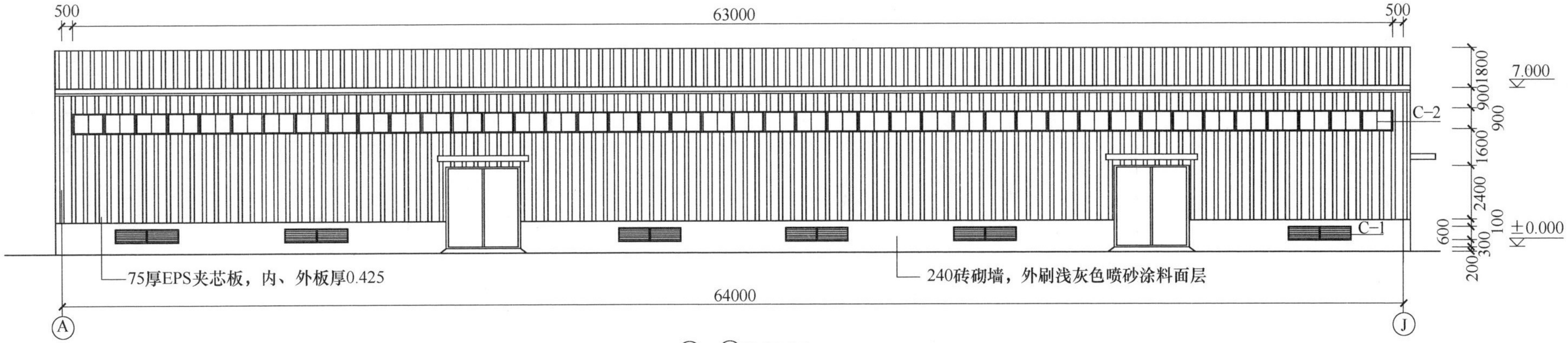

500 63000 500
7.000
C-2
9001800 900 1600 2400 100 600 300 200
±0.000
C-1
75厚EPS夹芯板，内、外板厚0.425
240砖砌墙，外刷浅灰色喷砂涂料面层
64000
Ⓐ Ⓙ

Ⓐ~Ⓙ轴立面图

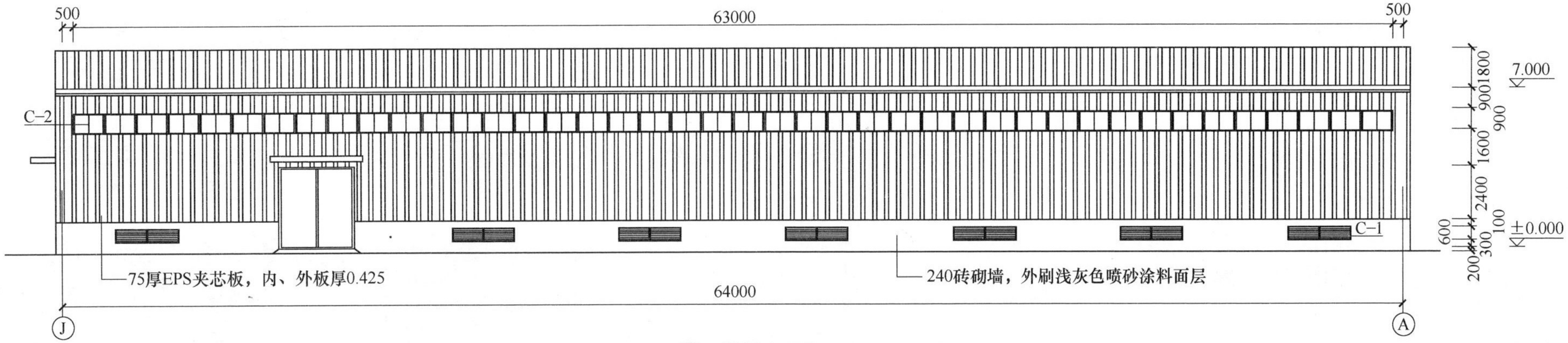

500 63000 500
7.000
C-2
9001800 900 1600 2400 100 600 300 200
±0.000
C-1
75厚EPS夹芯板，内、外板厚0.425
240砖砌墙，外刷浅灰色喷砂涂料面层
64000
Ⓙ Ⓐ

Ⓙ~Ⓐ轴立面图

制图			工程名称	××一号仓库		
设计						
校对						
审核			图名	Ⓐ~Ⓙ立面图　Ⓙ~Ⓐ立面图		
专业负责人						
工程负责人			比例	1:100	设计阶段	施工
审定			日期		图号	建施-03

图 2-50　立面图

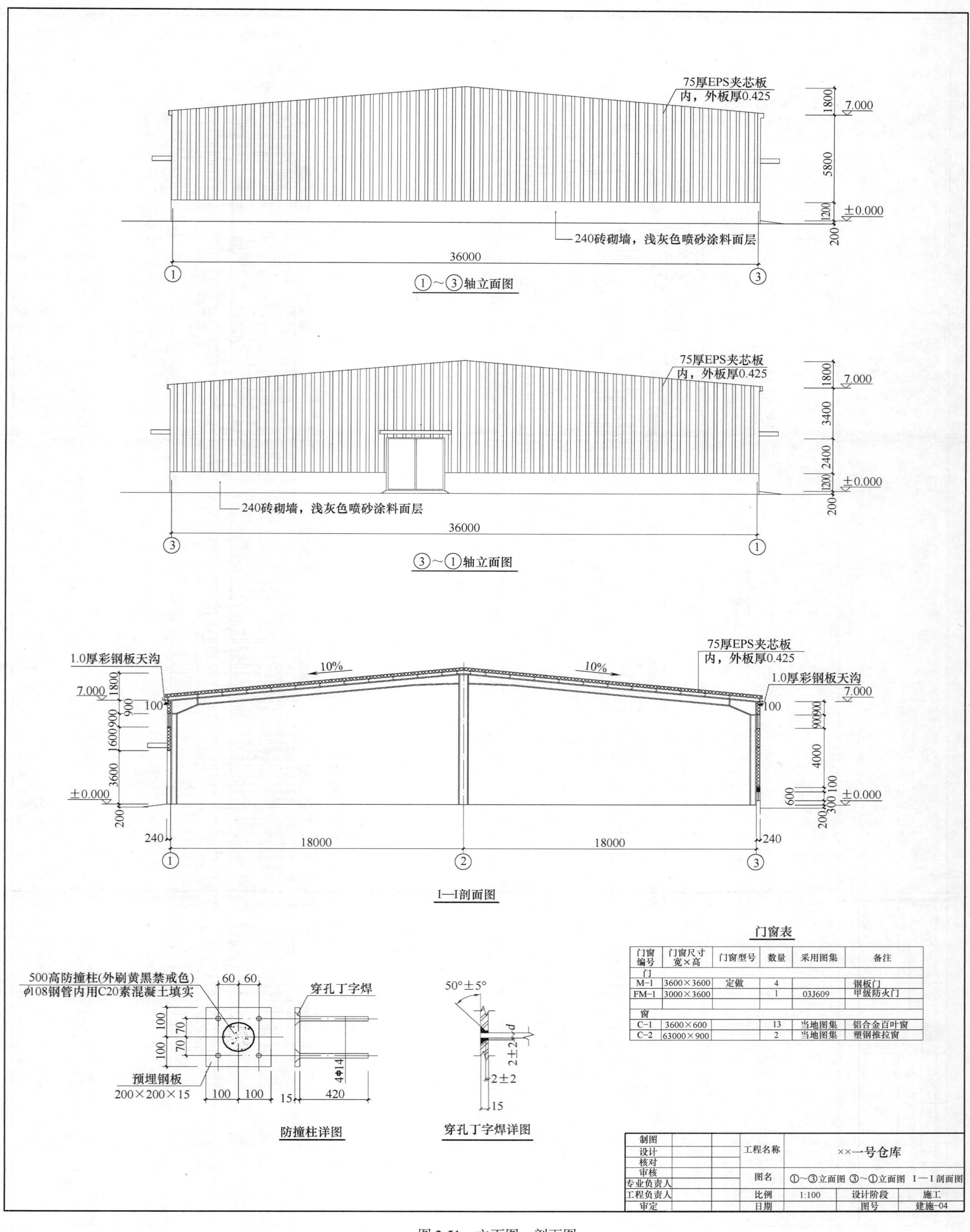

门窗编号	门窗尺寸宽×高	门窗型号	数量	采用图集	备注
门					
M-1	3600×3600	定做	4		钢板门
FM-1	3000×3600		1	03J609	甲级防火门
窗					
C-1	3600×600		13	当地图集	铝合金百叶窗
C-2	63000×900		2	当地图集	塑钢推拉窗

制图		工程名称	××一号仓库		
设计					
核对					
审核		图名	①～③立面图 ③～①立面图 I—I剖面图		
专业负责人					
工程负责人		比例	1:100	设计阶段	施工
审定		日期		图号	建施-04

图 2-51　立面图、剖面图

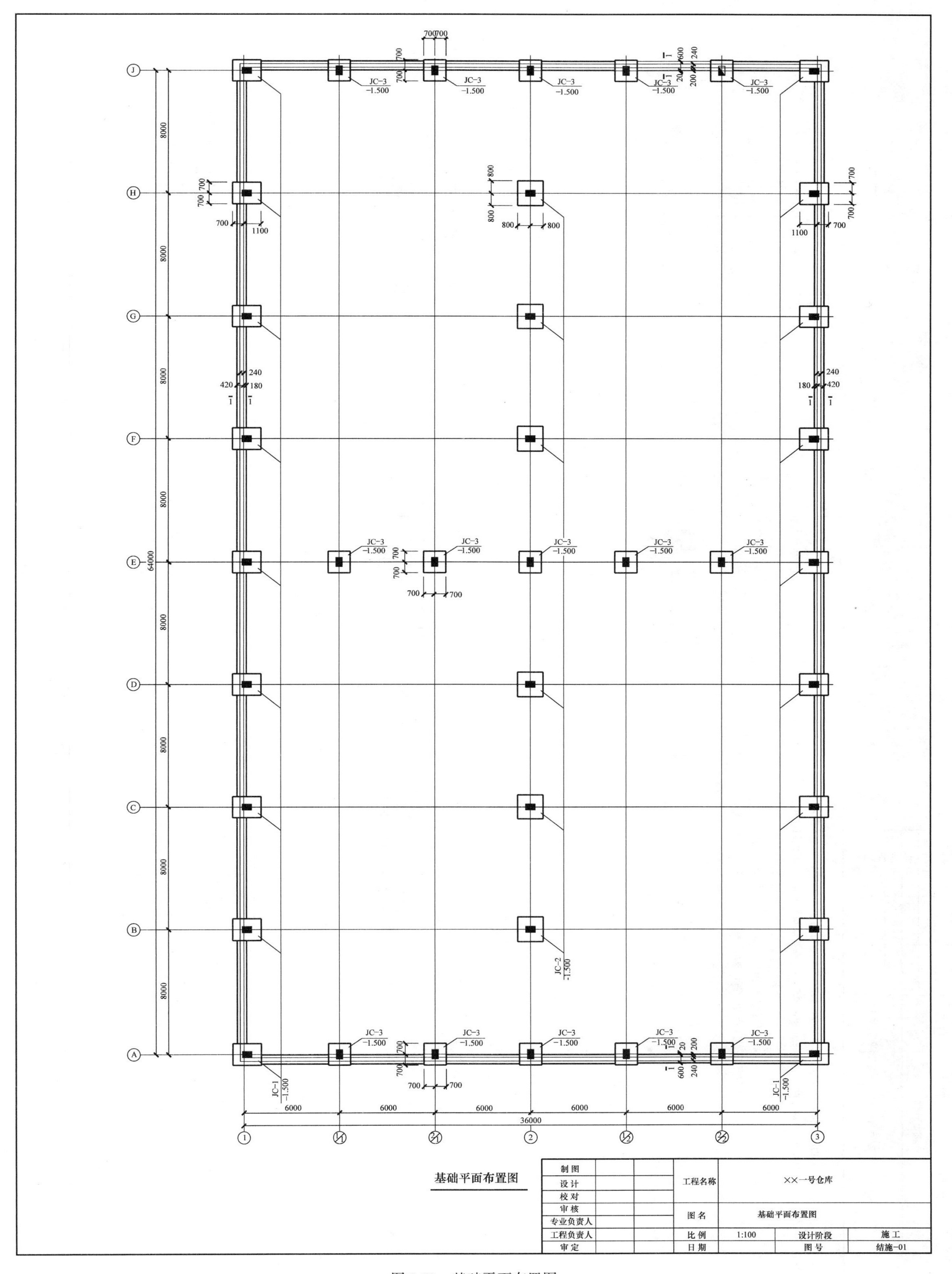

图 2-52　基础平面布置图

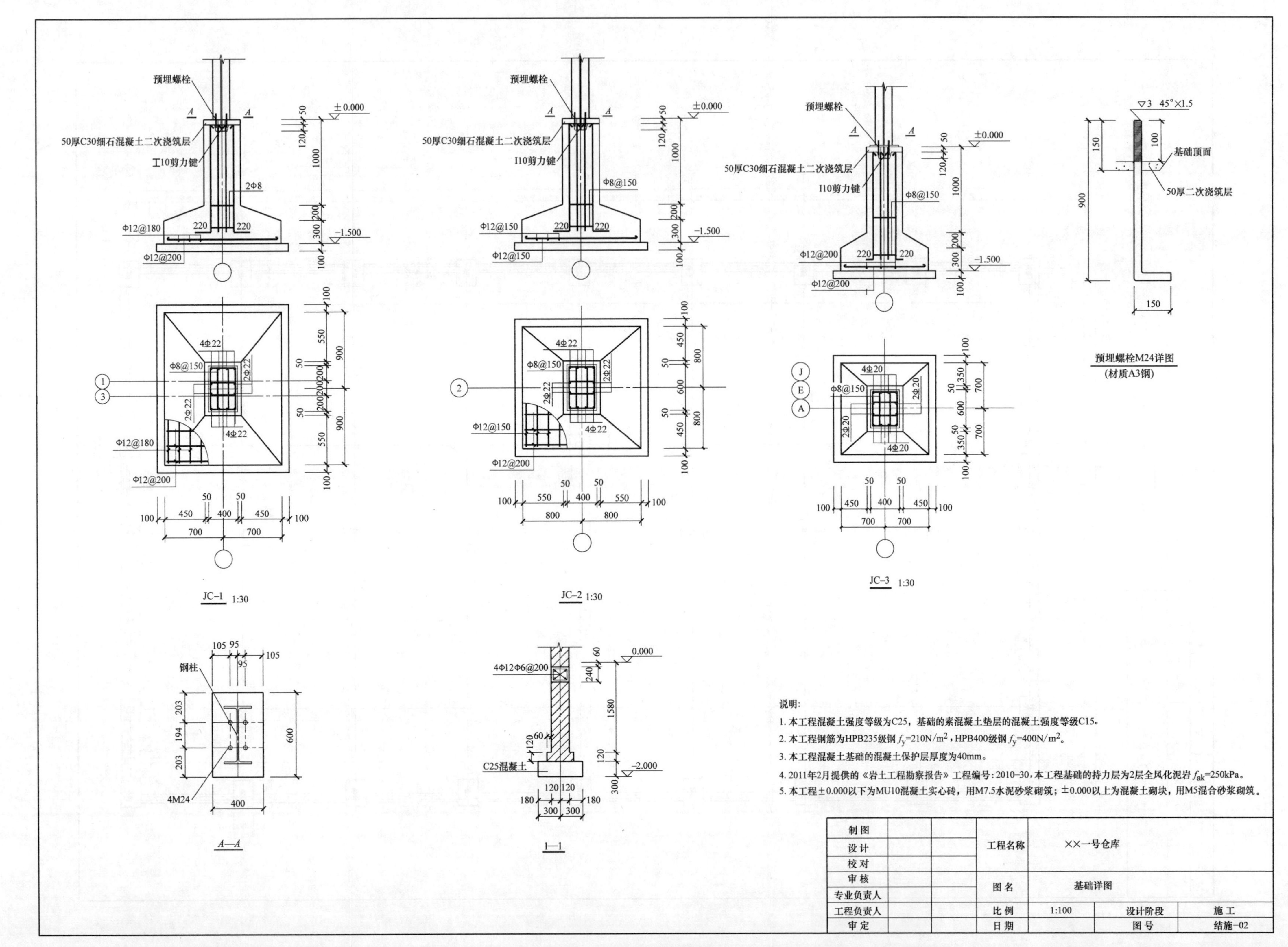

预埋螺栓
50厚C30细石混凝土二次浇筑层
工10剪力键
I10剪力键
2Φ8
Φ8@150
Φ12@180
Φ12@200
Φ12@150
±0.000
-1.500
4Φ22
2Φ22
4Φ20
2Φ20
JC-1 1:30
JC-2 1:30
JC-3 1:30
▽3 45°×1.5
基础顶面
50厚二次浇筑层
预埋螺栓M24详图
(材质A3钢)
钢柱
4M24
A—A
4Φ12Φ6@200
C25混凝土
0.000
-2.000
1—1
说明:
1. 本工程混凝土强度等级为C25，基础的素混凝土垫层的混凝土强度等级C15。
2. 本工程钢筋为HPB235级钢 f_y=210N/m²，HPB400级钢 f_y=400N/m²。
3. 本工程混凝土基础的混凝土保护层厚度为40mm。
4. 2011年2月提供的《岩土工程勘察报告》工程编号:2010-30，本工程基础的持力层为2层全风化泥岩 f_{ak}=250kPa。
5. 本工程±0.000以下为MU10混凝土实心砖，用M7.5水泥砂浆砌筑；±0.000以上为混凝土砌块，用M5混合砂浆砌筑。
制图
设计
校对
审核
专业负责人
工程负责人
审定
工程名称
××一号仓库
图名
基础详图
比例
1:100
设计阶段
施工
日期
图号
结施-02

图 2-53　基础详图

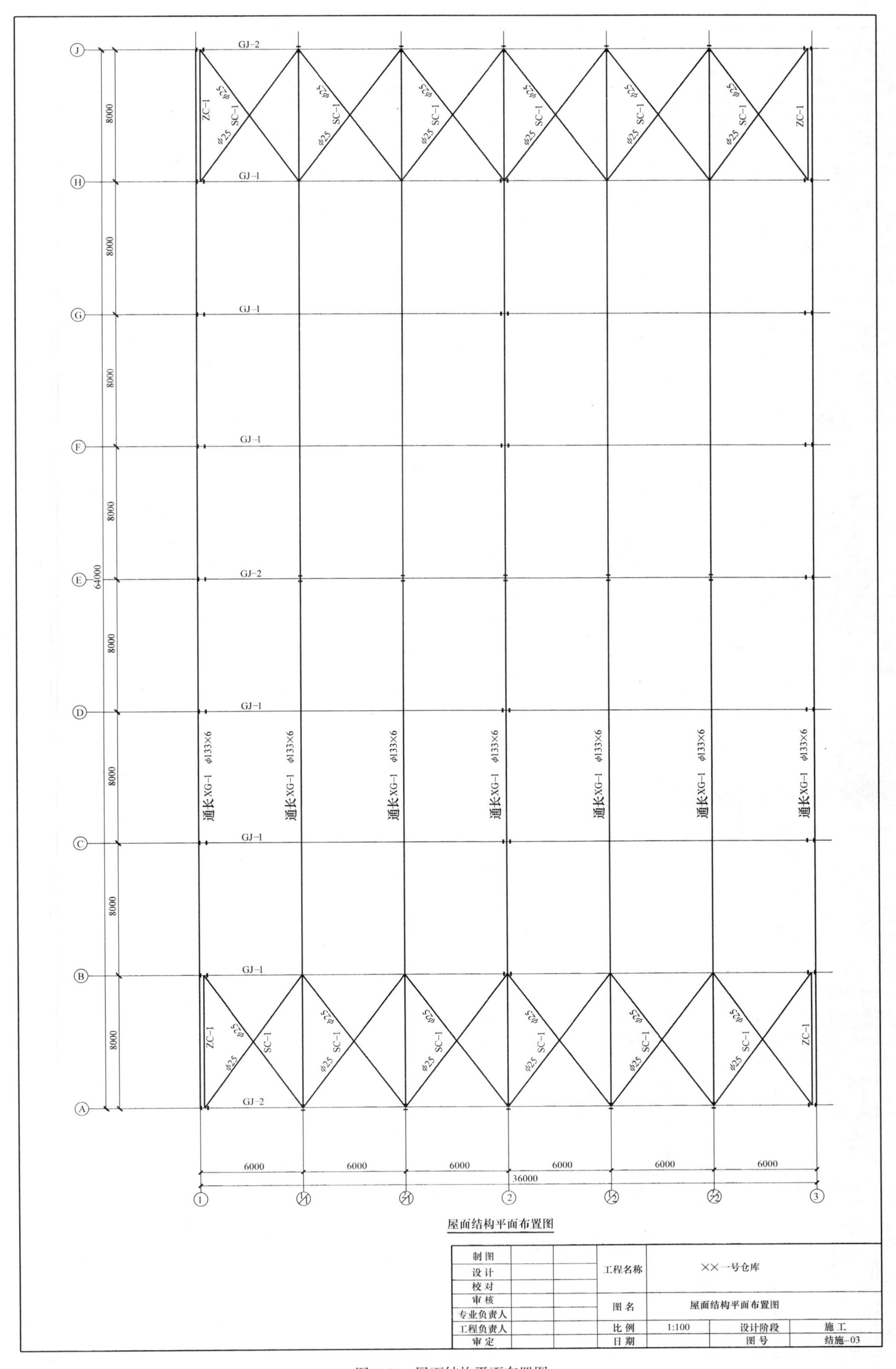

图 2-54　屋面结构平面布置图

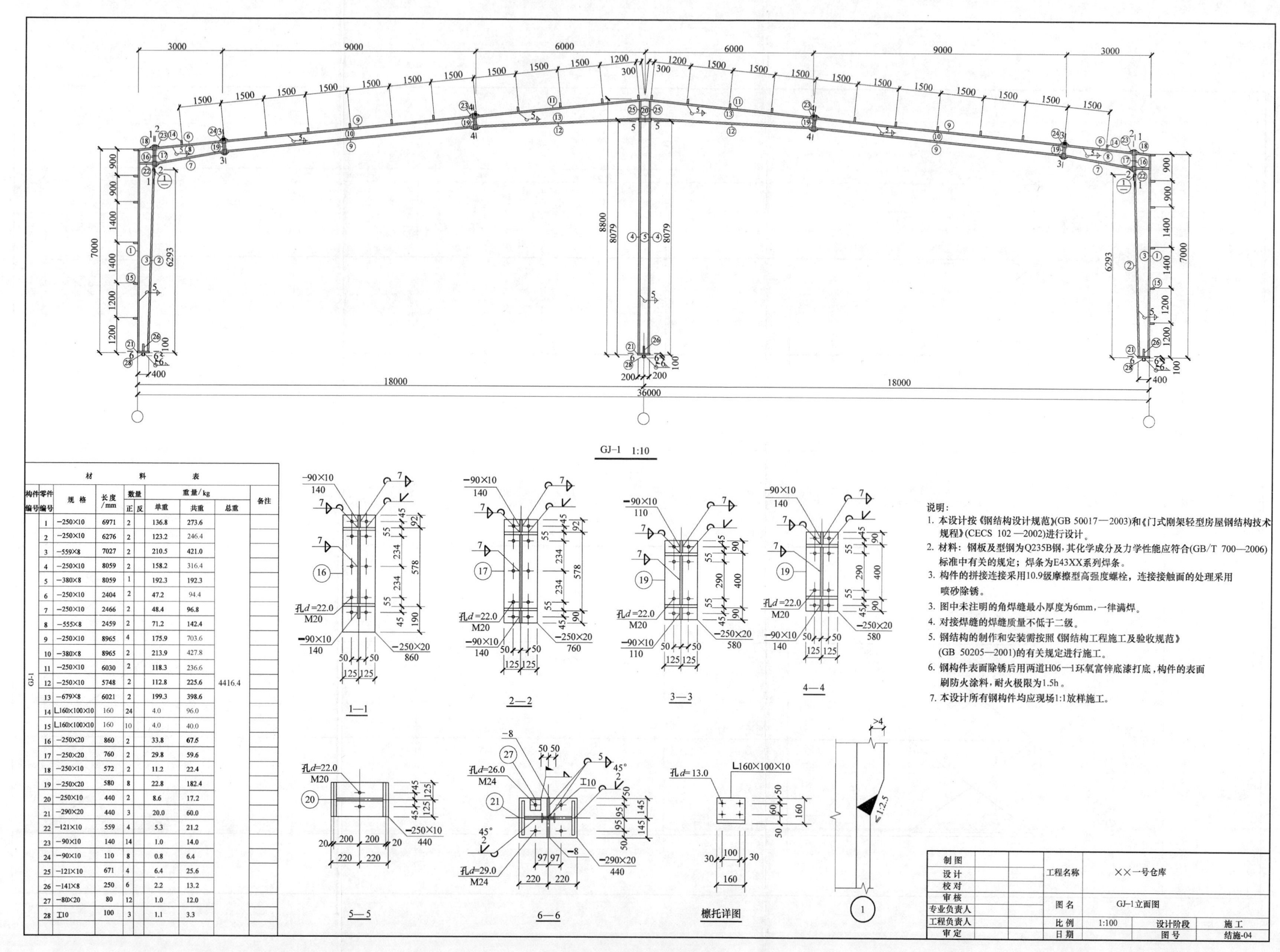

构件编号	零件编号	规格	长度/mm	数量 正	数量 反	重量/kg 单重	重量/kg 共重	重量/kg 总重	备注
GJ-1	1	−250×10	6971	2		136.8	273.6		
	2	−250×10	6276	2		123.2	246.4		
	3	−559×8	7027	2		210.5	421.0		
	4	−250×10	8059	2		158.2	316.4		
	5	−380×8	8059	1		192.3	192.3		
	6	−250×10	2404	2		47.2	94.4		
	7	−250×10	2466	2		48.4	96.8		
	8	−555×8	2459	2		71.2	142.4		
	9	−250×10	8965	4		175.9	703.6		
	10	−380×8	8965	2		213.9	427.8		
	11	−250×10	6030	2		118.3	236.6		
	12	−250×10	5748	2		112.8	225.6	4416.4	
	13	−679×8	6021	2		199.3	398.6		
	14	L160×100×10	160	24		4.0	96.0		
	15	L160×100×10	160	10		4.0	40.0		
	16	−250×20	860	2		33.8	67.6		
	17	−250×20	760	2		29.8	59.6		
	18	−250×10	572	2		11.2	22.4		
	19	−250×20	580	8		22.8	182.4		
	20	−250×10	440	2		8.6	17.2		
	21	−290×20	440	3		20.0	60.0		
	22	−121×10	559	4		5.3	21.2		
	23	−90×10	140	14		1.0	14.0		
	24	−90×10	110	8		0.8	6.4		
	25	−121×10	671	4		6.4	25.6		
	26	−141×8	250	6		2.2	13.2		
	27	−80×20	80	12		1.0	12.0		
	28	工10	100	3		1.1	3.3		

图 2-55 GJ-1 立面图

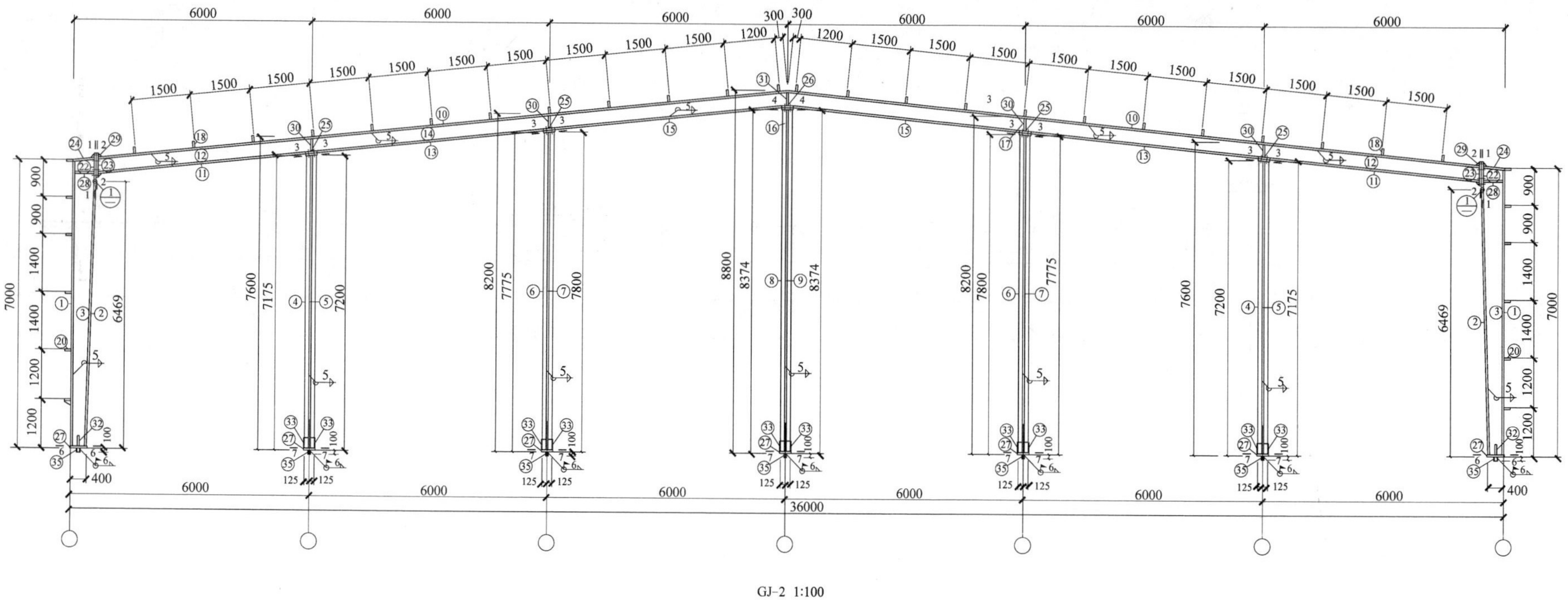

GJ-2 1:100

材		料					表		
构件编号	零件编号	规 格	长度/mm	数量 正	数量 反	重量/kg 单重	重量/kg 共重	重量/kg 总重	备注
GJ-2	1	−250×10	6971	2		136.8	273.6	5945.8	
	2	−250×10	6452	2		126.6	253.2		
	3	−564×8	7027	2		210.7	421.4		
	4	−250×10	7180	4		140.9	563.8		
	5	−380×8	7168	2		171.1	342.2		
	6	−250×10	7780	4		152.7	610.8		
	7	−380×8	7768	2		185.4	370.8		
	8	−250×10	8354	2		163.9	327.8		
	9	−380×8	8354	1		199.3	199.3		
	10	−250×10	17472	2		342.9	685.8		
	11	−250×10	5266	2		103.3	206.6		
	12	−380×8	5452	2		129.2	258.4		
	13	−250×10	5739	2		112.6	225.2		
	14	−380×8	6071	1		143.9	143.9		
	15	−250×10	5741	2		112.7	225.4		
	17	−380×8	12100	1		287.9	287.9		
	18	L160×100×10	160	24		1.2	28.8		
	20	L160×100×10	160	8		1.2	9.6		
	22	−250×20	685	2		26.9	53.8		
	23	−250×20	585	2		23.0	46.0		
	24	−250×10	577	2		11.3	22.6		
	25	−291×10	440	8		10.1	80.8		

材		料					表		
构件编号	零件编号	规 格	长度/mm	数量 正	数量 反	重量/kg 单重	重量/kg 共重	重量/kg 总重	备注
	26	−290×20	440	2		20.0	40.0		
	27	−290×20	440	7		20.0	140.0		
	28	−121×10	564	4		5.4	21.6		
	29	−90×10	90	6		0.6	3.6		
	30	−121×10	382	8		3.6	28.8		
	31	−121×10	396	2		3.8	7.6		
	32	−141×8	250	4		2.2	8.8		
	33	−141×8	250	10		2.2	22.0		
	34	−80×20	80	28		1.0	28.0		
	35	[10	100	7		1.1	7.7		

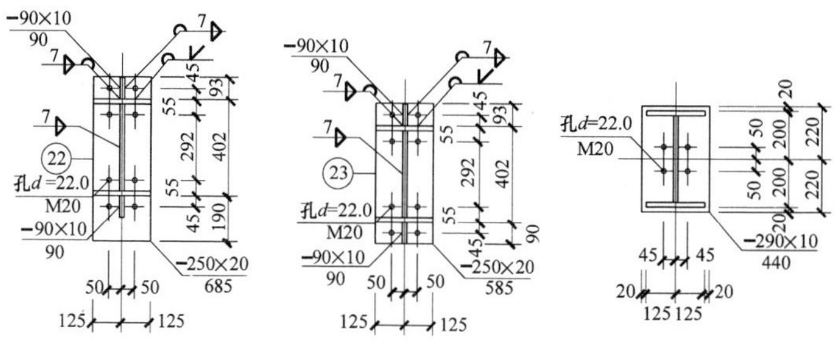

1—1　2—2　3—3

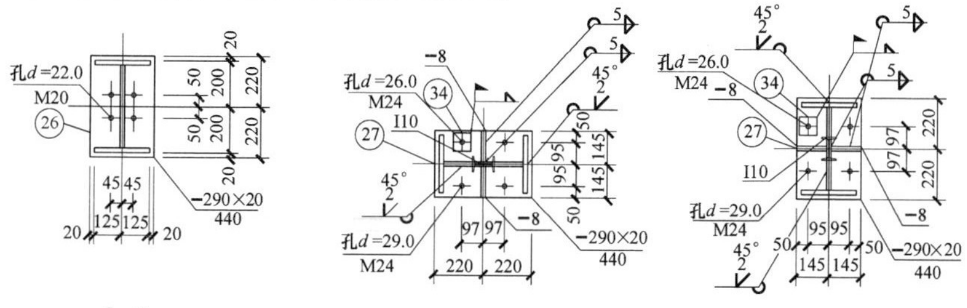

5—5　6—6　7—7

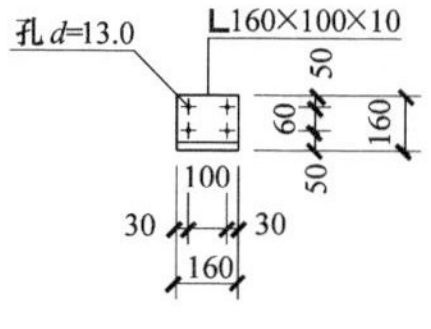

檩托详图

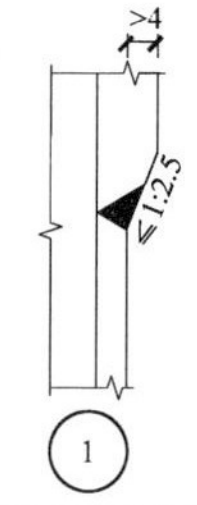

制图			工程名称	××一号仓库		
设计						
校对						
审核			图名	GJ-2立面图		
专业负责人						
工程负责人			比例	1:100	设计阶段	施工
审定			日期		图号	结施-05

图 2-56　GJ-2 立面图

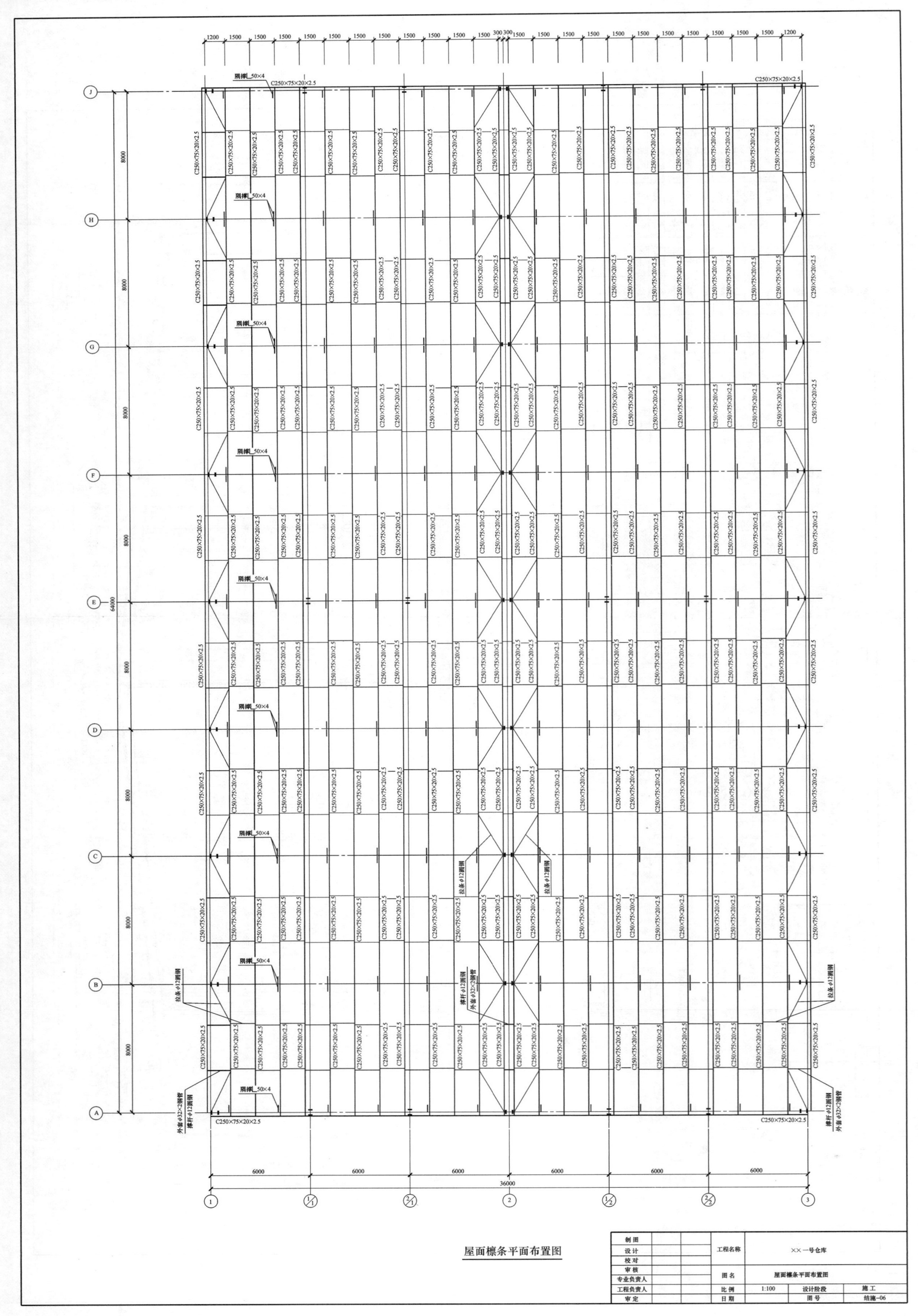

图 2-57　屋面檩条平面布置图

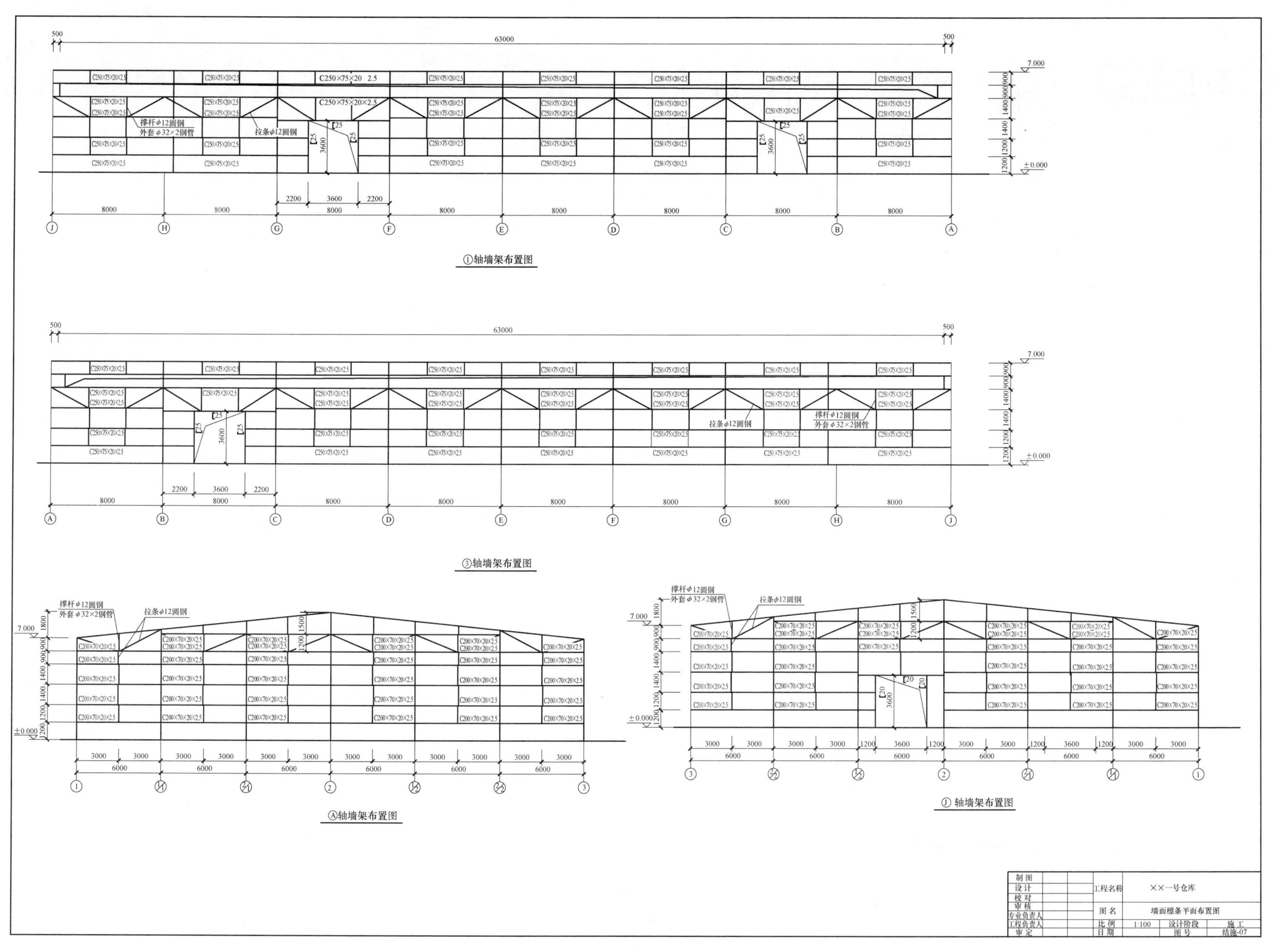

图 2-58　墙面檩条平面布置图

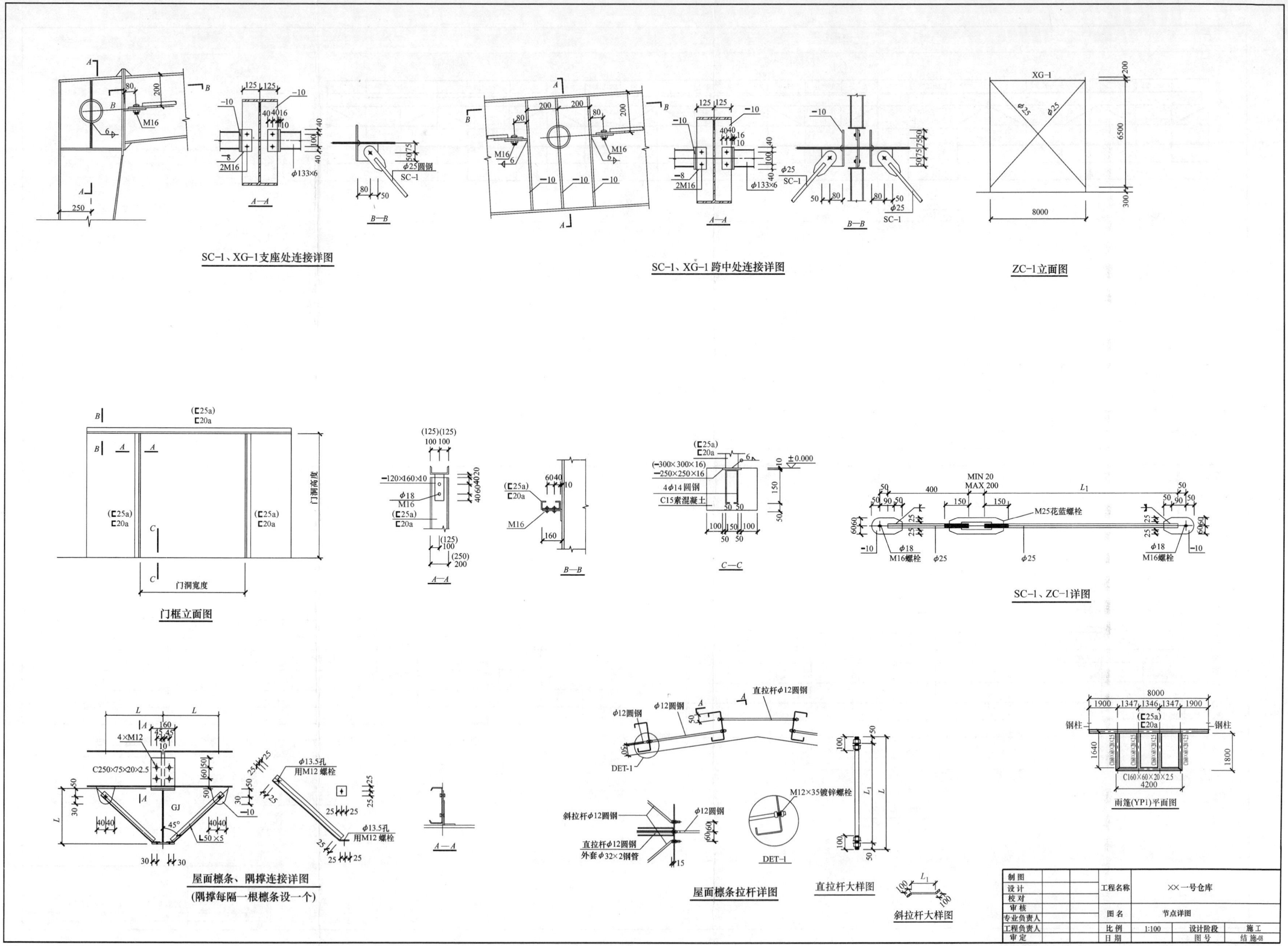

SC-1、XG-1支座处连接详图

SC-1、XG-1跨中处连接详图

ZC-1立面图

门框立面图

A—A

B—B

C—C

SC-1、ZC-1详图

屋面檩条、隅撑连接详图
(隅撑每隔一根檩条设一个)

屋面檩条拉杆详图

直拉杆大样图

斜拉杆大样图

雨篷(YP1)平面图

制图			工程名称	××一号仓库	
设计					
校对					
审核			图名	节点详图	
专业负责人					
工程负责人			比例	1:100	设计阶段 施工
审定			日期		图号 结施-08

图 2-59　节点详图